高等院校数学课程辅导学练结合丛书

微积分（下）

学练结合

主　编　解忧资料编写组

副主编　杨　珍

理工类

北京航空航天大学出版社
BEIHANG UNIVERSITY PRESS

内 容 简 介

本书为高等院校《微积分》课程的同步辅导及学期复习用书，分为上、下两册。全书体例清晰，内容全面，重点突出，对知识难点和重点进行了详细梳理，并根据考点编写了经典习题，以便读者进行有针对性的练习。读者通过本书边学边练，可以更好地理解教材内容，掌握知识点，进而顺利通过学期课程考试。

本书适用于高等院校学生基础学习阶段和备考硕士研究生入学考试阶段使用。

图书在版编目(CIP)数据

微积分(下)学练结合 / 解忧资料编写组主编. --
北京 ：北京航空航天大学出版社，2023.5
ISBN 978-7-5124-4091-3

Ⅰ. ①微… Ⅱ. ①解… Ⅲ. ①微积分－高等学校－教学参考资料 Ⅳ. ①O172

中国图家版本馆 CIP 数据核字(2023)第 081154 号

微积分(下)学练结合(理工类)
主　编　解忧资料编写组
副主编　杨　珍
策划编辑　杨国龙　　责任编辑　孙玉杰
*
北京航空航天大学出版社出版发行
北京市海淀区学院路 37 号(邮编 100191)　http://www.buaapress.com.cn
发行部电话：(010)82317024　传真：(010)82328026
读者信箱：qdpress@buaacm.com.cn　　邮购电话：(010)82316936
北京宏伟双华印刷有限公司印装　各地书店经销
*
开本：787×1 092　1/16　印张：12.5　字数：304 千字
2023 年 5 月第 1 版　2023 年 5 月第 1 次印刷
ISBN 978-7-5124-4091-3　定价：39.00 元

前　言

学练结合系列图书是解忧资料编写组结合自身多年教学辅导实践而编写的大学公共课程的资料，依据读者学习过程中的难点和学习重点进行精心编写，并把各重点高校近几年期末考试和考研的题目进行针对性训练和讲解，以帮助读者考试轻松过关、考研旗开得胜。

《微积分》是广大理工科学生必修课程之一，是高等数学中研究函数的微分、积分以及有关概念和应用的数学分支，也是考研的重点科目。微积分是数学的一个基础学科，内容主要包括极限、微分学及其应用、积分学及其应用、常微分方程、无穷级数和空间解析几何等。

为了帮助读者掌握好本门课程，本书力求在知识体系和巩固习题上做到全面而重点突出，专门针对读者在学习中的知识难点和重点进行梳理，并根据考点编写习题进行针对性训练。编者通过对微积分相关知识点的梳理整合，将微积分的重难点条分缕析的呈现给读者。在编写的过程中，编者格外注重读者的接受程度，对概念、定理的讲解力求深入浅出，举例鲜活；在知识和题目的讲解上注重思路分析和方法探求，侧重授之以渔和举一反三。

通过对本书的学习，读者可以掌握微积分学的基本概念、基本理论、基本方法和具有比较熟练的运算技能，为学习后继课程和进一步获取数学知识奠定必要的数学基础；并使读者受到高等数学的思想方法熏陶和运用它们解决实际问题的基本训练；培养出一定的抽象思维能力、逻辑推理能力、空间想象能力以及综合运用所学知识进行分析、解决实际问题的能力。

由于内容较多，再结合读者学习微积分的情况，故而分上、下两册，本书为下册，建议理工科类的本科生使用，也可以作为考研用书。

本书由解忧资料编写组主持编写，杨珍担任副主编，其中杨珍编写了第1章、第2章和第3章。

编　者

2023年3月

前言

目　　录

第 1 章　多元函数微分学

知识扫描

多元函数微分学是全书的重点，考点众多、难度较大.读者在复习时，可借助思维导图和列举的要点着重掌握.

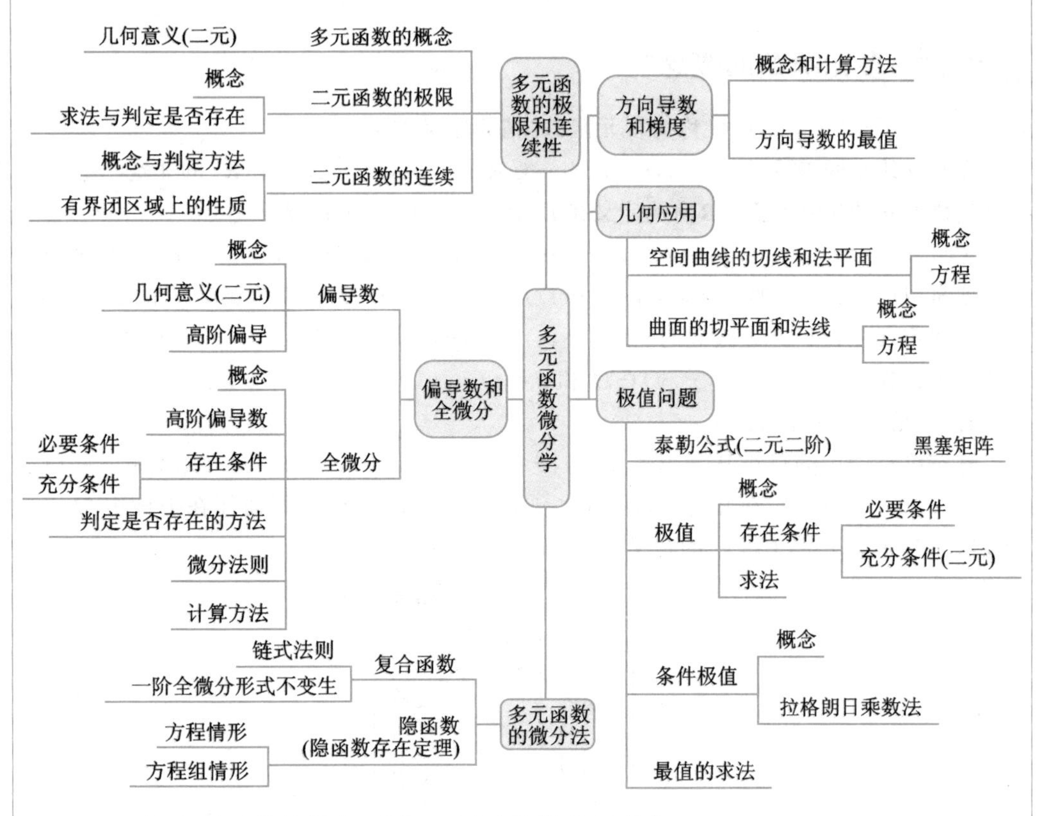

1. 理解多元函数的概念，理解二元函数的几何意义.

2. 了解二元函数的极限与连续的概念，以及有界闭区域上连续函数的性质.

3. 理解多元函数偏导数和全微分的概念，会求全微分，了解全微分存在的必要条件和充分条件，了解全微分形式的不变性.

4. 理解方向导数与梯度的概念，并掌握其计算方法.

5. 掌握多元复合函数一阶、二阶偏导数的求法.

6. 了解隐函数存在定理，会求多元隐函数的偏导数.

7. 了解空间曲线的切线和法平面及曲面的切平面和法线的概念，会求它们的方程.

8. 了解二元函数的二阶泰勒公式.

9. 理解多元函数极值和条件极值的概念,掌握多元函数极值存在的必要条件,了解二元函数极值存在的充分条件,会求二元函数的极值,会用拉格朗日乘数法求条件极值,会求简单多元函数的最大值和最小值,并会解决一些简单的应用问题.

1.1 多元函数的极限和连续性

1.1.1 多元函数及二元函数的极限

要点 1 多元函数的概念

1. 有多个自变量的函数称为多元函数.精确定义如下:

设有 n 维空间 $\mathbf{R}^n=\{(x_1,x_2,\cdots,x_n)\mid x_i\in\mathbf{R},i=1,2,\cdots,n\}$,$D$ 为 $\mathbf{R}^n$ 的非空子集,将从 D 到实数集 $\mathbf{R}$ 的映射 $f:D\to\mathbf{R}$ 称为定义在 D 上的 n 元函数.记作 $f:x=(x_1,x_2,\cdots,x_n)\to u=f(\boldsymbol{x}),\boldsymbol{x}\in D$ 或 $u=f(\boldsymbol{x})=f(x_1,x_2,\cdots,x_n),\boldsymbol{x}\in D$,其中 $x_1,x_2,\cdots,x_n$ 为自变量,u 为因变量,D 为函数 f 的定义域,集合 $f(D)=\{f(\boldsymbol{x})\mid\boldsymbol{x}\in D\}\subset\mathbf{R}$ 为函数 f 的值域.

上述定义中,当 $n=2$ 或 3 时,常用 x,y 或 x,y,z 表示自变量,而把二元函数和三元函数分别记作 $z=f(x,y),(x,y)\in D$ 和 $u=f(x,y,z),(x,y,z)\in D$.

2. 二元函数的几何意义:

称三维空间中的点集 $W=\{(x,y,z)\mid z=f(x,y),(x,y)\in D\}$为二元函数 $z=f(x,y),(x,y)\in D$ 的图像.在几何上,W 通常是空间的一张曲面,这张曲面在坐标中 Oxy 上的投影就是函数 $z=f(x,y)$的定义域 D,如图 1.1 所示.

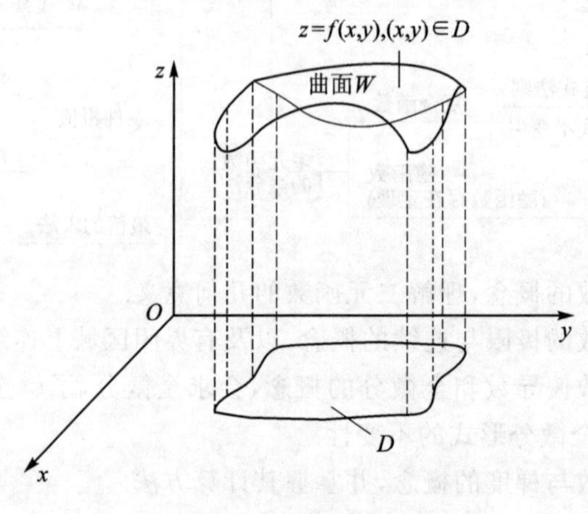

图 1.1

要点 2 二元函数极限的概念

1. 二元函数极限的定义:

设函数 $z=f(x,y)$在点(x_0,y_0)的某去心邻域内有定义,A 为常数.如果对 $\forall\varepsilon>0$,

都$\exists\delta>0$,使得当$0<\sqrt{(x-x_0)^2+(y-y_0)^2}<\delta$时,都有$|f(x,y)-A|<\varepsilon$,则称函数$z=f(x,y)$在点$(x_0,y_0)$的极限是$A$.记作

$$\lim_{(x,y)\to(x_0,y_0)} f(x,y)=A\text{(当}(x,y)\to(x_0,y_0)\text{时},f(x,y)\to A\text{)}$$

2. 二元函数极限定义的关键两点:

(1) $f(x,y)\to A\Leftrightarrow$对$\forall\varepsilon>0$,都有$|f(x,y)-A|<\varepsilon$.

(2) $(x,y)\to(x_0,y_0)\Leftrightarrow\exists\delta>0$,使得当$0<\sqrt{(x-x_0)^2+(y-y_0)^2}<\delta$时,(1)成立.

3. 二元函数极限值和函数值的关系:

函数在点(x_0,y_0)可以无定义,即使有定义,也未必有$f(x_0,y_0)=A$.

4. 趋近方式与二元函数极限存在条件:

(1) $f(x,y)$在点(x_0,y_0)的极限是A,即无论(x,y)以何种方式趋近(x_0,y_0),都有$f(x,y)\to A$.

(2) 只要在点(x_0,y_0)存在不同的趋近方式,使得函数$f(x,y)$趋近的值不一,就说明函数在点(x_0,y_0)的极限不存在.

要点3 求二元函数极限的方法

求二元函数极限的方法有极限的定义法、夹逼定理、极限的运算法则和多元归一法(化多个变量为单一变量).在求极限时,也可以结合等价无穷小代换、泰勒公式代换、洛必达法则等手段.若要证明极限不存在,只须选两种不同的趋近方式,主证明其极限值不相等即可.

【举例】

1. 证明:$\lim\limits_{(x,y)\to(0,0)}\dfrac{x^2y}{x^2+y^2}=0$.

2. 求极限:

(1) $\lim\limits_{(x,y)\to(1,0)}\dfrac{\sin(xy)}{y}$.

(2) $\lim\limits_{(x,y)\to(0,0)}\dfrac{\sqrt{1+xy}-1}{xy}$.

(3) $\lim\limits_{(x,y)\to(+\infty,+\infty)}\dfrac{x^2+y^2}{e^{x+y}}$.

3. 证明:$\lim\limits_{(x,y)\to(0,0)}\dfrac{x^2y}{x^4+y^2}$不存在.

【解析】

1. 证明:

方法一:定义法

依题意$\rho=\sqrt{x^2+y^2}$,当$0<\rho<\delta(\delta>0)$时,根据$|xy|\leqslant\dfrac{1}{2}(x^2+y^2)$,有

$$\left|\frac{x^2y}{x^2+y^2}-0\right|\leqslant\frac{1}{2}|x|\leqslant\frac{1}{2}\sqrt{x^2+y^2}=\frac{1}{2}\rho<\varepsilon.$$

令 $\delta=2\varepsilon$,则 $\left|\frac{x^2y}{x^2+y^2}-0\right|\leqslant\frac{1}{2}\rho<\frac{1}{2}\delta=\varepsilon$.

根据极限定义,有 $\lim\limits_{(x,y)\to(0,0)}\frac{x^2y}{x^2+y^2}=0$.

方法二：夹逼定理

因为
$$0\leqslant\left|\frac{x^2y}{x^2+y^2}\right|=\left|\frac{xy}{x^2+y^2}\right|\cdot|x|\leqslant\frac{1}{2}|x|\to0,$$

故根据夹逼定理,有 $\lim\limits_{(x,y)\to(0,0)}\frac{x^2y}{x^2+y^2}=0$.

【证毕】

2. 解：

(1) 将 xy 看作整体,当 $(x,y)\to(1,0)$ 时,有 $xy\to0$,从而 $\sin(xy)\sim xy$.

故 $\lim\limits_{(x,y)\to(1,0)}\frac{\sin(xy)}{y}=\lim\limits_{(x,y)\to(1,0)}\left[\frac{\sin(xy)}{xy}\cdot x\right]=\lim\limits_{x\to1}x=1$.

(2) 将 xy 看作整体,当 $(x,y)\to(0,0)$ 时,有 $xy\to0$,从而
$$\sqrt{1+xy}-1\sim\frac{1}{2}xy.$$

故
$$\lim_{(x,y)\to(0,0)}\frac{\sqrt{1+xy}-1}{xy}=\lim_{(x,y)\to(0,0)}\frac{\frac{1}{2}xy}{xy}=\frac{1}{2}.$$

(3) 因为
$$0<\frac{x^2+y^2}{e^{x+y}}\leqslant\frac{x^2+y^2}{e^{\sqrt{x^2+y^2}}}\xlongequal{t=x^2+y^2}\frac{t^2}{e^t}\to0,$$

故根据夹逼定理,有 $\lim\limits_{(x,y)\to(+\infty,+\infty)}\frac{x^2+y^2}{e^{x+y}}=0$.

3. 证明：

令 $y=kx^2$,由于 $\lim\limits_{(x,y)\to(0,0)}\frac{x^2y}{x^4+y^2}=\lim\limits_{(x,y)\to(0,0)}\frac{x^2\cdot kx^2}{x^4+(kx^2)^2}=\frac{k}{1+k^2}$,其取值随 k 变化,故 $\lim\limits_{(x,y)\to(0,0)}\frac{x^2y}{x^4+y^2}$ 不存在.

【证毕】

1.1.2 连 续

要点 1 二元函数连续的概念

1. 二元函数连续的定义：

设函数 $z=f(x,y)$ 在点 (x_0,y_0) 的某邻域内有定义. 若
$$\lim_{(x,y)\to(x_0,y_0)}f(x,y)=f(x_0,y_0),$$
则称函数 $z=f(x,y)$ 在点 (x_0,y_0) 连续.

上述定义⇔ $\lim\limits_{(\Delta x,\Delta y)\to(0,0)}[f(x_0+\Delta x,y_0+\Delta y)-f(x_0,y_0)]=0$.

2. 单变量连续：

若 $\lim\limits_{x\to x_0}f(x,y_0)=\lim\limits_{\substack{x\to x_0\\ y=y_0}}f(x,y)=f(x_0,y_0)$，则 f 在点 (x_0,y_0) 关于 x 连续.

若 $\lim\limits_{y\to y_0}f(x_0,y)=\lim\limits_{\substack{x=x_0\\ y\to y_0}}f(x,y)=f(x_0,y_0)$，则 f 在点 (x_0,y_0) 关于 y 连续.

若函数连续，则两个单变量都连续；但若两个单变量都连续，则函数未必连续.

要点2　判定二元函数连续的方法

1. 二元函数连续与极限的关系：

若函数在某点的极限存在，则它在该点未必连续. 但若函数在某点的极限不存在，则它在该点不连续.

若函数在某点连续，则它在该点的极限必存在.

2. 若 $\lim\limits_{(\Delta x,\Delta y)\to(0,0)}[f(x_0+\Delta x,y_0+\Delta y)-f(x_0,y_0)]=0$，则函数 $f(x,y)$ 在点 (x_0,y_0) 处连续；否则，函数 $f(x,y)$ 在点 (x_0,y_0) 处不连续.

要点3　有界闭区域上连续函数的性质

1. 有界性定理：

若函数 $f(x,y)$ 在有界闭区域 D 上连续，则它在 D 上有界.

2. 最值定理：

若函数 $f(x,y)$ 在有界闭区域 D 上连续，则它在 D 上必有最大值和最小值.

3. 介值定理：

若函数 $f(x,y)$ 在有界闭区域 D 上连续，则它必取得介于最大值 M 和最小值 m 之间的任何值，即 $\forall\mu\in[m,M]$，至少存在一点 $(x_0,y_0)\in D$，使得

$$f(x_0,y_0)=\mu.$$

1.2　偏导数和全微分

1.2.1　偏导数

要点1　偏导数的概念

1. 偏导数的定义：

设函数 $z=f(x,y)$ 在点 (x_0,y_0) 的某邻域内有定义，则函数 $z=f(x,y)$ 在点 (x_0,y_0) 处对 x 和 y 的偏导数分别定义为

$$\left\{\begin{aligned}\left.\frac{\partial z}{\partial x}\right|_{(x_0,y_0)} &= \lim_{\Delta x\to 0}\frac{f(x_0+\Delta x,y_0)-f(x_0,y_0)}{\Delta x}\\ &= \lim_{x\to x_0}\frac{f(x,y_0)-f(x_0,y_0)}{x-x_0}\\ \left.\frac{\partial z}{\partial y}\right|_{(x_0,y_0)} &= \lim_{\Delta y\to 0}\frac{f(x_0,y_0+\Delta y)-f(x_0,y_0)}{\Delta y}\\ &= \lim_{y\to y_0}\frac{f(x_0,y)-f(x_0,y_0)}{y-y_0}\end{aligned}\right.$$

$\left.\frac{\partial z}{\partial x}\right|_{(x_0,y_0)}$ 可记作 $f_x(x_0,y_0)$，$f'_x(x_0,y_0)$，$z_x(x_0,y_0)$，$z'_x(x_0,y_0)$，$\left.\frac{\partial z}{\partial y}\right|_{(x_0,y_0)}$ 类似.

对于二元函数 $z=f(x,y)$，仅当其两个偏导数都存在时，才说函数可偏导. 多元函数也类似.

2. 一元函数的导数和二元函数偏导数的联系：

突出某一个自变量，把其他自变量固定，此时多元函数对该自变量的导数便是该函数关于该自变量的偏导数.

偏导是一个整体符号，不能看作比值，这是与导数不同的.

3. 偏导和连续没有必然联系，但偏导可以推出函数关于单变量连续.

4. $f\in C^{(k)}(D)$ 的意思是函数 f 在 D 上有直到 k 阶都连续的所有偏导数. 此时称 f 是 D 上的 $C^{(k)}$ 类函数.

【举例】

1. 二元函数 $f(x,y)=\begin{cases}\frac{xy}{x^2+y^2}, & (x,y)\neq(0,0)\\ 0, & (x,y)=(0,0)\end{cases}$ 在 $(0,0)$ 处(　　).

A. 连续，偏导数存在　　B. 连续，偏导数不存在

C. 不连续，偏导数存在　　D. 不连续，偏导数不存在

2. 设 $f(x,y)=y(x-1)^2+x(y-2)^2$，下列求 $f_x(1,2)$ 的方法中不正确的是(　　).

A. 因 $f(x,2)=2(x-1)^2$，$f_x(x,2)=4(x-1)$，故 $f_x(1,2)=4(x-1)\big|_{x=1}=0$

B. 因 $f(1,2)=0$，故 $f_x(1,2)=0'=0$

C. 因 $f_x(x,y)=2y(x-1)+(y-2)^2$，故 $f_x(1,2)=f_x(x,y)\big|_{\substack{x=1\\y=2}}=0$

D. $f_x(1,2)=\lim\limits_{x\to 1}\frac{f(x,2)-f(1,2)}{x-1}=\lim\limits_{x\to 1}\frac{2(x-1)^2-0}{x-1}=0$

3. 若 $f(x,y)$ 在点 (x_0,y_0) 处的两个偏导数都存在，则(　　).

A. $f(x,y)$ 在点 (x_0,y_0) 的某个邻域内有界

B. $f(x,y)$ 在点 (x_0,y_0) 的某个邻域内连续

C. $f(x,y_0)$ 在点 x_0 处连续，$f(x_0,y)$ 在点 y_0 处连续

D. $f(x,y)$ 在点 (x_0,y_0) 处连续

4. 设 $f(x,y)=x+y-\sqrt{x^2+y^2}$，则 $f'_x(3,4)=$______，$f'_y(3,4)=$______.

5. 设 $f(x,y)=\sqrt{x^2|y|}$，求 $\frac{\partial f}{\partial x},\frac{\partial f}{\partial y}$.

6. 求 $u=\int_{xz}^{yz}e^{t^2}dt$ 的偏导数.

【解析】

1. 解：

取 $y=kx$，则

$$\lim_{(x,y)\to(0,0)}f(x,y)=\lim_{(x,y)\to(0,0)}\frac{xy}{x^2+y^2}=\lim_{\substack{x\to0\\y\to kx}}\frac{x\cdot kx}{x^2+(kx)^2}=\frac{k}{1+k^2},$$

其取值随 k 变化，故 $f(x,y)$ 在 $(0,0)$ 处不连续. 又

$$\lim_{x\to0}\frac{f(x,0)-f(0,0)}{x-0}=\lim_{x\to0}\frac{0-0}{x}=0,$$

故 $f_x(0,0)=0$. 同理，$f_y(0,0)=0$. 故 $f(x,y)$ 在 $(0,0)$ 处可偏导.

因此，应选 C.

2. 解：

因为 $f(x,y)$ 是初等函数，且本题是对 x 求偏导，所以可先把 $y=2$ 代入，再对 x 求导，最后将 $x=1$ 代入，即可求出 $f_x(1,2)$，即 A 正确.

显然，B 错误.

因为 $f(x,y)$ 是初等函数，所以可把 y 看作常数直接对 x 求导，再将点 $(1,2)$ 代入即可求出 $f_x(1,2)$，即 C 正确.

根据偏导数的定义 $f_x(x_0,y_0)=\lim\limits_{x\to x_0}\frac{f(x,y_0)-f(x_0,y_0)}{x-x_0}$，故 D 正确.

因此，应选 B.

3. 解：

函数在点 (x_0,y_0) 可偏导，只能说明函数在点 (x_0,y_0) 处沿坐标轴方向是有界的，不能说明函数在点 (x_0,y_0) 处沿其他方向有界，故 A 错误.

函数在点 (x_0,y_0) 可偏导，只能说明函数在点 x_0 和点 y_0 处连续，不能说明函数在点 (x_0,y_0) 处连续. 故 C 正确，B、D 错误.

因此，应选 C.

4. 解：

方法一：偏导数定义法

$$f'_x(3,4)=\lim_{x\to3}\frac{f(x,4)-f(3,4)}{x-3}=\lim_{x\to3}\frac{x+4-\sqrt{x^2+4^2}-2}{x-3}$$

$$=\lim_{x\to3}\frac{x+2-\sqrt{x^2+4^2}}{x-3}=\lim_{x\to3}\frac{1-\frac{1}{2}\cdot(x^2+4^2)^{-\frac{1}{2}}\cdot2x}{1}$$

$$=\lim_{x\to3}\left(1-\frac{x}{\sqrt{x^2+4^2}}\right)=\frac{2}{5};$$

$$f'_y(3,4)=\lim_{y\to4}\frac{f(3,y)-f(3,4)}{y-4}=\lim_{y\to4}\frac{y+3-\sqrt{y^2+3^2}-2}{y-4}$$

$$=\lim_{y\to4}\frac{y+1-\sqrt{y^2+3^2}}{y-4}=\lim_{y\to4}\frac{1-\frac{1}{2}\cdot(y^2+3^2)^{-\frac{1}{2}}\cdot2y}{1}$$

$$=\lim_{y\to4}\left(1-\frac{y}{\sqrt{y^2+3^2}}\right)=\frac{1}{5}.$$

方法二：偏导函数法

依题意，有

$$f'_x(x,y)=1-\frac{x}{\sqrt{x^2+y^2}},\quad f'_y(x,y)=1-\frac{y}{\sqrt{x^2+y^2}},$$

所以 $f'_x(3,4)=\frac{2}{5}$，$f'_y(3,4)=\frac{1}{5}$.

方法三：一元函数求导法

依题意，有

$$f(x,4)=x+4-\sqrt{x^2+4^2},\quad f(3,y)=3+y-\sqrt{3^2+y^2},$$

所以 $f'_x(x,4)=1-\frac{x}{\sqrt{x^2+4^2}}$，$f'_y(3,y)=1-\frac{y}{\sqrt{3^2+y^2}}$，从而

$$f'_x(3,4)=\frac{2}{5},\quad f'_y(3,4)=\frac{1}{5}.$$

5. 解：

$$\left.\frac{\partial f}{\partial x}\right|_{y=0}=\lim_{\Delta x\to0}\frac{f(x+\Delta x,0)-f(x,0)}{\Delta x}=0,$$

$$\left.\frac{\partial f}{\partial x}\right|_{\substack{y\neq0\\x\neq0}}=\frac{1}{2}(x^2|y|)^{-\frac{1}{2}}\cdot2x|y|=\frac{x\sqrt{|y|}}{|x|},$$

$$\left.\frac{\partial f}{\partial x}\right|_{\substack{y\neq0\\x=0}}=\lim_{x\to0}\frac{f(x,y)-f(0,y)}{x-0}=\lim_{x\to0}\frac{|x|\sqrt{|y|}}{x}\text{不存在. 因此}$$

$$\frac{\partial f}{\partial x}=\begin{cases}\frac{x\sqrt{|y|}}{|x|}, & y\neq0\\0, & y=0\end{cases}.$$

$$\left.\frac{\partial f}{\partial y}\right|_{x=0}=\lim_{\Delta y\to0}\frac{f(0,y+\Delta y)-f(0,y)}{\Delta y}=0,$$

$$\left.\frac{\partial f}{\partial y}\right|_{\substack{x\neq0\\y\neq0}}=\frac{1}{2}(x^2|y|)^{-\frac{1}{2}}\cdot x^2\frac{y}{|y|}=\frac{|x|}{2\sqrt{|y|}}\frac{y}{|y|},$$

$$\left.\frac{\partial f}{\partial x}\right|_{\substack{x\neq0\\y=0}}=\lim_{y\to0}\frac{f(x,y)-f(x,0)}{y-0}=\lim_{y\to0}\frac{|x|\sqrt{|y|}}{y}\text{不存在. 因此}$$

$$\frac{\partial f}{\partial y}=\begin{cases}\frac{|x|y}{2|y|^{\frac{3}{2}}}, & x\neq0\\0, & x=0\end{cases}.$$

6. 解：

依据题意，有

$$u=\int_0^{yz}e^{t^2}dt-\int_0^{xz}e^{t^2}dt,$$

从而$\dfrac{\partial u}{\partial x}=-ze^{x^2z^2}$，　$\dfrac{\partial u}{\partial y}=ze^{y^2z^2}$，　$\dfrac{\partial u}{\partial z}=ye^{y^2z^2}-xe^{x^2z^2}$.

要点2　偏导数的几何含义

如图1.2所示，设$z=f(x,y)$在(x_0,y_0)处的两个偏导数为$f_x(x_0,y_0)$，$f_y(x_0,y_0)$：

1. $f_x(x_0,y_0)$是曲线L_1：$\begin{cases}z=f(x,y)\\y=y_0\end{cases}$在点$(x_0,y_0,z_0)$的切线对$x$轴的斜率；$f_y(x_0,y_0)$是曲线$L_2$：$\begin{cases}z=f(x,y)\\x=x_0\end{cases}$在点$(x_0,y_0,z_0)$的切线对$y$轴的斜率.

2. 切线L_1，L_2的切向量分别为$\boldsymbol{T}_x=(1,0,f_x(x_0,y_0))$，$\boldsymbol{T}_y=(0,1,f_y(x_0,y_0))$.

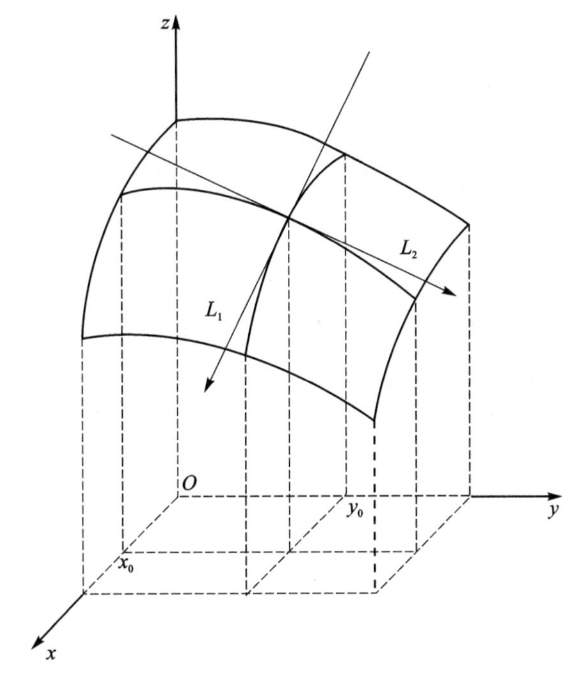

图1.2

【举例】

设函数$f(x,y)$在点$(0,0)$附近有定义，且$f_x(0,0)=3$，$f_y(0,0)=1$，则(　　).

A. $dz|_{(0,0)}=3dx+dy$

B. 曲面$z=f(x,y)$在点$(0,0,f(0,0))$的法向量为$(3,1,1)$

C. 曲线$\begin{cases}z=f(x,y)\\y=0\end{cases}$在点$(0,0,f(0,0))$的切向量为$(1,0,3)$

D. 曲线$\begin{cases}z=f(x,y)\\ y=0\end{cases}$在点$(0,0,f(0,0))$的切向量为$(3,0,1)$

【解析】

函数可偏导,但未必可微分,故A错误.

而B显然错误,法向量应为$(3,1,-1)$.

由偏导数的几何意义知,曲线$\begin{cases}z=f(x,y)\\ y=0\end{cases}$在点$(0,0,f(0,0))$的切向量为$(1,0,f_x(0,0))$,即$(1,0,3)$,故C正确、D错误.

因此,应选C.

要点3 二阶偏导数

1. 二阶偏导数的定义:

如果函数$f(x,y)$的一阶偏导数$\frac{\partial z}{\partial x}=f_x(x,y)$,$\frac{\partial z}{\partial y}=f_y(x,y)$对于$x,y$的偏导数仍存在,则称它们为函数$z=f(x,y)$的二阶偏导数,记作:

$$\frac{\partial^2 z}{\partial x^2}=\frac{\partial}{\partial x}\left(\frac{\partial z}{\partial x}\right)=f''_{xx}(x,y),\quad \frac{\partial^2 z}{\partial x\partial y}=\frac{\partial}{\partial y}\left(\frac{\partial z}{\partial x}\right)=f''_{xy}(x,y),$$

$$\frac{\partial^2 z}{\partial y^2}=\frac{\partial}{\partial y}\left(\frac{\partial z}{\partial y}\right)=f''_{yy}(x,y),\quad \frac{\partial^2 z}{\partial y\partial x}=\frac{\partial}{\partial x}\left(\frac{\partial z}{\partial y}\right)=f''_{yx}(x,y).$$

注意:上述记号的″也可以去掉,所表示的含义不变.

2. 混合偏导数:

(1) 称$\frac{\partial^2 z}{\partial x\partial y}$与$\frac{\partial^2 z}{\partial y\partial x}$为$z=f(x,y)$的两个混合二阶偏导数.

(2) 混合偏导数与求导次序无关的条件:

当混合二阶偏导数$\frac{\partial^2 z}{\partial x\partial y}$与$\frac{\partial^2 z}{\partial y\partial x}$都连续时,有$\frac{\partial^2 z}{\partial x\partial y}=\frac{\partial^2 z}{\partial y\partial x}$.

注意:多元函数的多阶偏导数有类似性质.

【举例】

1. 设$z=x^y$,则$\frac{\partial^2 z}{\partial x\partial y}=$________.

2. 设$z=f(x,y)$,$\frac{\partial^2 z}{\partial y^2}=2$,且$f(x,0)=1$,$f_y(x,0)=x$,则$f(x,y)$为(　　).

A. $1-xy+x^2$　　B. $1+xy+y^2$

C. $1-x^2y+y^2$　　D. $1+x^2y+y^2$

【解析】

1. 解:

因为$z=x^y=e^{y\ln x}$,所以$\frac{\partial z}{\partial x}=x^y\cdot\frac{y}{x}$.从而

$$\frac{\partial^2 z}{\partial x\partial y}=\frac{1}{x}x^y+\frac{y}{x}\cdot x^y\cdot\ln x=x^{y-1}(1+y\ln x).$$

因此,应填 $x^{y-1}(1+y\ln x)$.

2. 解:

对$\frac{\partial^2 z}{\partial y^2}=2$两边关于 y 积分得$\frac{\partial z}{\partial y}=2y+\varphi_1(x)$.

又 $f_y(x,0)=x$,故 $\varphi_1(x)=x$,从而$\frac{\partial z}{\partial y}=2y+x$.

再对$\frac{\partial z}{\partial y}$两边关于 y 积分得 $z=y^2+xy+\varphi_2(x)$.

又 $f(x,0)=1$,故 $\varphi_2(x)=1$,从而 $z=y^2+xy+1$.

因此,应选 B.

1.2.2　全微分

要点1　全微分的概念

1. 全微分的定义:

如果函数 $z=f(x,y)$在点(x,y)处的全增量

$$\Delta z=f(x+\Delta x,y+\Delta y)-f(x,y)$$

可以表示为 $\Delta z=A\Delta x+B\Delta y+o(\rho)$,$\rho=\sqrt{(\Delta x)^2+(\Delta y)^2}$,其中 A,B 不依赖于 Δx,Δy,而仅与 x,y 有关,则称函数 $z=f(x,y)$在点(x,y)处可微,称 $A\Delta x+B\Delta y$ 为函数 $z=f(x,y)$在点(x,y)处的全微分,记作 $\mathrm{d}z$.

2. 可微的条件:

(1) 可微的必要条件:

如果函数 $z=f(x,y)$在点(x,y)处可微,则偏导数$\frac{\partial z}{\partial x}$,$\frac{\partial z}{\partial y}$都存在,且

$$\mathrm{d}z=\frac{\partial z}{\partial x}\mathrm{d}x+\frac{\partial z}{\partial y}\mathrm{d}y.$$

(2) 可微的充分条件:

如果函数 $z=f(x,y)$的偏导数$\frac{\partial z}{\partial x}$,$\frac{\partial z}{\partial y}$在点$(x,y)$处都连续,则函数在该点可微.

要点2　证明函数可微与否的方法

证明函数 $z=f(x,y)$在点(x_0,y_0)处可微与否的方法如下:

1. 求 $f_x(x_0,y_0)$,$f_y(x_0,y_0)$,$\Delta z(x_0,y_0)=f(x_0+\Delta x,y_0+\Delta y)-f(x_0,y_0)$.

2. 求 $\Delta z(x_0,y_0)-f_x(x_0,y_0)\Delta x-f_y(x_0,y_0)\Delta y$.

3. 求极限 $\lim\limits_{(\Delta x,\Delta y)\to(0,0)}\frac{\Delta z(x_0,y_0)-f_x(x_0,y_0)\Delta x-f_y(x_0,y_0)\Delta y}{\sqrt{(\Delta x)^2+(\Delta y)^2}}$.

4. 判断函数的可微性:

(1) 若极限 $\lim\limits_{(\Delta x,\Delta y)\to(0,0)}\frac{\Delta z(x_0,y_0)-f_x(x_0,y_0)\Delta x-f_y(x_0,y_0)\Delta y}{\sqrt{(\Delta x)^2+(\Delta y)^2}}=0$,则函数 $z=$

$f(x,y)$在点(x_0,y_0)处可微.

(2) 若极限 $\lim\limits_{(\Delta x,\Delta y)\to(0,0)}\dfrac{\Delta z(x_0,y_0)-f_x(x_0,y_0)\Delta x-f_y(x_0,y_0)\Delta y}{\sqrt{(\Delta x)^2+(\Delta y)^2}}$不存在或不为0,则函数 $z=f(x,y)$在点(x_0,y_0)处不可微.

要点 3 二元函数极限、连续、偏导数和全微分之间的关系

二元函数极限、连续、偏导数和全微分之间的关系如图 1.3 所示.

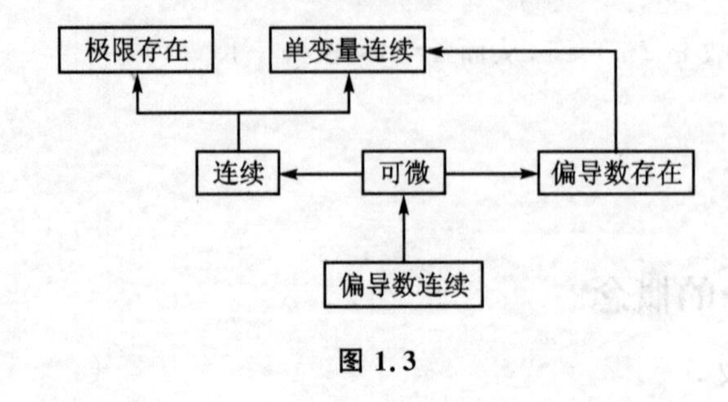

图 1.3

说明:

1. 以上箭头表示推出的意思,比如偏导数连续推出可微.

2. 以上箭头均为单向的,不可逆推,比如连续推不出可微.

3. 以上箭头都具有传递性,比如可微可以推出极限存在.

4. 以上方框逻辑位置越原始,条件越强化,比如偏导数连续可以推出所有.

5. 框与框之间没有箭头连接的说明它们没有必然联系,比如连续和偏导数存在没有必然联系.

【举例】

1. 设 $u=\ln(3x-2y+z)$,则 $\mathrm{d}u=$________.

2. 讨论函数 $f(x,y)=\sqrt[3]{x^3+y^3}$在点(0,0)处的可微性.

3. 证明 $f(x,y)=\sqrt{|xy|}$在点(0,0)处:

(1) 连续.

(2) 偏导数存在.

(3) 不可微.

【解析】

1. 解:

方法一:微分法

依题意 $\mathrm{d}u=\mathrm{d}\ln(3x-2y+z)=\dfrac{\mathrm{d}(3x-2y+z)}{3x-2y+z}=\dfrac{3\mathrm{d}x-2\mathrm{d}y+\mathrm{d}z}{3x-2y+z}$.

方法二:偏导数法

依题意 $u_x=\dfrac{3}{3x-2y+z}$, $u_y=\dfrac{-2}{3x-2y+z}$, $u_z=\dfrac{1}{3x-2y+z}$,所以

$$\mathrm{d}u=u_x\mathrm{d}x+u_y\mathrm{d}y+u_z\mathrm{d}z=\frac{3\mathrm{d}x-2\mathrm{d}y+\mathrm{d}z}{3x-2y+z}.$$

因此,应填$\frac{3dx-2dy+dz}{3x-2y+z}$.

2. 解:

依据题意 $f(x,0)=x,f(0,y)=y$,从而 $f_x(0,0)=1,f_y(0,0)=1$. 又

$$f(x,y)-f(0,0)=\sqrt[3]{x^3+y^3},\quad f_x(0,0)(x-0)+f_y(0,0)(y-0)=x+y,$$

故 $\Delta f(0,0)-(f_x(0,0)\Delta x+f_y(0,0)\Delta y)=\sqrt[3]{x^3+y^3}-(x+y)$,从而

$$\lim_{(x,y)\to(0,0)}\frac{\Delta f(0,0)-(f_x(0,0)\Delta x+f_y(0,0)\Delta y)}{\sqrt{(\Delta x)^2+(\Delta y)^2}}=\lim_{(x,y)\to(0,0)}\frac{\sqrt[3]{x^3+y^3}-(x+y)}{\sqrt{x^2+y^2}}.\tag{1.1}$$

令 $y=kx$,则

$$\text{式(1.1)}=\lim_{\substack{x\to0\\y=kx}}\frac{\sqrt[3]{x^3+(kx)^3}-(x+kx)}{\sqrt{x^2+(kx)^2}}=\lim_{x\to0}\frac{\sqrt[3]{1^3+k^3}-(1+k)}{\sqrt{1^2+k^2}}\frac{x}{|x|}$$

不存在,故 $f(x,y)$在点$(0,0)$处不可微.

3. 证明:

(1) 对$\forall\varepsilon>0$,由于

$$\left|\sqrt{|xy|}-0\right|=\sqrt{|xy|}\leqslant\sqrt{\frac{x^2+y^2}{2}},$$

故当 $0<\sqrt{x^2+y^2}<\delta$ 时,$\sqrt{\frac{x^2+y^2}{2}}<\frac{\delta}{\sqrt2}$.

取 $\delta=\sqrt2\varepsilon$,则有$\left|\sqrt{|xy|}-0\right|<\varepsilon$,从而

$$\lim_{(x,y)\to(0,0)}f(x,y)=\lim_{(x,y)\to(0,0)}\sqrt{|xy|}=0=f(0,0),$$

即 $f(x,y)$在点$(0,0)$处连续.

(2) 依题意 $f(x,0)=0,f(0,y)=0$,从而 $f_x(0,0)=0,f_y(0,0)=0$,故 $f(x,y)$在点$(0,0)$处偏导数存在.

(3) 依题意 $\Delta z=\sqrt{|\Delta x\Delta y|}$,且

$$\Delta z-f_x(0,0)\Delta x-f_y(0,0)\Delta y=\sqrt{\Delta x\cdot\Delta y},$$

从而

$$\lim_{(\Delta x,\Delta y)\to(0,0)}\frac{\sqrt{|\Delta x\cdot\Delta y|}}{\sqrt{(\Delta x)^2+(\Delta y)^2}}=\lim_{(\Delta x,\Delta y)\to(0,0)}\sqrt{\frac{|\Delta x\cdot\Delta y|}{(\Delta x)^2+(\Delta y)^2}}.\tag{1.2}$$

令 $\Delta y=k\Delta x$,则

$$\text{式(1.2)}=\lim_{\substack{\Delta x\to0\\\Delta y=k\Delta x}}\frac{\sqrt{|\Delta x\cdot k\Delta x|}}{\sqrt{(\Delta x)^2+(k\Delta x)^2}}=\sqrt{\frac{|k|}{1+k^2}}$$

其值与 k 有关,故其极限不存在,也即 $f(x,y)$在点$(0,0)$处不可微.

【证毕】

1.3　多元函数的微分法

多元函数的微分法如图 1.4 所示.

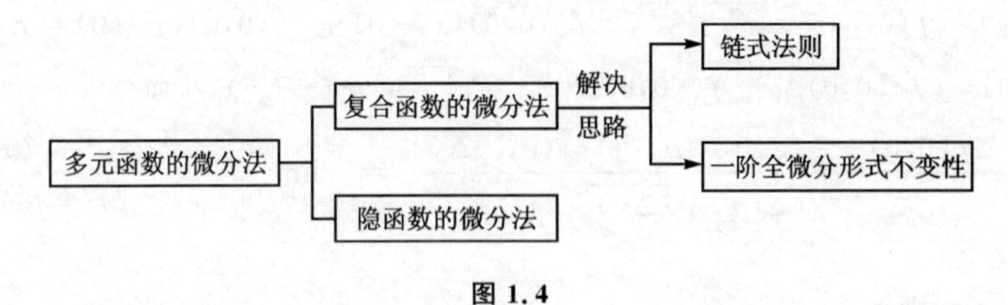

图 1.4

1.3.1　复合函数的微分法

要点 1　链式法则

1. 总原则：

一元函数：$\frac{\mathrm{d}}{\mathrm{d}x}f[g(x)]=f_g g_x$.

多元函数：若 x_i 是多元函数 f 的一个自变量，g_j 是 f 的一个中间变量，g_j 是关于 x_i 的函数，则 $f_{x_i}=\sum\limits_j\left(f_{g_j}\frac{\partial g_j}{\partial x_i}\right)$.

注意：若某个 g_j 是关于 x_i 的一元函数，则$\frac{\partial g_j}{\partial x_i}$应写作$\frac{\mathrm{d}g_j}{\mathrm{d}x_i}$.

2. 约定：

f_i'表示对第 i 个中间变量求偏导；f_{ij}''表示先对第 i 个中间变量求偏导，再对第 j 个中间变量求偏导.

注意：f_i'，f_{ij}''仍然是所有中间变量和自变量的函数.

3. 应用情形：

如图 1.5 所示，举 3 种链式法则的应用情形.

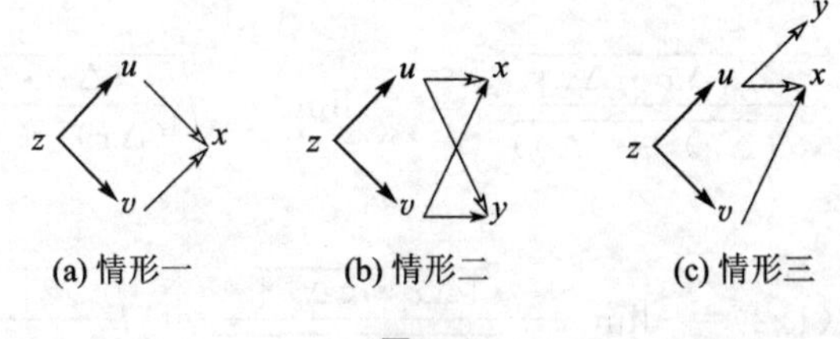

图 1.5

情形一

若 $u=u(x)$，$v=v(x)$都在点 x 处可导，$z=z(u,v)$在对应点(u,v)处可微，则 $z=z[u(x),v(x)]$在点 x 处可导，且

$$\frac{\mathrm{d}z}{\mathrm{d}x}=\frac{\partial z}{\partial u}\frac{\mathrm{d}u}{\mathrm{d}x}+\frac{\partial z}{\partial v}\frac{\mathrm{d}v}{\mathrm{d}x}.$$

情形二

若 $u=u(x,y)$，$v=v(x,y)$ 都在点 (x,y) 处可偏导，$z=z(u,v)$ 在对应点 (u,v) 处可微，则 $z=z[u(x,y),v(x,y)]$ 在点 (x,y) 处可偏导，且

$$\frac{\partial z}{\partial x}=\frac{\partial z}{\partial u}\frac{\partial u}{\partial x}+\frac{\partial z}{\partial v}\frac{\partial v}{\partial x},\frac{\partial z}{\partial y}=\frac{\partial z}{\partial u}\frac{\partial u}{\partial y}+\frac{\partial z}{\partial v}\frac{\partial v}{\partial y}.$$

情形三

若 $u=u(x,y)$ 在点 (x,y) 处可偏导，$v=v(x)$ 在点 x 处可导，$z=z(u,v)$ 在对应点 (u,v) 处可微，则 $z=z[u(x,y),v(x)]$ 在点 (x,y) 处可偏导，且

$$\frac{\partial z}{\partial x}=\frac{\partial z}{\partial u}\frac{\partial u}{\partial x}+\frac{\partial z}{\partial v}\frac{\mathrm{d}v}{\mathrm{d}x},\frac{\partial z}{\partial y}=\frac{\partial z}{\partial u}\frac{\partial u}{\partial y}.$$

注意：由于若函数的偏导数连续则函数可微，因此链式法则的应用场景往往是函数是 $C^{(k)}$ 类函数，求函数的 k 阶偏导数.

4. 求函数偏导数的步骤：

(1) 画出函数—中间变量—自变量的层级图，类似于链式法则的应用情形图.

(2) 写出函数和中间变量的函数关系 f，以及中间变量和自变量的函数关系.

(3) 写出函数对某个自变量的偏导：$f_{x_i}=\sum\limits_j\left(f_{g_j}\dfrac{\partial g_j}{\partial x_i}\right)$.

注意：若某个 g_j 是关于 x_i 的一元函数，则 $\dfrac{\partial g_j}{\partial x_i}$ 应写作 $\dfrac{\mathrm{d}g_j}{\mathrm{d}x_i}$.

【举例】

1. 设函数 $z=f\left(xy,\dfrac{y}{x}\right)$，其中 f 是 $C^{(2)}$ 类函数，求 $\dfrac{\partial^2 z}{\partial x\partial y}$.

2. 设函数 $z=f(x,y)$，$y=\varphi(x)$，其中 f 和 φ 是 $C^{(2)}$ 类函数，求 $\dfrac{\mathrm{d}^2 z}{\mathrm{d}x^2}$.

3. 设函数 $u=f(x,y,z)$，$y=\varphi(x,t)$，$t=\psi(x,z)$ 都是 $C^{(1)}$ 类函数，求 $\dfrac{\partial u}{\partial x}$，$\dfrac{\partial u}{\partial z}$.

4. 设 $z=\dfrac{y}{f(x^2-y^2)}$，其中 $f(u)$ 为可导函数，则 $\dfrac{\partial z}{\partial x}=$(　　).

A. $-\dfrac{2xy}{f^2(x^2-y^2)}$　　B. $-\dfrac{2xyf'(x^2-y^2)}{f^2(x^2-y^2)}$

C. $-\dfrac{yf'(x^2-y^2)}{f^2(x^2-y^2)}$　　D. $-\dfrac{f(x^2-y^2)-yf'(x^2-y^2)}{f^2(x^2-y^2)}$

5. $u=f(r)$，而 $r=\sqrt{x^2+y^2+z^2}$，且函数 $f(r)$ 具有二阶连续导数，则 $\dfrac{\partial^2 u}{\partial x^2}+\dfrac{\partial^2 u}{\partial y^2}+\dfrac{\partial^2 u}{\partial z^2}=$(　　).

A. $f''(r)+\dfrac{1}{r}f'(r)$　　B. $f''(r)+\dfrac{2}{r}f'(r)$

C. $\dfrac{1}{r^2}f''(r)+\dfrac{1}{r}f'(r)$　　D. $\dfrac{1}{r^2}f''(r)+\dfrac{2}{r}f'(r)$

6. 设 f 是 $C^{(2)}$ 类函数，$z=f(e^{xy},x^2-y^2)$，求 $\dfrac{\partial^2 z}{\partial x\partial y}$.

7. 设 f,φ 是 $C^{(2)}$ 类函数，$z=yf\left(\dfrac{x}{y}\right)+x\varphi\left(\dfrac{y}{x}\right)$，证明：

(1) $x\dfrac{\partial^2 z}{\partial x^2}+y\dfrac{\partial^2 z}{\partial x\partial y}=0$.

(2) $x^2\dfrac{\partial^2 z}{\partial x^2}-y^2\dfrac{\partial^2 z}{\partial y^2}=0$.

【解析】

1. 解：

由函数关系层级图(见图 1.6)可得

$$\frac{\partial z}{\partial x}=f'_1\cdot y+f'_2\cdot\left(-\frac{y}{x^2}\right)=yf'_1-\frac{y}{x^2}f'_2,$$

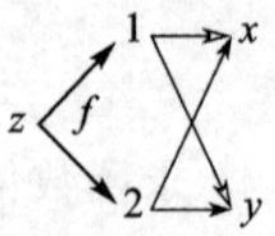

从而

$$\frac{\partial^2 z}{\partial x\partial y}=f'_1+y\frac{\partial f'_1}{\partial y}-\frac{1}{x^2}f'_2-\frac{y}{x^2}\frac{\partial f'_2}{\partial y}.$$

而 $\dfrac{\partial f'_1}{\partial y}=f''_{11}\cdot x+f''_{12}\cdot\dfrac{1}{x}$，$\dfrac{\partial f'_2}{\partial y}=f''_{21}\cdot x+f''_{22}\cdot\dfrac{1}{x}$.

$1-xy;2-\dfrac{y}{x}$.

图 1.6

又 f 是 $C^{(2)}$ 类函数，所以 $f''_{12}=f''_{21}$. 因此

$$\frac{\partial^2 z}{\partial x\partial y}=xyf''_{11}-\frac{y}{x^3}f''_{22}+f'_1-\frac{1}{x^2}f'_2.$$

2. 解：

由函数关系层级图(见图 1.7)可得

$$\frac{dz}{dx}=\frac{\partial f}{\partial x}+\frac{\partial f}{\partial y}\varphi'(x),$$

从而

$$\frac{d^2 z}{dx^2}=\frac{\partial^2 f}{\partial x^2}+\frac{\partial^2 f}{\partial x\partial y}\varphi'(x)+\left[\frac{\partial^2 f}{\partial y\partial x}+\frac{\partial^2 f}{\partial y^2}\varphi'(x)\right]\varphi'(x)+\frac{\partial f}{\partial y}\varphi''(x).$$

又 f 是 $C^{(2)}$ 类函数，所以 $\dfrac{\partial^2 f}{\partial x\partial y}=\dfrac{\partial^2 f}{\partial y\partial x}$. 因此

$$\frac{d^2 z}{dx^2}=\frac{\partial^2 f}{\partial x^2}+2\frac{\partial^2 f}{\partial x\partial y}\varphi'(x)+\frac{\partial^2 f}{\partial y^2}\varphi'^2(x)+\frac{\partial f}{\partial y}\varphi''(x).$$

3. 解：

由函数关系层级图(见图 1.8)可得

$$\frac{\partial u}{\partial x}=\frac{\partial f}{\partial x}+\frac{\partial f}{\partial y}\left(\frac{\partial\varphi}{\partial x}+\frac{\partial\varphi}{\partial t}\frac{\partial\psi}{\partial x}\right),\quad \frac{\partial u}{\partial z}=\frac{\partial f}{\partial z}+\frac{\partial f}{\partial y}\frac{\partial\varphi}{\partial t}\frac{\partial\psi}{\partial z}.$$

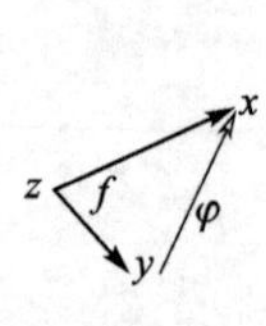

图 1.7

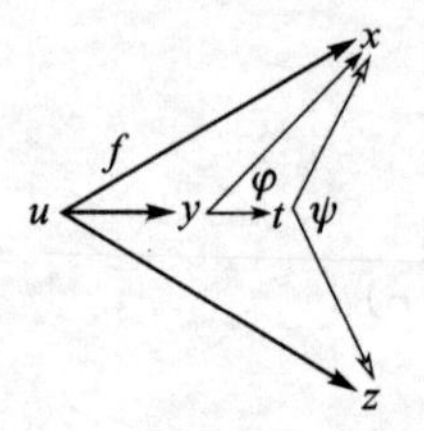

图 1.8

4. 解：

依题意可得

$$\frac{\partial z}{\partial x}=y\cdot\left(-\frac{1}{f^2(x^2-y^2)}\right)\cdot f'(x^2-y^2)\cdot 2x=-\frac{2xyf'(x^2-y^2)}{f^2(x^2-y^2)}.$$

因此，应选 B.

5. 解：

依题意可得 $\frac{\partial u}{\partial x}=f'(r)\cdot\frac{\partial r}{\partial x},\frac{\partial u}{\partial y}=f'(r)\cdot\frac{\partial r}{\partial y},\frac{\partial u}{\partial z}=f'(r)\cdot\frac{\partial r}{\partial z}$,

从而 $$\begin{cases}\frac{\partial^2 u}{\partial x^2}=f''(r)(\frac{\partial r}{\partial x})^2+\frac{\partial^2 r}{\partial x^2}f'(r)\\ \frac{\partial^2 u}{\partial y^2}=f''(r)(\frac{\partial r}{\partial y})^2+\frac{\partial^2 r}{\partial y^2}f'(r)\\ \frac{\partial^2 u}{\partial z^2}=f''(r)(\frac{\partial r}{\partial z})^2+\frac{\partial^2 r}{\partial z^2}f'(r)\end{cases}.$$

又 $\frac{\partial r}{\partial x}=\frac{1}{2}(x^2+y^2+z^2)^{-\frac{1}{2}}\cdot 2x=\frac{x}{r},\frac{\partial r}{\partial y}=\frac{y}{r},\frac{\partial r}{\partial z}=\frac{z}{r}$,

从而 $$\begin{cases}\frac{\partial^2 r}{\partial x^2}=\frac{1}{r}+x\cdot\left(-\frac{1}{r^2}\right)\frac{\partial r}{\partial x}=\frac{1}{r}-\frac{x}{r^2}\cdot\frac{x}{r}=\frac{1}{r}-\frac{x^2}{r^3}\\ \frac{\partial^2 r}{\partial y^2}=\frac{1}{r}-\frac{y^2}{r^3}\\ \frac{\partial^2 r}{\partial z^2}=\frac{1}{r}-\frac{z^2}{r^3}\end{cases}.$$

于是$\begin{cases}\frac{\partial^2 u}{\partial x^2}=f''(r)\frac{x^2}{r^2}+\left(\frac{1}{r}-\frac{x^2}{r^3}\right)f'(r)\\ \frac{\partial^2 u}{\partial y^2}=f''(r)\frac{y^2}{r^2}+\left(\frac{1}{r}-\frac{y^2}{r^3}\right)f'(r)\\ \frac{\partial^2 u}{\partial z^2}=f''(r)\frac{z^2}{r^2}+\left(\frac{1}{r}-\frac{z^2}{r^3}\right)f'(r)\end{cases}$，所以

$$\begin{aligned}\frac{\partial^2 u}{\partial x^2}+\frac{\partial^2 u}{\partial y^2}+\frac{\partial^2 u}{\partial z^2}&=f''(r)\ \frac{x^2+y^2+z^2}{r^2}+\left(\frac{3}{r}-\frac{x^2+y^2+z^2}{r^3}\right)f'(r)\\&=f''(r)+\frac{2}{r}f'(r).\end{aligned}$$

因此，应选 B.

6. 解：

依题意 $\frac{\partial z}{\partial x}=f_1'\cdot e^{xy}\cdot y+f_2'\cdot 2x=ye^{xy}f_1'+2xf_2'$，从而

$$\begin{aligned}\frac{\partial^2 z}{\partial x\partial y}=&e^{xy}f'_1+y\cdot e^{xy}\cdot xf'_1+ye^{xy}[f''_{11}\cdot e^{xy}\cdot x+f''_{12}\cdot(-2y)]+\\&2x[f''_{21}\cdot e^{xy}\cdot x+f''_{22}\cdot(-2y)].\end{aligned}$$

因为 f 是 $C^{(2)}$ 类函数，所以 $f''_{12}=f''_{21}$，故

$$\frac{\partial^2 z}{\partial x\partial y}=(1+xy)e^{xy}f'_1+xye^{2xy}f''_{11}+2(x^2-y^2)e^{xy}f''_{12}-4xyf''_{22}.$$

7. 证明：

$$\frac{\partial z}{\partial x}=yf'\cdot\frac{1}{y}+\varphi+x\cdot\varphi'\cdot\left(-\frac{y}{x^2}\right)=f'+\varphi-\frac{y}{x}\varphi',$$

$$\frac{\partial^2 z}{\partial x^2}=f''\cdot\frac{1}{y}+\varphi'\cdot\left(-\frac{y}{x^2}\right)+\frac{y}{x^2}\varphi'-\frac{y}{x}\varphi''\cdot\left(-\frac{y}{x^2}\right)=\frac{1}{y}f''+\frac{y^2}{x^3}\varphi'',$$

$$\frac{\partial^2 z}{\partial x\partial y}=f''\cdot\left(-\frac{x}{y^2}\right)+\varphi'\cdot\frac{1}{x}-\frac{1}{x}\varphi'-\frac{y}{x}\varphi''\cdot\frac{1}{x}=-\frac{x}{y^2}\cdot f''-\frac{y}{x^2}\varphi'',$$

$$\frac{\partial z}{\partial y}=f+yf'\cdot\left(-\frac{x}{y^2}\right)+x\varphi'\cdot\frac{1}{x}=f-\frac{x}{y}f'+\varphi',$$

$$\frac{\partial^2 z}{\partial y^2}=f'\cdot\left(-\frac{x}{y^2}\right)+\frac{x}{y^2}f'-\frac{x}{y}f''\left(-\frac{x}{y^2}\right)+\varphi''\cdot\frac{1}{x}=\frac{x^2}{y^3}f''+\frac{1}{x}\varphi''.$$

从而 $x\dfrac{\partial^2 z}{\partial x^2}+y\dfrac{\partial^2 z}{\partial x\partial y}=0$， $x^2\dfrac{\partial^2 z}{\partial x^2}-y^2\dfrac{\partial^2 z}{\partial y^2}=0$.

【证毕】

要点 2 一阶全微分形式不变性

1. 总原则：

一元函数：$df[g(x)]=f_g d[g(x)]=f_x dx$.

多元函数：x_i 是多元函数 f 的一个自变量，g_j 是 f 的一个中间变量，则

$$df=\sum_j f_{g_j}dg_j=\sum_i f_{x_i}dx_i.$$

这便是一阶全微分形式不变性. 不过，多元函数的二阶全微分不具有形式不变性.

2. 微分法则：

$$d(u\pm v)=du\pm dv,\ d(uv)=udv+vdu,\quad d\left(\frac{u}{v}\right)=\frac{vdu-udv}{v^2}.$$

【举例】

1. 设 $u=\dfrac{x}{y}+\sin\dfrac{y}{x}+e^{yz}$，求$\dfrac{\partial u}{\partial x}$，$\dfrac{\partial u}{\partial y}$.

2. 设函数 $z=(x^2+y^2)^{xy}$，求$\dfrac{\partial z}{\partial x}$，$\dfrac{\partial z}{\partial y}$.

3. 要点 1 链式法则的第 3 题.

4. 已知 $f(1,2)=4$，$df(1,2)=16dx+4dy$，$df(1,4)=64dx+8dy$，则 $z=f(x,f(x,y))$在点(1,2)处对 x 的偏导数为________.

【解析】

1. 解：

$$du=\frac{1}{y}dx-\frac{x}{y^2}dy+\left(\frac{1}{x}dy-\frac{y}{x^2}dx\right)\cos\frac{y}{x}+e^{yz}(ydz+zdy)$$

$$=\left(\frac{1}{y}-\frac{y}{x^2}\cos\frac{y}{x}\right)dx+\left(\frac{1}{x}\cos\frac{y}{x}-\frac{x}{y^2}+ze^{yz}\right)dy+ye^{yz}dz,$$

则
$$\frac{\partial u}{\partial x}=\left(\frac{1}{y}-\frac{y}{x^2}\cos\frac{y}{x}\right),\frac{\partial u}{\partial y}=\left(\frac{1}{x}\cos\frac{y}{x}-\frac{x}{y^2}+ze^{yz}\right).$$

2. 解：

$$\begin{aligned}dz&=de^{xy\ln(x^2+y^2)}\\&=(x^2+y^2)^{xy}\left[xy\frac{2xdx+2ydy}{x^2+y^2}+(xdy+ydx)\ln(x^2+y^2)\right]\\&=(x^2+y^2)^{xy}\left\{\left[\frac{2x^2y}{x^2+y^2}+y\ln(x^2+y^2)\right]dx+\right.\\&\left.\left[\frac{2xy^2}{x^2+y^2}+x\ln(x^2+y^2)\right]dy\right\},\end{aligned}$$

则
$$\begin{cases}\dfrac{\partial z}{\partial x}=(x^2+y^2)^{xy}\left[\dfrac{2x^2y}{x^2+y^2}+y\ln(x^2+y^2)\right]\\\dfrac{\partial z}{\partial y}=(x^2+y^2)^{xy}\left[\dfrac{2xy^2}{x^2+y^2}+x\ln(x^2+y^2)\right]\end{cases}.$$

3. 解：

$$\begin{aligned}du&=\frac{\partial f}{\partial x}dx+\frac{\partial f}{\partial y}dy+\frac{\partial f}{\partial z}dz=\frac{\partial f}{\partial x}dx+\frac{\partial f}{\partial y}\left(\frac{\partial \varphi}{\partial x}dx+\frac{\partial \varphi}{\partial t}dt\right)+\frac{\partial f}{\partial z}dz\\&=\frac{\partial f}{\partial x}dx+\frac{\partial f}{\partial y}\left[\frac{\partial \varphi}{\partial x}dx+\frac{\partial \varphi}{\partial t}\left(\frac{\partial \psi}{\partial x}dx+\frac{\partial \psi}{\partial z}dz\right)\right]+\frac{\partial f}{\partial z}dz\\&=\left(\frac{\partial f}{\partial x}+\frac{\partial f}{\partial y}\frac{\partial \varphi}{\partial x}+\frac{\partial f}{\partial y}\frac{\partial \varphi}{\partial t}\frac{\partial \psi}{\partial x}\right)dx+\left(\frac{\partial f}{\partial y}\frac{\partial \varphi}{\partial t}\frac{\partial \psi}{\partial z}+\frac{\partial f}{\partial z}\right)dz,\end{aligned}$$

则
$$\frac{\partial u}{\partial x}=\frac{\partial f}{\partial x}+\frac{\partial f}{\partial y}\left(\frac{\partial \varphi}{\partial x}+\frac{\partial \varphi}{\partial t}\frac{\partial \psi}{\partial x}\right),\frac{\partial u}{\partial z}=\frac{\partial f}{\partial z}+\frac{\partial f}{\partial y}\frac{\partial \varphi}{\partial t}\frac{\partial \psi}{\partial z}.$$

4. 解：

依题意$\frac{\partial z}{\partial x}=f_1'+f_2'\cdot f_x$. 又 $f(1,2)=4$,故 $f(1,(1,2))=f(1,4)$.

因为 $df(1,4)=64dx+8dy$,所以
$$f_1'(1,4)=f_x(1,4)=64,f_2'(1,4)=f_y(1,4)=8.$$
因为 $df(1,2)=16dx+4dy$,所以 $f_x(1,2)=16$. 从而
$$\begin{aligned}\left.\frac{\partial z}{\partial x}\right|_{(1,2)}&=f_1'(1,4)+f_2'(1,4)f_x(1,2)\\&=f_x(1,4)+f_y(1,4)f_x(1,2)\\&=64+8\times16=192.\end{aligned}$$

因此,应填 192.

1.3.2 隐函数的微分法(隐函数存在定理)

要点1 由方程确定的隐函数的微分法

解决思路：确定函数和自变量→对方程两边关于自变量求导/全微分.

1. 二元方程确定一元函数：$F(x,y)=0\Rightarrow\begin{cases}y=y(x)\\ \dfrac{\mathrm{d}y}{\mathrm{d}x}=-\dfrac{F_x}{F_y}\end{cases}$.

证：

方程 $F(x,y)=0$ 两边关于 x 求偏导，得 $F_x+F_y y_x=0$，从而 $\dfrac{\mathrm{d}y}{\mathrm{d}x}=-\dfrac{F_x}{F_y}$.

2. 三元方程确定二元函数：$F(x,y,z)=0\Rightarrow\begin{cases}z=z(x,y)\\ \dfrac{\partial z}{\partial x}=-\dfrac{F_x}{F_z}\\ \dfrac{\partial z}{\partial y}=-\dfrac{F_y}{F_z}\end{cases}$.

证：

方程 $F(x,y,z)=0$ 两边分别关于 x,y 求偏导，得 $\begin{cases}F_x+F_z z_x=0\\ F_y+F_z z_y=0\end{cases}$，从而

$$\frac{\partial z}{\partial x}=-\frac{F_x}{F_z},\quad \frac{\partial z}{\partial y}=-\frac{F_y}{F_z}.$$

要点 2　由方程组确定的隐函数的微分法

解决思路：确定函数和自变量→对方程组两边关于自变量求导/全微分.

1. 两个三元方程确定两个一元函数：

$$\begin{cases}F(x,y,z)=0\\ G(x,y,z)=0\end{cases}\Rightarrow\begin{cases}y=y(x)\\ z=z(x)\end{cases}，且\ y_x=-\frac{\begin{vmatrix}F_x & F_z\\ G_x & G_z\end{vmatrix}}{\begin{vmatrix}F_y & F_z\\ G_y & G_z\end{vmatrix}},z_x=-\frac{\begin{vmatrix}F_y & F_x\\ G_y & G_x\end{vmatrix}}{\begin{vmatrix}F_y & F_z\\ G_y & G_z\end{vmatrix}}.$$

证：

对 $\begin{cases}F(x,y,z)=0\\ G(x,y,z)=0\end{cases}$ 的两个方程两边分别关于 x 求偏导，得

$$\begin{cases}F_x+F_y y_x+F_z z_x=0\\ G_x+G_y y_x+G_z z_x=0\end{cases}，即\begin{cases}F_y y_x+F_z z_x=-F_x\\ G_y y_x+G_z z_x=-G_x\end{cases},$$

从而

$$y_x=-\frac{\begin{vmatrix}F_x & F_z\\ G_x & G_z\end{vmatrix}}{\begin{vmatrix}F_y & F_z\\ G_y & G_z\end{vmatrix}},z_x=-\frac{\begin{vmatrix}F_y & F_x\\ G_y & G_x\end{vmatrix}}{\begin{vmatrix}F_y & F_z\\ G_y & G_z\end{vmatrix}}.$$

2. 两个四元方程确定两个二元函数(了解即可)：

$\begin{cases}F(x,y,u,v)=0\\ G(x,y,u,v)=0\end{cases}\Rightarrow\begin{cases}u=u(x,y)\\ v=v(x,y)\end{cases}$，且

$$u_x=-\frac{\begin{vmatrix}F_x & F_v\\ G_x & G_v\end{vmatrix}}{\begin{vmatrix}F_u & F_v\\ G_u & G_v\end{vmatrix}},v_x=-\frac{\begin{vmatrix}F_u & F_x\\ G_u & G_x\end{vmatrix}}{\begin{vmatrix}F_u & F_v\\ G_u & G_v\end{vmatrix}},u_y=-\frac{\begin{vmatrix}F_y & F_v\\ G_y & G_v\end{vmatrix}}{\begin{vmatrix}F_u & F_v\\ G_u & G_v\end{vmatrix}},v_y=-\frac{\begin{vmatrix}F_u & F_y\\ G_u & G_y\end{vmatrix}}{\begin{vmatrix}F_u & F_v\\ G_u & G_v\end{vmatrix}}.$$

证：

对$\begin{cases}F(x,y,u,v)=0\\G(x,y,u,v)=0\end{cases}$的两个方程两边分别关于 x 求偏导，得

$$\begin{cases}F_x+F_uu_x+F_vv_x=0\\G_x+G_uu_x+G_vv_x=0\\F_y+F_uu_y+F_vv_y=0\\G_y+G_uu_y+G_vv_y=0\end{cases}，即\begin{cases}F_uu_x+F_vv_x=-F_x\\G_uu_x+G_vv_x=-G_x\\F_uu_y+F_vv_y=-F_y\\G_uu_y+G_vv_y=-G_y\end{cases}，$$

从而　$u_x=-\dfrac{\begin{vmatrix}F_x & F_v\\G_x & G_v\end{vmatrix}}{\begin{vmatrix}F_u & F_v\\G_u & G_v\end{vmatrix}}，v_x=-\dfrac{\begin{vmatrix}F_u & F_x\\G_u & G_x\end{vmatrix}}{\begin{vmatrix}F_u & F_v\\G_u & G_v\end{vmatrix}}，u_y=-\dfrac{\begin{vmatrix}F_y & F_v\\G_y & G_v\end{vmatrix}}{\begin{vmatrix}F_u & F_v\\G_u & G_v\end{vmatrix}}，v_y=-\dfrac{\begin{vmatrix}F_u & F_y\\G_u & G_y\end{vmatrix}}{\begin{vmatrix}F_u & F_v\\G_u & G_v\end{vmatrix}}.$

【举例】

1. 设 $F(x,y,x-z,y^2-u)=0$，其中 F 是 $C^{(2)}$ 类函数，且 $F_4'\neq 0$，求 $\dfrac{\partial^2 u}{\partial y^2}$.

2. 设函数$\begin{cases}x=-u^2+v+z\\y=u+vz\end{cases}$，求 $\dfrac{\partial u}{\partial x}，\dfrac{\partial v}{\partial x}，\dfrac{\partial u}{\partial z}$.

3. 设 $y=f(x,t)$，t 是由方程 $F(x,y,t)=0$ 确定的关于 x,y 的函数，其中 f,F 都是 $C^{(1)}$ 类函数，求 $\dfrac{\mathrm{d}y}{\mathrm{d}x}$.

4. 设方程 $F(x-y,y-z,z-x)=0$ 确定 z 是 x,y 的函数，F 是可微函数，则 $\dfrac{\partial z}{\partial x}=$(　　).

A. $-\dfrac{F_1'}{F_3'}$　　B. $\dfrac{F_1'}{F_3'}$　　C. $\dfrac{F_x-F_z}{F_y-F_z}$　　D. $\dfrac{F_1'-F_3'}{F_2'-F_3'}$

5. 设 $x=x(y,z)$，$y=y(z,x)$，$z=z(x,y)$ 都是由方程 $F(x,y,z)=0$ 所确定的隐函数，则下列等式中正确的是(　　).

A. $\dfrac{\partial x}{\partial y}\dfrac{\partial y}{\partial x}=1$　　B. $\dfrac{\partial x}{\partial z}\dfrac{\partial z}{\partial x}=1$

C. $\dfrac{\partial x}{\partial y}\dfrac{\partial y}{\partial z}\dfrac{\partial z}{\partial x}=1$　　D. $\dfrac{\partial x}{\partial y}\dfrac{\partial y}{\partial z}\dfrac{\partial z}{\partial x}=-1$

6. 由方程 $xy-yz+zx=\mathrm{e}^z$ 所确定的隐函数 $z=z(x,y)$ 在点 $(1,1)$ 处的全微分为________.

7. 设 $\ln\sqrt{x^2+y^2}=\arctan\dfrac{y}{x}$，求 $\dfrac{\mathrm{d}^2 y}{\mathrm{d}x^2}$.

8. 设$\begin{cases}x=\mathrm{e}^u+u\sin v\\y=\mathrm{e}^u-u\cos v\end{cases}$，求 $\dfrac{\partial u}{\partial x}，\dfrac{\partial v}{\partial y}$.

9. 设 $u=f(x,y,z)$，$\varphi(x^2,\mathrm{e}^y,z)=0$，$y=\sin x$，其中 f,φ 是 $C^{(1)}$ 类函数，求 $\dfrac{\mathrm{d}u}{\mathrm{d}x}$.

【解析】

1. 解:

把 u 视作 x,y,z 的函数,对方程 $F(x,y,x-z,y^2-u)=0$ 两端关于 y 求偏导,得

$$F_2'+F_4'\left(2y-\frac{\partial u}{\partial y}\right)=0\Rightarrow 2y-\frac{\partial u}{\partial y}=-\frac{F_2'}{F_4'}.$$

对 $F_2'+F_4'\left(2y-\dfrac{\partial u}{\partial y}\right)=0$ 两端关于 y 求偏导,得

$$F_{22}''+F_{24}''\left(2y-\frac{\partial u}{\partial y}\right)+\left[F_{42}''+F_{44}''\left(2y-\frac{\partial u}{\partial y}\right)\right]\left(2y-\frac{\partial u}{\partial y}\right)+F_4'\left(2-\frac{\partial^2 u}{\partial y^2}\right)=0.$$

因为 F 是 $C^{(2)}$ 类函数,所以 $F_{24}''=F_{42}''$,从而

$$F_{22}''-\frac{F_2'}{F_4'}\left(-\frac{F_2'}{F_4'}\right)-\frac{F_2'}{F_4'}\left(F_{24}''-\frac{F_2'}{F_4'}F_{44}''\right)+F_4'\left(2-\frac{\partial^2 u}{\partial y^2}\right)=0,$$

即

$$\frac{\partial^2 u}{\partial y^2}=2+\frac{1}{F_4'}F_{22}''-2\frac{F_2'}{(F_4')^2}F_{24}''+\frac{(F_2')^2}{(F_4')^3}F_{44}''.$$

2. 解:

方法一:方程组微分法

方程组思想:两个五元(x,y,u,v,z)方程组确定两个三元(x,y,z)函数 u,v.

对方程组 $\begin{cases}x=-u^2+v+z\\ y=u+vz\end{cases}$ 两端分别关于 x,z 求偏导,得

$$\begin{cases}1=-2u\dfrac{\partial u}{\partial x}+\dfrac{\partial v}{\partial x}\\ 0=\dfrac{\partial u}{\partial x}+z\dfrac{\partial v}{\partial x}\end{cases},\quad \begin{cases}0=-2u\dfrac{\partial u}{\partial z}+\dfrac{\partial v}{\partial z}+1\\ 0=\dfrac{\partial u}{\partial z}+z\dfrac{\partial v}{\partial z}+v\end{cases}.$$

当 $2uz+1\neq 0$ 时,解得

$$\frac{\partial u}{\partial x}=\frac{\begin{vmatrix}1&1\\0&z\end{vmatrix}}{\begin{vmatrix}-2u&1\\1&z\end{vmatrix}}=-\frac{z}{2uz+1},\quad \frac{\partial v}{\partial x}=\frac{\begin{vmatrix}-2u&1\\1&0\end{vmatrix}}{\begin{vmatrix}-2u&1\\1&z\end{vmatrix}}=\frac{1}{2uz+1},$$

$$\frac{\partial u}{\partial z}=\frac{\begin{vmatrix}-1&1\\-v&z\end{vmatrix}}{\begin{vmatrix}-2u&1\\1&z\end{vmatrix}}=\frac{z-v}{2uz+1}.$$

方法二:微分法

$$\begin{cases}dx=-2u\,du+dv+dz\\ dy=du+v\,dz+z\,dv\end{cases}\Rightarrow\begin{cases}2u\,du-dv=-dx+dz\\ du+z\,dv=dy-v\,dz\end{cases},\text{解得}$$

$$du=\frac{\begin{vmatrix}-dx+dz&-1\\dy-v\,dz&z\end{vmatrix}}{\begin{vmatrix}2u&-1\\1&z\end{vmatrix}}=\frac{-z\,dx+dy+(z-v)dz}{2uz+1},$$

$$\mathrm{d}v=\frac{\begin{vmatrix}2u & -\mathrm{d}x+\mathrm{d}z\\ 1 & \mathrm{d}y-v\mathrm{d}z\end{vmatrix}}{\begin{vmatrix}2u & -1\\ 1 & z\end{vmatrix}}=\frac{\mathrm{d}x+2u\mathrm{d}y-(2uv+1)\mathrm{d}z}{2uz+1}.$$

于是
$$\frac{\partial u}{\partial x}=-\frac{z}{2uz+1},\quad \frac{\partial v}{\partial x}=\frac{1}{2uz+1},\quad \frac{\partial u}{\partial z}=\frac{z-v}{2uz+1}.$$

3. 解：

方法一：方程组微分法

方程组思想：两个三元(x,y,t)方程组确定两个一元(x)函数 y,t.

对方程组$\begin{cases}y=f(x,t)\\ F(x,y,t)=0\end{cases}$两端分别关于 x 求导，得

$$\begin{cases}\dfrac{\mathrm{d}y}{\mathrm{d}x}=f_x+f_t\dfrac{\mathrm{d}t}{\mathrm{d}x}\\ F_x+F_y\dfrac{\mathrm{d}y}{\mathrm{d}x}+F_t\dfrac{\mathrm{d}t}{\mathrm{d}x}=0\end{cases}\Rightarrow\begin{cases}\dfrac{\mathrm{d}y}{\mathrm{d}x}-f_t\dfrac{\mathrm{d}t}{\mathrm{d}x}=f_x\\ F_y\dfrac{\mathrm{d}y}{\mathrm{d}x}+F_t\dfrac{\mathrm{d}t}{\mathrm{d}x}=-F_x\end{cases}.$$

解得
$$\frac{\mathrm{d}y}{\mathrm{d}x}=\frac{\begin{vmatrix}f_x & -f_t\\ -F_x & F_t\end{vmatrix}}{\begin{vmatrix}1 & -f_t\\ F_y & F_t\end{vmatrix}}=\frac{f_xF_t-f_tF_x}{F_t+f_tF_y}.$$

方法二：方程微分法

方程思想：构建一个一元隐方程 $G(x,y)=0$.

设 $t=\varphi(x,y)$，由 $F(x,y,t)=0$ 得 $\varphi_x=-\dfrac{F_x}{F_t}$，$\varphi_y=-\dfrac{F_y}{F_t}$.

对于一元隐方程 $y=f[x,\varphi(x,y)]$两端关于 x 求导，得

$$\frac{\mathrm{d}y}{\mathrm{d}x}=f_x+f_t\left(\varphi_x+\varphi_y\frac{\mathrm{d}y}{\mathrm{d}x}\right)=f_x+f_t\left(-\frac{F_x}{F_t}-\frac{F_y}{F_t}\frac{\mathrm{d}y}{\mathrm{d}x}\right),$$

从而
$$\frac{\mathrm{d}y}{\mathrm{d}x}=\frac{f_xF_t-f_tF_x}{F_t+f_tF_y}.$$

4. 解：

对 $F(x-y,y-z,z-x)=0$ 两边关于 x 求偏导，得

$$F'_1+F'_2\cdot\left(-\frac{\partial z}{\partial x}\right)+F'_3\cdot\left(\frac{\partial z}{\partial x}-1\right)=0,$$

解得
$$\frac{\partial z}{\partial x}=\frac{F'_1-F'_3}{F'_2-F'_3}.$$

因此，应选 D.

5. 解：

由于$\dfrac{\partial x}{\partial y}=-\dfrac{F_y}{F_x}$，$\dfrac{\partial y}{\partial x}=-\dfrac{F_x}{F_y}$，$\dfrac{\partial x}{\partial z}=-\dfrac{F_z}{F_x}$，$\dfrac{\partial z}{\partial x}=-\dfrac{F_x}{F_z}$，$\dfrac{\partial y}{\partial z}=-\dfrac{F_z}{F_y}$，$\dfrac{\partial z}{\partial y}=-\dfrac{F_y}{F_z}$，从而

$$\begin{cases}\dfrac{\partial x}{\partial y}\dfrac{\partial y}{\partial x}=\dfrac{\partial x}{\partial z}\dfrac{\partial z}{\partial x}=1\\ \dfrac{\partial x}{\partial y}\dfrac{\partial y}{\partial z}\dfrac{\partial z}{\partial x}=-1\end{cases}.$$

由此可见,只有C选项不正确.因此,应选C.

6. 解:

方法一:方程微分法

依题意当 $x=1,y=1$ 时,$z=0$.

对 $xy-yz+zx=e^z$ 两边分别关于 x,y 求偏导,得

$$\begin{cases}y-y\cdot\dfrac{\partial z}{\partial x}+z+x\cdot\dfrac{\partial z}{\partial x}=e^z\cdot\dfrac{\partial z}{\partial x}\\ x-z-y\cdot\dfrac{\partial z}{\partial y}+x\cdot\dfrac{\partial z}{\partial y}=e^z\cdot\dfrac{\partial z}{\partial y}\end{cases}.$$

从而 $\left.\dfrac{\partial z}{\partial x}\right|_{(1,1)}=1,\left.\dfrac{\partial z}{\partial y}\right|_{(1,1)}=1$. 故 z 在点(1,1)处的全微分

$$dz\big|_{(1,1)}=\left.\frac{\partial z}{\partial x}\right|_{(1,1)}dx+\left.\frac{\partial z}{\partial y}\right|_{(1,1)}dy=dx+dy.$$

方法二:全微分法

对 $xy-yz+zx=e^z$ 两边求全微分,得

$$x\,dy+y\,dx-y\,dz-z\,dy+z\,dx+x\,dz=e^z\,dz.$$

又当 $x=1,y=1$ 时,$z=0$,从而 $dz\big|_{(1,1)}=dx+dy$.

因此,应填 $dx+dy$.

7. 解:

方法一:两边求导法

对 $\ln\sqrt{x^2+y^2}=\arctan\dfrac{y}{x}$ 两边关于 x 求导,得 $\dfrac{1}{2}\dfrac{2x+2yy'}{x^2+y^2}=\dfrac{\dfrac{y'x-y}{x^2}}{1+\left(\dfrac{y}{x}\right)^2}$. 整理得

$y'=\dfrac{x+y}{x-y}$,从而 $\dfrac{d^2y}{dx^2}=y''=\dfrac{2(xy'-y)}{(x-y)^2}=\dfrac{2(x^2+y^2)}{(x-y)^3}$.

方法二:公式法

设 $F(x,y)=\ln\sqrt{x^2+y^2}-\arctan\dfrac{y}{x}$,则

$$F_x=\frac{1}{2}\frac{2x}{x^2+y^2}-\frac{-\dfrac{y}{x^2}}{1+\left(\dfrac{y}{x}\right)^2}=\frac{x+y}{x^2+y^2},$$

$$F_y=\frac{1}{2}\cdot\frac{2y}{x^2+y^2}-\frac{\dfrac{1}{x}}{1+\dfrac{y^2}{x^2}}=\frac{y-x}{x^2+y^2},$$

从而$\frac{\mathrm{d}y}{\mathrm{d}x}=-\frac{F_x}{F_y}=\frac{x+y}{x-y}$. 于是$(x-y)y'=x+y$,两边关于$x$求导,得

$$(1-y')y'+(x-y)y''=1+y',$$

解得
$$\frac{\mathrm{d}^2y}{\mathrm{d}x^2}=y''=\frac{1+y'^2}{x-y}=\frac{2(x^2+y^2)}{(x-y)^3}.$$

8. 解:

方法一:全微分法

对$\begin{cases}x=\mathrm{e}^u+u\sin v\\y=\mathrm{e}^u-u\cos v\end{cases}$微分得$\begin{cases}\mathrm{d}x=\mathrm{e}^u\mathrm{d}u+\sin v\mathrm{d}u+u\cos v\mathrm{d}v\\\mathrm{d}y=\mathrm{e}^u\mathrm{d}u-\cos v\mathrm{d}u+u\sin v\mathrm{d}v\end{cases}$,即

$$\begin{cases}(\mathrm{e}^u+\sin v)\mathrm{d}u+u\cos v\mathrm{d}v=\mathrm{d}x\\(\mathrm{e}^u+\cos v)\mathrm{d}u+u\sin v\mathrm{d}v=\mathrm{d}y\end{cases},$$

解得
$$\begin{cases}\mathrm{d}u=\dfrac{\sin v\mathrm{d}x-\cos v\mathrm{d}y}{\mathrm{e}^u(\sin v-\cos v)+1}\\\mathrm{d}v=\dfrac{(\cos v-\mathrm{e}^u)\mathrm{d}x+(\mathrm{e}^u+\sin v)\mathrm{d}y}{u[\mathrm{e}^u(\sin v-\cos v)+1]}\end{cases},$$

从而
$$\frac{\partial u}{\partial x}=\frac{\sin v}{\mathrm{e}^u(\sin v-\cos v)+1},\frac{\partial v}{\partial y}=\frac{\mathrm{e}^u+\sin v}{u[\mathrm{e}^u(\sin v-\cos v)+1]}.$$

方法二:方程组微分法

把u,v都看作关于x,y的函数,对$\begin{cases}x=\mathrm{e}^u+u\sin v\\y=\mathrm{e}^u-u\cos v\end{cases}$所有方程两边都关于$x,y$求偏导得

$$\begin{cases}1=\mathrm{e}^u\dfrac{\partial u}{\partial x}+\dfrac{\partial u}{\partial x}\sin v+u\cdot\dfrac{\partial v}{\partial x}\cos v\\0=\mathrm{e}^u\dfrac{\partial u}{\partial y}+\dfrac{\partial u}{\partial y}\sin v+u\cdot\dfrac{\partial v}{\partial y}\cos v\\0=\mathrm{e}^u\dfrac{\partial u}{\partial x}-\left(\dfrac{\partial u}{\partial x}\cos v-u\cdot\dfrac{\partial v}{\partial x}\sin v\right)\\1=\mathrm{e}^u\dfrac{\partial u}{\partial y}-\left(\dfrac{\partial u}{\partial y}\cos v-u\cdot\dfrac{\partial v}{\partial y}\sin v\right)\end{cases},$$

即
$$\begin{cases}(\mathrm{e}^u+\sin v)\dfrac{\partial u}{\partial x}+u\cos v\cdot\dfrac{\partial v}{\partial x}=1\\(\mathrm{e}^u+\sin v)\dfrac{\partial u}{\partial y}+u\cos v\cdot\dfrac{\partial v}{\partial y}=0\\(\mathrm{e}^u-\cos v)\dfrac{\partial u}{\partial x}+u\sin v\cdot\dfrac{\partial v}{\partial x}=0\\(\mathrm{e}^u-\cos v)\dfrac{\partial u}{\partial y}+u\sin v\cdot\dfrac{\partial v}{\partial y}=1\end{cases},$$

解得
$$\frac{\partial u}{\partial x}=\frac{\sin v}{\mathrm{e}^u(\sin v-\cos v)+1},\quad\frac{\partial v}{\partial y}=\frac{\mathrm{e}^u+\sin v}{u[\mathrm{e}^u(\sin v-\cos v)+1]}.$$

9. 解：

方法一：全微分法

对 $u=f(x,y,z),\varphi(x^2,e^y,z)=0,y=\sin x$ 分别求全微分，得

$$\begin{cases}du=f'_1dx+f'_2dy+f'_3dz\\\varphi'_1\cdot 2xdx+\varphi'_2\cdot e^y dy+\varphi'_3dz=0.\\dy=\cos x dx\end{cases}\tag{1.3}$$

将 $y=\sin x$ 代入式(1.3)消元得

$$du=\left[f'_1+f'_2\cdot\cos x-f'_3\cdot\left(\frac{2x\varphi'_1}{\varphi'_3}+\frac{e^{\sin x}\varphi'_2}{\varphi'_3}\cos x\right)\right]dx,$$

即
$$\frac{du}{dx}=f'_1+f'_2\cdot\cos x-f'_3\cdot\left(\frac{2x\varphi'_1}{\varphi'_3}+\frac{e^{\sin x}\varphi'_2}{\varphi'_3}\cos x\right).$$

方法二：方程微分法

将 $y=\sin x$ 代入 $\varphi(x^2,e^y,z)=0$，得 $\varphi(x^2,e^{\sin x},z)=0$.

对其两边关于 x 求导，得 $\varphi'_1\cdot 2x+\varphi'_2\cdot e^{\sin x}\cos x+\varphi'_3\dfrac{dz}{dx}=0$，从而

$$\frac{dz}{dx}=-\frac{2x\varphi'_1}{\varphi'_3}-\frac{e^{\sin x}\varphi'_2}{\varphi'_3}\cos x,$$

于是
$$\begin{aligned}\frac{du}{dx}&=f'_1+f'_2\frac{dy}{dx}+f'_3\frac{dz}{dx}\\&=f'_1+f'_2\cdot\cos x-f'_3\cdot\left(\frac{2x\varphi'_1}{\varphi'_3}+\frac{e^{\sin x}\varphi'_2}{\varphi'_3}\cos x\right).\end{aligned}$$

1.4 方向导数和梯度

1.4.1 方向导数

要点 1 方向导数的概念

1. 方向导数的定义：

设函数 $z=f(x,y)$ 在点 (x_0,y_0) 的某邻域内有定义，$\boldsymbol{e}_l=(\cos\alpha,\cos\beta)$ 是与非零向量 $\boldsymbol{l}=(t\cos\alpha,t\cos\beta)$ 同方向的单位向量，t 是两点间的距离，如图 1.9 所示.

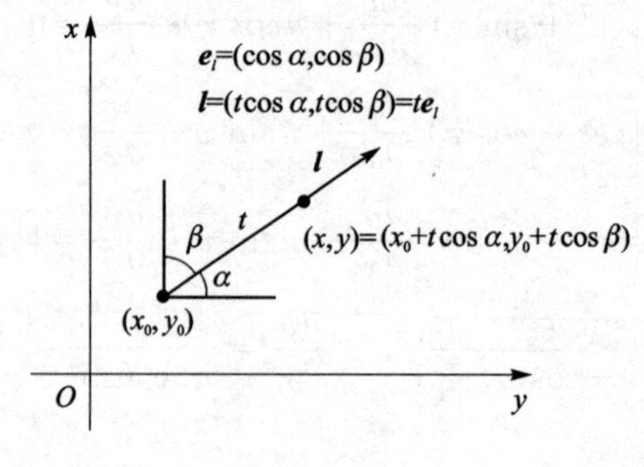

图 1.9

若极限$\lim\limits_{t\to 0^+}\dfrac{f(x_0+t\cos\alpha,y_0+t\cos\beta)-f(x_0,y_0)}{t}$存在，则称它为$z=f(x,y)$在点$(x_0,y_0)$处沿$\boldsymbol{l}$方向的方向导数.记作

$$\left.\frac{\partial f}{\partial l}\right|_{(x_0,y_0)}=\lim_{t\to 0^+}\frac{f(x_0+t\cos\alpha,y_0+t\cos\beta)-f(x_0,y_0)}{t}.$$

2. 方向导数和偏导数的关系：

方向导数是沿某个方向的单侧极限，即使任意方向的方向导数都存在，偏导数也未必存在.

要点 2　求方向导数的方法

若f可微，则$\dfrac{\partial f}{\partial l}=f_x\cos\alpha+f_y\cos\beta$.

【举例】

1. $r=\sqrt{x^2+y^2}$在点(0,0)处沿x轴正向的方向导数为________.

2. 求函数$z=\ln(x+y)$沿抛物线$y^2=4x$上点(1,2)处切线方向的方向导数.

【解析】

1. 解：

因为x轴正向的单位向量为$\boldsymbol{i}=(1,0)$，所以根据方向导数的定义，沿x轴正向的方向导数为$\lim\limits_{t\to 0^+}\dfrac{r(0+t,0)-r(0,0)}{t}=\lim\limits_{t\to 0^+}\dfrac{t-0}{t}=1$.

因此，应填 1.

2. 解：

对$y^2=4x$两边关于x求导得$2yy'=4$，即$y'=\dfrac{2}{y}$.

在点(1,2)处有$y'=\dfrac{2}{2}=1$，从而题设方向的单位方向向量$\boldsymbol{e}_{l_1}=\left(\dfrac{\sqrt{2}}{2},\dfrac{\sqrt{2}}{2}\right)$或$\boldsymbol{e}_{l_2}=\left(-\dfrac{\sqrt{2}}{2},-\dfrac{\sqrt{2}}{2}\right)$.

对$z=\ln(x+y)$求偏导得$\dfrac{\partial z}{\partial x}=\dfrac{\partial z}{\partial y}=\dfrac{1}{x+y}$，代入(1,2)得

$$\left.\frac{\partial z}{\partial x}\right|_{(1,2)}=\left.\frac{\partial z}{\partial y}\right|_{(1,2)}=\frac{1}{3}.$$

从而所求方向导数

$$\frac{\partial z}{\partial l_1}=\left(\left.\frac{\partial z}{\partial x}\right|_{(1,2)},\left.\frac{\partial z}{\partial y}\right|_{(1,2)}\right)\cdot\boldsymbol{e}_{l_1}=\frac{1}{3}\cdot\frac{\sqrt{2}}{2}+\frac{1}{3}\cdot\frac{\sqrt{2}}{2}=\frac{\sqrt{2}}{3}$$

或
$$\frac{\partial z}{\partial l_2}=\left(\left.\frac{\partial z}{\partial x}\right|_{(1,2)},\left.\frac{\partial z}{\partial y}\right|_{(1,2)}\right)\cdot\boldsymbol{e}_{l_2}=\frac{1}{3}\cdot\left(-\frac{\sqrt{2}}{2}\right)+\frac{1}{3}\cdot\left(-\frac{\sqrt{2}}{2}\right)=-\frac{\sqrt{2}}{3}.$$

1.4.2 梯 度

要点 1 梯度的概念

1. 梯度的定义：

$$\mathbf{grad} f=\nabla f=f_x\boldsymbol{i}+f_y\boldsymbol{j}=(f_x,f_y).$$

梯度本质上是偏导数构成的向量.

2. 梯度的性质：

$$\nabla(k_1u+k_2v)=k_1\nabla u+k_2\nabla v,\nabla(uv)=v\nabla u+u\nabla v,$$

$$\nabla\left(\frac{u}{v}\right)=\frac{v\nabla u-u\nabla v}{v^2},$$

$$\nabla f(u)=f'(u)\nabla u.$$

要点 2 梯度和方向导数的关系

1. 沿梯度方向的方向导数：

$$\frac{\partial f}{\partial l}=f_x\cos\alpha+f_y\cos\beta=\nabla f\cdot\boldsymbol{e}_l=|\nabla f|\cdot|\boldsymbol{e}_l|\cos\theta=|\nabla f|\cos\theta.$$

2. 当∇f 与$\boldsymbol{l}$ 同向时，$\dfrac{\partial f}{\partial l}=|\nabla f|=\sqrt{f_x^2+f_y^2}$.

当∇f 与$\boldsymbol{l}$ 反向时，$\dfrac{\partial f}{\partial l}=-|\nabla f|$.

可见：沿梯度方向的方向导数最大，沿梯度反方向的方向导数最小.

【举例】

1. 设$u=u(x,y)$，$v=v(x,y)$都是可微函数，C 为常数，则下列梯度运算式中错误的是(　　).

A. $\nabla C=0$　　B. $\nabla(Cu)=C\nabla u$

C. $\nabla(u+v)=\nabla u+\nabla v$　　D. $\nabla(uv)=v\nabla u+u\nabla v$

2. 函数$u=x^2+y^2+z^2-xy+2yz$ 在点$(-1,2,-3)$处的方向导数的最大值等于________.

【解析】

1. 解：

根据梯度的性质可知 B、C、D 正确. 因为梯度是一个向量，即$\nabla C=\mathbf{0}$，其中$\mathbf{0}$ 指的是零向量，而不是数字 0，故 A 错误. 因此，应选 A.

2. 解：

依题意$\dfrac{\partial u}{\partial x}=2x-y$，$\dfrac{\partial u}{\partial y}=2y-x+2z$，$\dfrac{\partial u}{\partial z}=2z+2y$，从而

$$\left.\frac{\partial u}{\partial x}\right|_{(-1,2,-3)}=-4,\quad\left.\frac{\partial u}{\partial y}\right|_{(-1,2,-3)}=-1,\quad\left.\frac{\partial u}{\partial z}\right|_{(-1,2,-3)}=-2.$$

从而 u 在点$(-1,2,-3)$的梯度为$(-4,-1,-2)$.

由于方向导数沿梯度方向取最大值，因此所求最大值为

$$\sqrt{(-4)^2+(-1)^2+(-2)^2}=\sqrt{21}.$$

1.5　几何应用

1.5.1　空间曲线的切线和法平面

空间曲线的切线和法平面如图 1.10 所示。

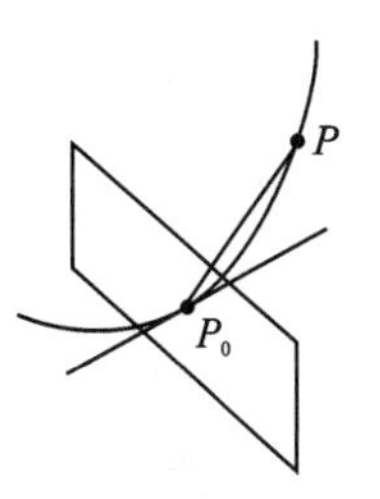

图 1.10

要点 1　参数方程形式的空间曲线的切线和法平面

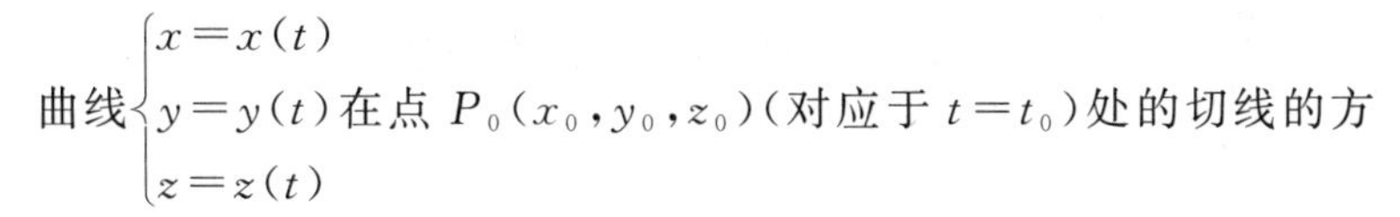

曲线 $\begin{cases} x=x(t) \\ y=y(t) \\ z=z(t) \end{cases}$ 在点 $P_0(x_0,y_0,z_0)$（对应于 $t=t_0$）处的切线的方向向量（切向量）为 $\boldsymbol{s}=(x'(t_0),y'(t_0),z'(t_0))$.

1. 该曲线在点 $P_0(x_0,y_0,z_0)$ 处的切线方程为

$$\frac{x-x_0}{x'(t_0)}=\frac{y-y_0}{y'(t_0)}=\frac{z-z_0}{z'(t_0)}.$$

2. 该曲线在点 $P_0(x_0,y_0,z_0)$ 处的法平面方程为

$$x'(t_0)(x-x_0)+y'(t_0)(y-y_0)+z'(t_0)(z-z_0)=0.$$

要点 2　柱面交线形式的空间曲线的切线和法平面

曲线 $\begin{cases} x=x \\ y=y(x) \\ z=z(x) \end{cases}$ 在点 $P_0(x_0,y_0,z_0)$ 处的切线的方向向量（切向量）为

$$\boldsymbol{s}=(1,y'(x_0),z'(x_0)).$$

1. 该曲线在点 $P_0(x_0,y_0,z_0)$ 处的切线方程为

$$\frac{x-x_0}{1}=\frac{y-y_0}{y'(x_0)}=\frac{z-z_0}{z'(x_0)}.$$

2. 该曲线在点 $P_0(x_0,y_0,z_0)$ 处的法平面方程为

$$(x-x_0)+y'(x_0)(y-y_0)+z'(x_0)(z-z_0)=0.$$

要点 3　曲面交线形式的空间曲线的切线和法平面

曲线 $\begin{cases} F(x,y,z)=0 \\ G(x,y,z)=0 \end{cases}$ 在点 $P_0(x_0,y_0,z_0)$ 处的切线的方向向量（切向量）为

$$\boldsymbol{s}=\begin{vmatrix} \boldsymbol{i} & \boldsymbol{j} & \boldsymbol{k} \\ F_x & F_y & F_z \\ G_x & G_y & G_z \end{vmatrix}_{(x_0,y_0,z_0)}=(m,n,p).$$

1. 该曲线在点 $P_0(x_0,y_0,z_0)$ 处的切线方程为

$$\frac{x-x_0}{m}=\frac{y-y_0}{n}=\frac{z-z_0}{p}.$$

2. 该曲线在点 $P_0(x_0,y_0,z_0)$处的法平面方程为

$$m(x-x_0)+n(y-y_0)+p(z-z_0)=0.$$

【举例】

1. 求曲线$\begin{cases}x^2+y^2+z^2=6\\z=x^2+y^2\end{cases}$在点(1,1,2)处的切线方程.

2. 在曲线 $x=t,y=-t^2,z=t^3$ 的所有切线中,与平面 $x+2y+z=4$ 平行的切线(　　).

A. 只有一条　　B. 只有两条　　C. 至少有三条　　D. 不存在

3. 曲线$\begin{cases}x^2+4y^2+9z^2=14\\x+y+z=1\end{cases}$在点(1,1,−1)处的法平面方程是________.

【解析】

1. 解:

方法一:公共垂向量法

设$\begin{cases}F(x,y,z)=x^2+y^2+z^2-6\\G(x,y,z)=x^2+y^2-z\end{cases}$,求偏导得

$$\begin{cases}F_x=2x,F_y=2y,F_z=2z\\G_x=2x,G_y=2y,G_z=-1\end{cases}.$$

从而曲面 $x^2+y^2+z^2=6$ 和曲面 $z=x^2+y^2$ 在点(1,1,2)处的切向量分别为

$$\boldsymbol{n}_1=(2,2,4),\boldsymbol{n}_2=(2,2,-1).$$

曲线$\begin{cases}x^2+y^2+z^2=6\\z=x^2+y^2\end{cases}$在点(1,1,2)处的切向量

$$\boldsymbol{s}=\boldsymbol{n}_1\times\boldsymbol{n}_2=\begin{vmatrix}\boldsymbol{i}&\boldsymbol{j}&\boldsymbol{k}\\2&2&4\\2&2&-1\end{vmatrix}=-10(1,-1,0),$$

故曲线$\begin{cases}x^2+y^2+z^2=6\\z=x^2+y^2\end{cases}$在点(1,1,2)处的切线方程为

$$\frac{x-1}{1}=\frac{y-1}{-1}=\frac{z-2}{0}.$$

方法二:隐函数求导法

对$\begin{cases}x^2+y^2+z^2=6\\z=x^2+y^2\end{cases}$两边分别关于 x 求偏导,得

$$\begin{cases}2x+2yy'+2zz'=0\\z'=2x+2yy'\end{cases},$$

即$\begin{cases}yy'+zz'=-x\\2yy'-z'=-2x\end{cases}$,代入点(1,1,2)得$\begin{cases}y'=-1\\z'=0\end{cases}$.

从而曲线$\begin{cases}x^2+y^2+z^2=6\\z=x^2+y^2\end{cases}$在点(1,1,2)处的切向量为

$$\boldsymbol{s}=(1,-1,0).$$

因此，曲线$\begin{cases}x^2+y^2+z^2=6\\z=x^2+y^2\end{cases}$在点(1,1,2)处的切线方程为

$$\frac{x-1}{1}=\frac{y-1}{-1}=\frac{z-2}{0}.$$

2. 解：

曲线$\begin{cases}x=t\\y=-t^2\\z=t^3\end{cases}$的切向量$\boldsymbol{s}=(1,-2t,3t^2)$，平面$x+2y+z=4$的法向量$\boldsymbol{n}=(1,2,1)$. 由$\boldsymbol{s}\cdot\boldsymbol{n}=0$，得$1\times1+(-2t)\times2+3t^2\times1=0$，解得

$$t_1=1,\quad t_2=\frac{1}{3},$$

故所求切线有两条.

因此，应选B.

3. 解：

方法一：公共垂向量法

设$\begin{cases}F(x,y,z)=x^2+4y^2+9z^2-14\\G(x,y,z)=x+y+z-1\end{cases}$，求偏导得

$$F_x=2x,\quad F_y=8y,\quad F_z=18z,$$
$$G_x=1,\quad G_y=1,\quad G_z=1.$$

从而曲面$x^2+4y^2+9z^2=14$和平面$x+y+z=1$在点(1,1,−1)处的切向量分别为$\boldsymbol{n}_1=(2,8,-18)$，$\boldsymbol{n}_2=(1,1,1)$.

故曲线$\begin{cases}x^2+4y^2+9z^2-14=0\\x+y+z-1=0\end{cases}$在点(1,1,−1)处的切向量

$$\boldsymbol{s}=\boldsymbol{n}_1\times\boldsymbol{n}_2=\begin{vmatrix}\boldsymbol{i}&\boldsymbol{j}&\boldsymbol{k}\\2&8&-18\\1&1&1\end{vmatrix}=2(13,-10,-3),$$

因此所求法平面方程为$13(x-1)-10(y-1)-3(z+1)=0$，即

$$13x-10y-3z-6=0.$$

方法二：隐函数求导法

对$\begin{cases}x^2+4y^2+9z^2=14\\x+y+z=1\end{cases}$两边分别关于$x$求偏导，得

$$\begin{cases}2x+8yy'+18zz'=0\\1+y'+z'=0\end{cases},$$

即$\begin{cases}4yy'+9zz'=-x\\y'+z'=-1\end{cases}$，代入点(1,1,−1)得$\begin{cases}y'=-\dfrac{10}{13}\\z'=\dfrac{3}{13}\end{cases}$，从而曲线$\begin{cases}x^2+4y^2+9z^2-14=0\\x+y+z-1=0\end{cases}$在点(1,1,−1)处的切向量$\boldsymbol{s}=\left(1,-\dfrac{10}{13},-\dfrac{3}{13}\right)$.

于是,所求法平面方程为 $13(x-1)-10(y-1)-3(z+1)=0$,即

$$13x-10y-3z-6=0.$$

1.5.2 曲面的切平面和法线

曲面的切平面和法线如图 1.11 所示.

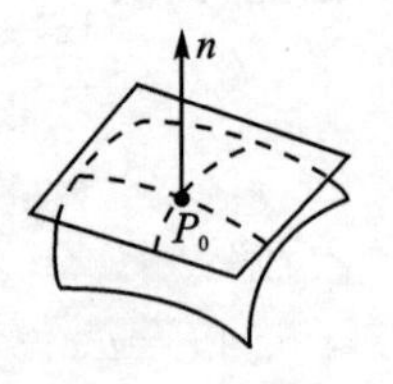

图 1.11

要点 1 第一类曲面的切平面和法线

曲面 $F(x,y,z)=0$ 在点 $P_0(x_0,y_0,z_0)$ 处的法线的方向向量(法向量)为

$$\boldsymbol{n}=\nabla F(P_0)=(F_x(P_0),F_y(P_0),F_z(P_0)).$$

1. 该曲面 $F(x,y,z)=0$ 在点 $P_0(x_0,y_0,z_0)$ 处的切平面方程为

$$F_x(P_0)(x-x_0)+F_y(P_0)(y-y_0)+F_z(P_0)(z-z_0)=0.$$

2. 该曲面 $F(x,y,z)=0$ 在点 $P_0(x_0,y_0,z_0)$ 处的法线方程为

$$\frac{x-x_0}{F_x(P_0)}=\frac{y-y_0}{F_y(P_0)}=\frac{z-z_0}{F_z(P_0)}.$$

要点 2 第二类曲面的切平面和法线

曲线 $z=f(x,y)$ 在点 $P_0(x_0,y_0,z_0)$ 处的法线的方向向量(法向量)为

$$\boldsymbol{n}=(f_x(x_0,y_0),f_y(x_0,y_0),-1).$$

1. 该曲面 $F(x,y,z)=0$ 在点 $P_0(x_0,y_0,z_0)$ 处的切平面方程为

$$f_x(x_0,y_0)(x-x_0)+f_y(x_0,y_0)(y-y_0)-(z-z_0)=0.$$

2. 该曲面 $F(x,y,z)=0$ 在点 $P_0(x_0,y_0,z_0)$ 处的法线方程为

$$\frac{x-x_0}{f_x(x_0,y_0)}=\frac{y-y_0}{f_y(x_0,y_0)}=\frac{z-z_0}{-1}.$$

【举例】

1. 求过直线 $\begin{cases}10x+2y-2z=27\\x+y-z=0\end{cases}$ 的曲面 $3x^2+y^2-z^2=27$ 的切平面.

2. 曲面 $z=x+f(y-z)$ 的任一点处的切平面(　　).

A. 垂直于一定直线　　B. 平行于一定平面

C. 与一定坐标平面成定角　　D. 平行于一定直线

3. 如果曲面 $xyz=6$ 在点 M 处的切平面平行于平面 $6x-3y+2z+1=0$,则切点 M 的坐标是________.

4. 函数 $u=\sqrt{x^2+y^2+z^2}$ 在点 $M(1,1,1)$ 处沿曲面 $2z=x^2+y^2$ 在该点的外法线方向的方向导数是________.

5. 证明:曲面 $x^{2/3}+y^{2/3}+z^{2/3}=a^{2/3}(a>0)$ 上任意点处的切平面在各个坐标轴上的截距的平方和等于 a^2.

【解析】

1. 解：

设 $F(x,y,z)=3x^2+y^2-z^2-27$，则 $F_x=6x, F_y=2y, F_z=-2z$. 从而曲面在切点 (x_0,y_0,z_0) 的法向量 $\boldsymbol{n}=2(3x_0,y_0,-z_0)$，故切平面方程为

$$3x_0(x-x_0)+y_0(y-y_0)-z_0(z-z_0)=0.$$

又 $3x_0^2+y_0^2-z_0^2=27$，故切平面方程可化简为

$$3x_0x+y_0y-z_0z-27=0. \tag{1.4}$$

过直线 $\begin{cases}10x+2y-2z=27\\x+y-z=0\end{cases}$ 的平面束方程为

$$10x+2y-2z-27+\lambda(x+y-z)=0,$$

即

$$(10+\lambda)x+(2+\lambda)y-(2+\lambda)z-27=0. \tag{1.5}$$

当式(1.4)，式(1.5)是一个方程时，有 $\begin{cases}3x_0=10+\lambda\\y_0=2+\lambda\\z_0=2+\lambda\end{cases}$.

又 $3x_0^2+y_0^2-z_0^2=27$，故可解得 $\begin{cases}x_0=3\\y_0=1\\z_0=1\end{cases}$ 或 $\begin{cases}x_0=-3\\y_0=-17\\z_0=-17\end{cases}$.

对应的切平面方程为 $9x+y-z-27=0$ 或 $9x+17y-17z+27=0$.

2. 解：

令 $F(x,y,z)=x+f(y-z)-z$，则

$$F_x=1, F_y=f'(y-z), F_z=-f'(y-z)-1.$$

从而曲面 $z=x+f(y-z)$ 的法向量 $\boldsymbol{n}=(1,f'(y-z),-f'(y-z)-1)$，对于向量 $\boldsymbol{s}=(1,1,1)$，显然 $\boldsymbol{n}\cdot\boldsymbol{s}=0$，即切平面平行于向量 $\boldsymbol{s}=(1,1,1)$，也即切平面平行于一定直线.

因此，应选 D.

3. 解：

设 $F(x,y,z)=xyz-6$，则 $F_x=yz, F_y=xz, F_z=xy$，从而曲面 $xyz=6$ 的法向量 $\boldsymbol{n}_1=(yz,xz,xy)$.

又平面 $6x-3y+2z+1=0$ 的法向量 $\boldsymbol{n}_2=(6,-3,2)$. 依题意 $\boldsymbol{n}_1/\!/\boldsymbol{n}_2$，故

$$\frac{yz}{6}=\frac{xz}{-3}=\frac{xy}{2},$$

即 $\begin{cases}y=-2x\\z=3x\end{cases}$. 又 $xyz=6$，故 $\begin{cases}x=-1\\y=2\\z=-3\end{cases}$，因此 M 的坐标是 $(-1,2,-3)$.

4. 解：

曲面 $2z=x^2+y^2$ 的法向量 $\boldsymbol{n}=(x,y,-1)$，代入点 M，有 $\boldsymbol{n}=(1,1,-1)$，单位化得 $\boldsymbol{e}_n=\left(\frac{1}{\sqrt{3}},\frac{1}{\sqrt{3}},-\frac{1}{\sqrt{3}}\right)$.

$$\text{又}\begin{cases}\left.\dfrac{\partial u}{\partial x}\right|_{(1,1,1)}=\left.\dfrac{x}{\sqrt{x^2+y^2+z^2}}\right|_{(1,1,1)}=\dfrac{1}{\sqrt{3}}\\ \left.\dfrac{\partial u}{\partial y}\right|_{(1,1,1)}=\dfrac{1}{\sqrt{3}}\\ \left.\dfrac{\partial u}{\partial z}\right|_{(1,1,1)}=\dfrac{1}{\sqrt{3}}\end{cases}\text{,故所求方向导数}$$

$$\left.\frac{\partial u}{\partial n}\right|_{(1,1,1)}=\left(\left.\frac{\partial u}{\partial x}\right|_{(1,1,1)},\left.\frac{\partial u}{\partial y}\right|_{(1,1,1)},\left.\frac{\partial u}{\partial z}\right|_{(1,1,1)}\right)\cdot\boldsymbol{e}_n$$
$$=\frac{1}{\sqrt{3}}\times\frac{1}{\sqrt{3}}+\frac{1}{\sqrt{3}}\times\frac{1}{\sqrt{3}}-\frac{1}{\sqrt{3}}\times\frac{1}{\sqrt{3}}=\frac{1}{3}.$$

5. 证明:

设 $F(x,y,z)=x^{\frac{2}{3}}+y^{\frac{2}{3}}+z^{\frac{2}{3}}-a^{\frac{2}{3}}$,则 $F_x=\frac{2}{3}x^{-\frac{1}{3}}$,$F_y=\frac{2}{3}y^{-\frac{1}{3}}$,$F_z=z^{-\frac{1}{3}}$.从而曲面在点$(x_0,y_0,z_0)$的法向量 $\boldsymbol{n}=\frac{2}{3}(x_0^{-\frac{1}{3}},y_0^{-\frac{1}{3}},z_0^{-\frac{1}{3}})$,故曲面在该点的切平面方程为

$$x_0^{-\frac{1}{3}}(x-x_0)+y_0^{-\frac{1}{3}}(y-y_0)+z_0^{-\frac{1}{3}}(z-z_0)=0.$$

又 $x_0^{\frac{2}{3}}+y_0^{\frac{2}{3}}+z_0^{\frac{2}{3}}=a^{\frac{2}{3}}$,故该切平面方程可化简为 $x_0^{-\frac{1}{3}}x+y_0^{-\frac{1}{3}}y+z_0^{-\frac{1}{3}}z=a^{\frac{2}{3}}$.

令 $y=z=0$ 得 x 轴截距 $X=x_0^{\frac{1}{3}}a^{\frac{2}{3}}$.同理,得 y 轴截距 $Y=y_0^{\frac{1}{3}}a^{\frac{2}{3}}$,$z$ 轴截距 $Z=z_0^{\frac{1}{3}}a^{\frac{2}{3}}$,从而 $X^2+Y^2+Z^2=a^2$.

【证毕】

1.6 极值问题

1.6.1 二元函数的二阶泰勒(Taylor)公式

1. 设二元函数 $f(x,y)$在点(x_0,y_0)的某邻域内是 $C^{(3)}$ 类函数,(x,y)是该邻域内任一点,则二元函数的二阶泰勒公式为

$$f(x,y)=\sum_{k=0}^{2}\frac{1}{k!}\left(\Delta x\frac{\partial}{\partial x}+\Delta y\frac{\partial}{\partial y}\right)^k f(x_0,y_0)+R_3$$
$$=f(x_0,y_0)+\Delta x f_x(x_0,y_0)+\Delta y f_y(x_0,y_0)+$$
$$\frac{1}{2}[\Delta^2 x f_{xx}(x_0,y_0)+2\Delta x\Delta y f_{xy}(x_0,y_0)+\Delta^2 y f_{yy}(x_0,y_0)]+R_3.$$

当$(x_0,y_0)=(0,0)$时,称泰勒公式为麦克劳林(Maclaurin)公式.

2. 余项:

(1) 拉格朗日(Lagrange)型余项:

$$R_3=\frac{1}{6}\left(\Delta x\frac{\partial f}{\partial x}+\Delta y\frac{\partial f}{\partial y}\right)^3 f(x_0+\theta\Delta x,y_0+\theta\Delta y)=$$

$$\frac{1}{6}\left[\Delta^3 x\frac{\partial^3 f}{\partial x^3}+3\Delta^2 x\Delta y\frac{\partial^3 f}{\partial x^2\partial y}+3\Delta x\Delta^2 y\frac{\partial^3 f}{\partial x\partial y^2}+\Delta^3 y\frac{\partial^3 f}{\partial y^3}\right]_{(x_0+\theta\Delta x,y_0+\theta\Delta y)},\theta\in(0,1).$$

(2) 佩亚诺(Peano)型余项：$R_n=o(\rho^n),\rho=\sqrt{\Delta^2 x+\Delta^2 y}\to 0$.

3. 引入黑塞(Hessian)矩阵 $\boldsymbol{H}=\begin{bmatrix}f_{xx} & f_{xy}\\ f_{xy} & f_{yy}\end{bmatrix}_{(x_0,y_0)}$，这在后续求极值时很有用.

【举例】

求函数 $f(x,y)=(x+y)\mathrm{e}^{x+y}$ 带有拉格朗日型余项的二阶麦克劳林公式.

【解析】

解：

因为 $\mathrm{e}^{x+y}=1+(x+y)+\frac{1}{2}(x+y)^2\mathrm{e}^{\theta(x+y)},\theta\in(0,1)$，故

$$(x+y)\mathrm{e}^{x+y}=(x+y)+(x+y)^2+\frac{1}{2}(x+y)^3\mathrm{e}^{\theta(x+y)},\theta\in(0,1).$$

1.6.2　极值与最值

要点1　多元函数的极值

1. 多元函数极值的定义：

设函数 $f(P)$ 在点 P_0 的某邻域 $U(P_0)$ 内有定义，若对 $\forall P\in \mathring{U}(P_0)$，恒有

$$f(P)<f(P_0)\text{ 或 }f(P)>f(P_0),$$

则称 $f(P)$ 在点 P_0 处取得极大值或极小值，点 P_0 称为 $f(P)$ 的极大值点或极小值点.

2. 驻点：

$f(P)$ 在点 P_0 处的所有偏导数都为0，也即 $\nabla f(P_0)=0$，称使 $\nabla f(P_0)=0$ 的点 P_0 为 $f(P)$ 的驻点.

3. 多元函数极值的关键：

(1) 极值本质上是局部(某邻域内)的最值，不是整个定义区间上的最值.

(2) 在相应邻域内，任意方向上，若函数在某点都取极大值(极小值)，则该点为极大值点(极小值点)，否则该点不是极大值点(极小值点). 如图1.12(c)所示，在一些方向上，函数在点 P_0 处取极大值，在另一些方向上，函数在点 P_0 处取极小值，故该点非极值点.

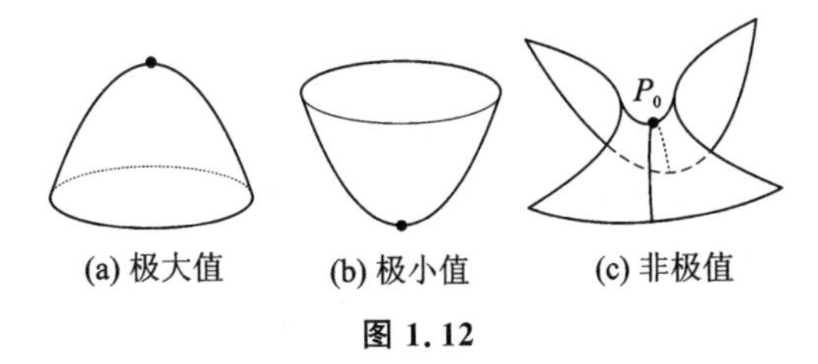

图1.12

【举例】

设 $z=f(x,y)$ 在点(0,0)处连续，且 $\lim\limits_{(x,y)\to(0,0)}\frac{f(x,y)}{\sin(x^2+y^2)}=-1$，则(　　).

A. $f_x(0,0)$不存在　　B. $f_x(0,0)$存在,但不为零

C. $f(0,0)$是极小值　　D. $f(0,0)$是极大值

【解析】

解:

由于 $f(x,y)$在$(0,0)$处连续,故若 $\lim\limits_{(x,y)\to(0,0)}\dfrac{f(x,y)}{\sin(x^2+y^2)}$存在,则 $\lim\limits_{(x,y)\to(0,0)}f(x,y)=0$,即 $f(0,0)=0$,从而

$$f_x(0,0)=\lim_{\Delta x\to 0}\frac{f(\Delta x,0)-f(0,0)}{\Delta x}=\lim_{\Delta x\to 0}\left[\frac{f(\Delta x,0)}{(\Delta x)^2+0}\cdot\Delta x\right]$$

$$=\lim_{\Delta x\to 0}\left[\frac{f(\Delta x,0)}{\sin\left[(\Delta x)^2+0\right]}\cdot\Delta x\right]=0,$$

即 $f_x(0,0)$存在且为零,故 A、B 错误.

因为 $\lim\limits_{(x,y)\to(0,0)}\dfrac{f(x,y)}{\sin(x^2+y^2)}=-1$,且在点$(0,0)$的某去心邻域内 $\sin(x^2+y^2)>0$,所以在点$(0,0)$的某去心邻域内 $f(x,y)<0$,从而 $f(0,0)$是极大值.

综上,应选 D.

要点 2　多元函数的最值

1. 函数在有界闭区域的最值:

(1) 连续函数在有界闭区域必有最值,不在边界取得,就在内部取得.

(2) 求函数在有界闭区域的最值的方法:

求连续可偏导函数在有界闭区域的最值点时,要分别求函数在区域内部的驻点和区域边界的最值点,比较得最值.区域内部的驻点是可能极值点.

2. 函数在有界开区域的最值:

若根据现实意义,连续可偏导的函数在有界开区域内必有最值,则极值点一定在驻点处取得.若驻点唯一,则该驻点一定是极值点.

3. 多元函数最值与极值的区别:

(1) 极值是局部概念,一般在区域内部取得(极端情况下在边界取得),极大值不一定大于极小值.

(2) 最值是整体概念,既可能在区域内部取得,也可能在区域边界取得.

【举例】

求函数 $f(x,y)=x^2+y^2-xy-3y$ 在闭区域

$$D=\{(x,y)\mid 0\leqslant y\leqslant 4-x,0\leqslant x\leqslant 4\}\text{(见图 1.13)}$$

的最值.

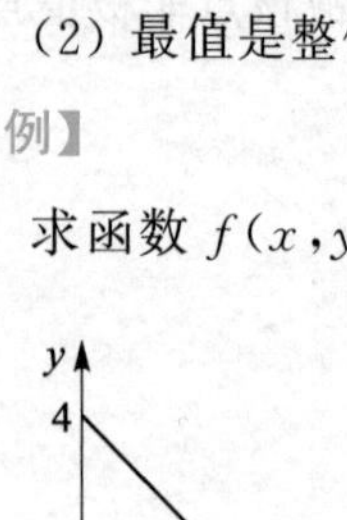

图 1.13

【解析】

解:

在区域 D 内,令$\begin{cases}f_x=2x-y=0\\ f_y=2y-x-3=0\end{cases}$,解得 D 内可能极值点为

$(1,2)$.

在边界 $x=0(0<y<4)$ 上，$f=y^2-3y$，令 $f_y=2y-3=0$，得可能极值点 $\left(0,\dfrac{3}{2}\right)$.

在边界 $y=0(0<x<4)$ 上，$f=x^2$，令 $f_x=2x=0$，无极值点.

在边界 $x+y=4(0<x<4)$ 上，$f=3x^2-9x+4$，令 $f_x=6x-9=0$，得可能极值点 $\left(\dfrac{3}{2},\dfrac{5}{2}\right)$.

又 $f(1,2)=-3$，$f(0,0)=0$，$f(4,0)=16$，$f(0,4)=4$，$f\left(0,\dfrac{3}{2}\right)=-\dfrac{9}{4}$，$f\left(\dfrac{3}{2},\dfrac{5}{2}\right)=-\dfrac{11}{4}$，故 $f_{\max}(4,0)=16$，$f_{\min}(1,2)=-3$.

1.6.3　取极值的条件与条件极值

要点1　函数取极值的条件

1. 函数取极值的必要条件：

若函数 $f(P)$ 在点 P_0 处可偏导，并取得极值，则点 P_0 是 $f(P)$ 的驻点.

显然，驻点未必是极值点，而只有在函数可偏导时，极值点才是驻点.

2. 函数取极值的充分条件：

设二元函数 $f(x,y)\in C^{(2)}(U(x_0,y_0))$，$(x_0,y_0)$ 是 $f(x,y)$ 的驻点，记

$$A=f_{xx}(x_0,y_0),\quad B=f_{xy}(x_0,y_0),\quad C=f_{yy}(x_0,y_0),$$

当 $|\boldsymbol{H}|=AC-B^2>0$ 且 $A>0$ 时，$f(x_0,y_0)$ 是极小值.

当 $|\boldsymbol{H}|=AC-B^2>0$ 且 $A<0$ 时，$f(x_0,y_0)$ 是极大值.

当 $|\boldsymbol{H}|=AC-B^2<0$ 时，$f(x_0,y_0)$ 不是极值.

当 $|\boldsymbol{H}|=AC-B^2=0$ 时，不能确定 $f(x_0,y_0)$ 是否为极值，需再设法判断.

注意：$\boldsymbol{H}$ 是1.6.1节提到的黑塞矩阵.

【举例】

1. 设 $u(x,y)$ 在平面有界闭区域 D 上是 $C^{(2)}$ 类函数，且满足 $\dfrac{\partial^2 u}{\partial x\partial y}\neq 0$ 及 $\dfrac{\partial^2 u}{\partial x^2}+\dfrac{\partial^2 u}{\partial y^2}=0$，则 $u(x,y)$ 的(　　).

A. 最大值点和最小值点必定都在 D 的内部

B. 最大值点和最小值点必定都在 D 的边界上

C. 最大值点在 D 的内部，最小值点在 D 的边界上

D. 最小值点在 D 的内部，最大值点在 D 的边界上

2. 求函数 $f(x)=x^4+y^4-x^2-2xy-y^2$ 的极值.

3. 求 $f(x,y)=x^4+y^4-2x^2-2y^2+4xy$ 的极值.

【解析】

1. 解：

在 D 的内部 $\frac{\partial^2 u}{\partial x^2}\cdot\frac{\partial^2 u}{\partial y^2}-\left(\frac{\partial^2 u}{\partial x\partial y}\right)^2=-\frac{1}{2}\left(\frac{\partial^2 u}{\partial x^2}\right)^2-\frac{1}{2}\left(\frac{\partial^2 u}{\partial y^2}\right)^2-\left(\frac{\partial^2 u}{\partial x\partial y}\right)^2<0$，故在 D 的内部无极值．于是，$u(x,y)$ 的最大值点和最小值点必定都在 D 的边界上．

因此，应选 B.

2. 解：

令 $\begin{cases}f_x=4x^3-2x-2y=0\\f_y=4y^3-2x-2y=0\end{cases}$，解得驻点为 $(0,0)$，$(1,1)$，$(-1,-1)$．

记 $A=f_{xx}=12x^2-2$，$B=f_{xy}=-2$，$C=f_{yy}=12y^2-2$，在点 $(1,1)$，$(-1,-1)$ 处，由于 $A=10$，$B=-2$，$C=10$，从而 $AC-B^2=96>0$，且 $A>0$，故 $f(1,1)=f(-1,-1)=-2$ 为极小值．

在点 $(0,0)$ 处，$f(0,0)=0$，当 $y=-x$ 时，$f(x,y)=2x^4>0$；当 $y=x$ 时，$f(x,y)=2x^2(x^2-2)<0(|x|<2)$，故 $(0,0)$ 不是极值点．

综上，函数 $f(x)=x^4+y^4-x^2-2xy-y^2$ 只有极小值

$$f(1,1)=f(-1,-1)=-2.$$

3. 解：

因为 $\begin{cases}f_x=4x^3-4x+4y\\f_y=4y^3-4y+4x\end{cases}$，故 $f_{xx}=12x^2-4$，$f_{xy}=4$，$f_{yy}=12y^2-4$．

由 $\begin{cases}f_x=0\\f_y=0\end{cases}$ 得驻点为 $(0,0)$，$(\sqrt{2},-\sqrt{2})$，$(-\sqrt{2},\sqrt{2})$．

在 $(0,0)$ 点，$f_{xx}=-4<0$，$f_{xx}\cdot f_{yy}-(f_{xy})^2=16-16=0$，无法判断．

但由于在直线 $y=x$ 上，$f(x,x)=2x^4$ 在 $x=0$ 处取极小值；在直线 $y=-x$ 上，$f(x,-x)=2x^4-8x^2$ 在 $x=0$ 处取极大值，因此 $(0,0)$ 不是极值点．

在 $(\pm\sqrt{2},\mp\sqrt{2})$ 点，$f_{xx}(\pm\sqrt{2},\mp\sqrt{2})=24-4=20>0$，且

$$f_{xx}f_{yy}-(f_{xy})^2=20^2-4^2=384>0,$$

故函数取极小值 $f(\pm\sqrt{2},\mp\sqrt{2})=-8$．

综上，$f(x,y)$ 存在极小值，无极大值．

要点 2 条件极值与拉格朗日乘数法

1. 求条件极值的方法：

为了求函数 $f(x,y,z)$ 在约束条件 $\varphi(x,y,z)=0$ 下的极值(条件极值)，先构造函数 $L(x,y,z,\lambda)=f(x,y,z)+\lambda\varphi(x,y,z)$，然后解方程组

$$\begin{cases}L_x=f_x(x,y,z)+\lambda\varphi_x(x,y,z)=0\\L_y=f_y(x,y,z)+\lambda\varphi_y(x,y,z)=0\\L_z=f_z(x,y,z)+\lambda\varphi_z(x,y,z)=0\\L_\lambda=\varphi(x,y,z)=0\end{cases},$$

得到的点就是可能极值点．

这种方法称为拉格朗日乘数法.

2. 上述方法的关键：

(1) 上述条件极值是三元的情形，其他元的情形类似.

(2) 在实际问题中，上述方法所求得的可能极值点是否为极值点通常可根据实际问题本身的背景加以确定.

【举例】

1. $z=x^2+y^2$ 在条件 $x+y=1$ 下的极小值是________.

2. 求函数 $f(x,y)=x^2+y^2-12x+16y$ 在区域 $D=\{(x,y)\mid x^2+y^2\leqslant 25\}$ 的最大值和最小值.

3. 求函数 $f(x,y)=xy-x$ 在半圆域 $D=\{(x,y)\mid x^2+y^2\leqslant 1,y\geqslant 0\}$ 的最大值和最小值.

4. 在过点 $P(1,3,6)$ 的所有平面中求一平面，使之与三个坐标平面所围四面体的体积最小.

【解析】

1. 解：

令 $L(x,y,\lambda)=x^2+y^2+\lambda(x+y-1)$，由 $\begin{cases}L_x=2x-\lambda=0\\L_y=2y-\lambda=0\\L_\lambda=x+y-1=0\end{cases}$，解得 $\begin{cases}x=\dfrac{1}{2}\\y=\dfrac{1}{2}\end{cases}$. 根据问题的实际意义知 $\left(\dfrac{1}{2},\dfrac{1}{2}\right)$ 为条件极小值点.

因此，$z=x^2+y^2$ 的极小值为 $z\left(\dfrac{1}{2},\dfrac{1}{2}\right)=\left(\dfrac{1}{2}\right)^2+\left(\dfrac{1}{2}\right)^2=\dfrac{1}{2}$.

该题也可用不等式解决，提示如下：

$z=x^2+y^2\geqslant 2\left(\dfrac{x+y}{2}\right)^2=\dfrac{1}{2}$，当且仅当 $x=y=\dfrac{1}{2}$ 时，取等号.

综上，应填 $\dfrac{1}{2}$.

2. 解：

依题意 $f_x=2x-12$，$f_y=2y+16$.

由 $\begin{cases}f_x=0\\f_y=0\end{cases}$ 得驻点 $(6,-8)$，该点不在 D 内，故 $f(x,y)$ 在 D 内无极值.

在边界 $x^2+y^2=25$ 上，$f(x,y)=25-12x+16y$，设

$$L(x,y,\lambda)=25-12x+16y+\lambda(x^2+y^2-25),$$

由 $\begin{cases}L_x=-12+2\lambda x=0\\L_y=16+2\lambda y=0\\L_\lambda=x^2+y^2-25=0\end{cases}$ 得 $(x,y)=(3,-4),(-3,4)$.

依题意 $f(3,-4)=-75$，$f(-3,4)=125$.

综上，$f(x,y)$ 在 D 的最大值为 $f(-3,4)=125$，最小值为 $f(3,-4)=-75$.

3. 解：

半圆域 D 如图 1.14 所示.

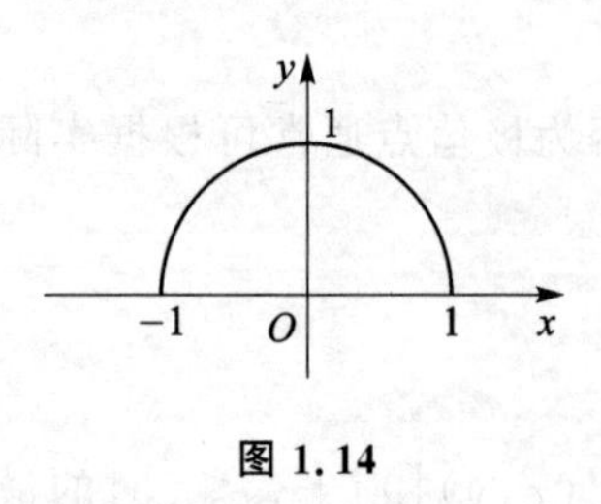

图 1.14

由 $\begin{cases} f_x = y-1=0 \\ f_y = x=0 \end{cases}$ 得 $x=0, y=1$，该点在边界上.

在边界 $x^2+y^2=1(y>0)$ 上，令 $L(x,y,\lambda)=xy-x+\lambda(x^2+y^2-1)$，解方程组 $\begin{cases} L_x = y-1+2\lambda x=0 \\ L_y = x+2\lambda y=0 \\ L_\lambda = x^2+y^2-1=0 \end{cases}$ 得 $(x,y)=(0,1)$，该点函数值 $f(0,1)=0$.

在边界 $y=0, -1\leqslant x\leqslant 1$ 上，函数 $f(x,y)=-x$，此时函数最大值 $f(-1,0)=1$，最小值 $f(1,0)=-1$.

综上，函数在 D 的最大值为 $f(-1,0)=1$，最小值为 $f(1,0)=-1$.

4. 解：

设所求平面方程为 $Ax+By+Cz=1$，其中 $A,B,C>0$.

依题意，它与三个坐标平面所围四面体体积 $V=\dfrac{1}{6}\dfrac{1}{ABC}$.

又点 $P(1,3,6)$ 在平面 $Ax+By+Cz=1$ 上，故 $A+3B+6C=1$.

令 $F(A,B,C,\lambda)=ABC+\lambda(A+3B+6C-1)$，由

$$\begin{cases} F_A = BC+\lambda=0 \\ F_B = AC+3\lambda=0 \\ F_C = AB+6\lambda=0 \\ F_\lambda = A+3B+6C-1=0 \end{cases}$$

得 $A=\dfrac{1}{3}, B=\dfrac{1}{9}, C=\dfrac{1}{18}$. 根据问题的实际意义，体积最小值存在.

因此所求平面方程为 $\dfrac{x}{3}+\dfrac{y}{9}+\dfrac{z}{18}=1$，且 $V_{\min}=\dfrac{1}{6}\times 3\times 9\times 18=81$.

该题也可用不等式解决，提示如下：

$A\cdot 3B\cdot 6C\leqslant\left(\dfrac{A+3B+6C}{3}\right)^3=\dfrac{1}{27}$，当且仅当 $A=\dfrac{1}{3}, B=\dfrac{1}{9}, C=\dfrac{1}{18}$ 时，取等号.

第 2 章　重积分

知识扫描

重积分是曲线、曲面积分计算的基础，也是概率论与数理统计中连续型多元随机变量分布函数和数字特征的计算基础、读者在复习时要注意并懂它们之间的联系，可借助思维导图和列举的要点着重掌握.

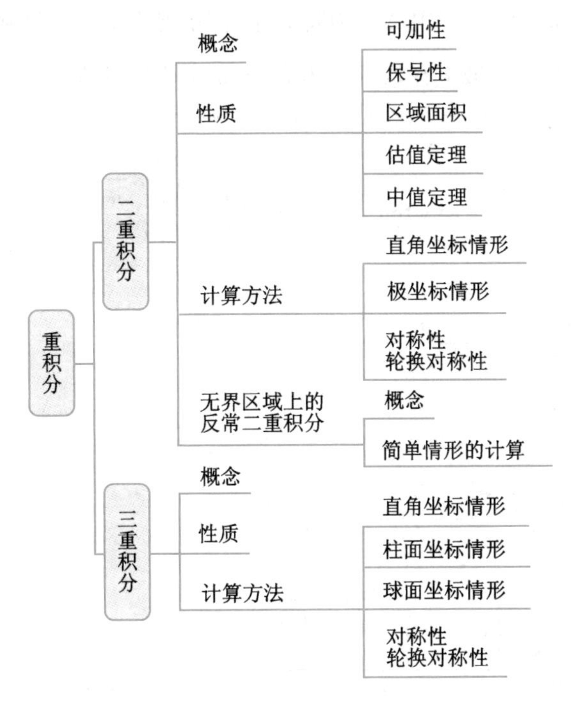

1. 理解二重积分、三重积分的概念，了解重积分的性质，了解二重积分的中值定理.

2. 掌握二重积分的计算方法（直角坐标、极坐标），会计算三重积分（直角坐标、柱面坐标、球面坐标）.

3. 理解重积分的对称性和轮换对称性，并会用它们简化重积分的计算.

4. 了解并会计算无界区域上较简单的反常二重积分.

2.1 二重积分

2.1.1 二重积分的概念和性质

要点 1 二重积分的概念

1. 二重积分的定义:

设函数 $f(x,y)$在有界闭区域 D 上有界,$f(x,y)$在 D 上的二重积分定义为$\iint\limits_D f(x,y)\mathrm{d}\sigma=\lim\limits_{\lambda\to 0}\sum\limits_{i=1}^{n}f(\xi_i,\eta_i)\Delta\sigma_i$,其中 $\Delta\sigma_i$ 为将 D 任意分成的 n 个小区域中第 i 个小区域的面积,(ξ_i,η_i)为第 i 个小区域上任取的一点,λ 为 n 个小区域直径的最大值.

特别地,若 $D=\{(x,y)\mid 0\leqslant x\leqslant 1,0\leqslant y\leqslant 1\}$,则

$$\iint\limits_D f(x,y)\mathrm{d}\sigma=\lim_{n\to\infty}\sum_{i=1}^{n}\sum_{j=1}^{n}\frac{f\left(\frac{i}{n},\frac{j}{n}\right)}{n^2}.$$

【举例】

求极限 $\lim\limits_{n\to\infty}\sum\limits_{i=1}^{n}\sum\limits_{j=1}^{n}\dfrac{n}{(n+i)(n^2+j^2)}$.

【解析】

解:

$$\lim_{n\to\infty}\sum_{i=1}^{n}\sum_{j=1}^{n}\frac{n}{(n+i)(n^2+j^2)}$$

$$=\lim_{n\to\infty}\sum_{i=1}^{n}\sum_{j=1}^{n}\frac{\dfrac{1}{\left(1+\dfrac{i}{n}\right)\left[1+\left(\dfrac{j}{n}\right)^2\right]}}{n^2}=\iint\limits_D\frac{1}{(1+x)(1+y^2)}\mathrm{d}\sigma$$

$$=\int_0^1\frac{1}{1+x}\mathrm{d}x\int_0^1\frac{1}{1+y^2}\mathrm{d}y=[\ln(1+x)]_0^1\cdot[\arctan y]_0^1=\frac{\pi}{4}\ln 2,$$

其中,$D=\{(x,y)\mid 0\leqslant x\leqslant 1,0\leqslant y\leqslant 1\}$.

2. 二重积分的深层含义:

(1) 基本含义:

如图 2.1 所示,$\mathrm{d}\sigma$ 是区域 D 上点(x,y)附近一微小区域的面积,$f(x,y)$是点(x,y)对应的函数,而$\iint\limits_D f(x,y)\mathrm{d}\sigma$ 表示点(x,y)处的面积元素 $\mathrm{d}\sigma$ 与函数 $f(x,y)$的乘积在区域 D 上的加和.

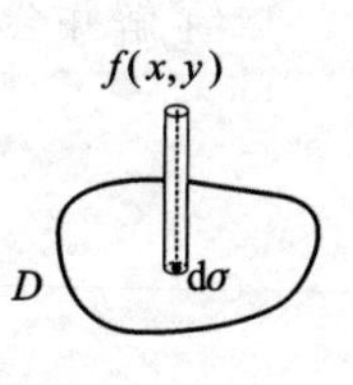

图 2.1

(2) 表示平面区域的质量:

函数 $f(x,y)$可以看作点(x,y)处的面密度(单位面积上的质

量)，$f(x,y)\mathrm{d}\sigma$ 可以看作(x,y)附近一微小区域的面质量(面密度×面积)，$\iint\limits_D f(x,y)\mathrm{d}\sigma$ 可以看作整片区域 D 的面质量.

(3) 表示曲顶柱体的体积：

函数 $f(x,y)$可以看作点(x,y)处的高，$f(x,y)\mathrm{d}\sigma$ 可以看作(x,y,z)附近一微小区域对应曲顶柱体的体积，$\iint\limits_D f(x,y)\mathrm{d}\sigma$ 可以看作整片区域 D 对应的曲顶柱体的体积.

如图 2.2 所示，以 D 为底、以 Σ 为顶的曲顶柱体的体积

$$
\begin{aligned}
V &= \iint\limits_D f(x,y)\mathrm{d}\sigma \\
&= \int_a^b A(x)\mathrm{d}x \\
&= \int_a^b \left[\int_{y_1(x)}^{y_2(x)} f(x,y)\mathrm{d}y\right]\mathrm{d}x \\
&= \int_a^b \mathrm{d}x\int_{y_1(x)}^{y_2(x)} f(x,y)\mathrm{d}y
\end{aligned}
$$

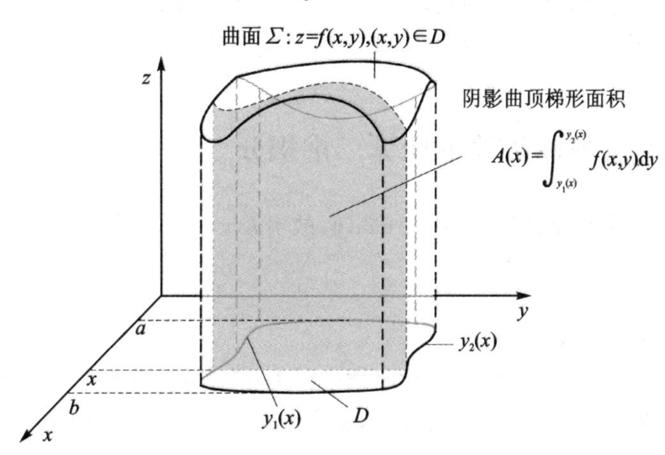

图 2.2

要点 2　二重积分的性质

1. 被积函数和积分区域的可加性：

(1) $\iint\limits_D kf(x,y)\mathrm{d}\sigma = k\iint\limits_D f(x,y)\mathrm{d}\sigma$　(k 为常数).

(2) $\iint\limits_D [f(x,y)\pm g(x,y)]\mathrm{d}\sigma = \iint\limits_D f(x,y)\mathrm{d}\sigma \pm \iint\limits_D g(x,y)\mathrm{d}\sigma$.

(3) 若将闭区域 D 分割成不重叠的闭区域 D_1，D_2(记作 $D=D_1+D_2$)，则

$$\iint\limits_D f(x,y)\mathrm{d}\sigma = \iint\limits_{D_1} f(x,y)\mathrm{d}\sigma + \iint\limits_{D_2} f(x,y)\mathrm{d}\sigma.$$

2. 区域面积：$\iint\limits_D \mathrm{d}\sigma = S_D$　(S_D 为闭区域 D 的面积).

3. 保号性：若在 D 上 $f(x,y)\leqslant g(x,y)$，则 $\iint\limits_D f(x,y)\mathrm{d}\sigma\leqslant\iint\limits_D g(x,y)\mathrm{d}\sigma$.

特别地，有 $\left|\iint\limits_D f(x,y)\mathrm{d}\sigma\right|\leqslant\iint\limits_D |f(x,y)|\mathrm{d}\sigma$.

4. 估值定理：设 $f(x,y)$ 在闭区域 D 上有最大值 M 和最小值 m，S_D 为 D 的面积，则

$$mS_D\leqslant\iint\limits_D f(x,y)\mathrm{d}\sigma\leqslant MS_D.$$

5. 中值定理：设 $f(x,y)$ 在有界闭区域 D 上连续，则在 D 上至少存在一个 (ξ,η) 使得

$$\iint\limits_D f(x,y)\mathrm{d}\sigma=f(\xi,\eta)\sigma.$$

2.1.2　二重积分的计算方法

要点 1　计算二重积分的基本思路

核心：将二重积分化为两次定积分称为二次积分或累次积分.

1. 选取一条贯穿积分区域的直线，计算该直线方向的定积分.

2. 由该直线延展出一个区域，计算该区域的定积分.

注意：积分次序是从后往前的，后一个积分的结果充当前一个积分的被积函数.

要点 2　在直角坐标条件下计算二重积分

在直角坐标条件下，面积元素 $\mathrm{d}\sigma=\mathrm{d}x\mathrm{d}y$，故 $\iint\limits_D f(x,y)\mathrm{d}\sigma=\iint\limits_D f(x,y)\mathrm{d}x\mathrm{d}y$.

1. x 型域的情形：

(1) 确定积分上下限：

如图 2.3 所示，平行 y 轴作任一竖线(横坐标为 x)使它穿过积分区域 D，它与积分区域 D 的交点对应的纵坐标即为 $y_1(x)$，$y_2(x)$，竖线可在区域 D 内活动的范围为 $a\leqslant x\leqslant b$.

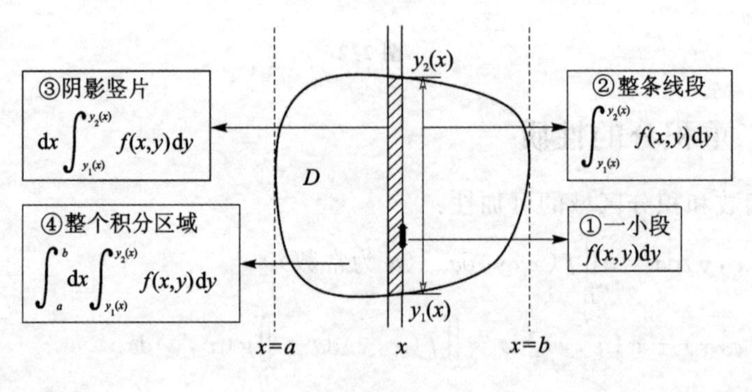

图 2.3

(2) 计算二重积分：

若 D：$y_1(x)\leqslant y\leqslant y_2(x)$，$a\leqslant x\leqslant b$，则称它为 x 型域，且

$$\iint_D f(x,y)\mathrm{d}x\mathrm{d}y=\int_a^b \mathrm{d}x\int_{y_1(x)}^{y_2(x)} f(x,y)\mathrm{d}y.$$

特别地，当被积函数仅与 x 有关时，有

$$\iint_D f(x)\mathrm{d}\sigma=\int_a^b f(x)[y_2(x)-y_1(x)]\mathrm{d}x.$$

2. y 型域的情形：

(1) 确定积分上下限：

如图 2.4 所示，平行 x 轴作任一横线(纵坐标为 y)使它穿过积分区域 D，它与积分区域 D 的交点对应的横坐标即为 $x_1(y)$，$x_2(y)$，横线可在区域 D 内活动的范围为 $c\leqslant y\leqslant d$.

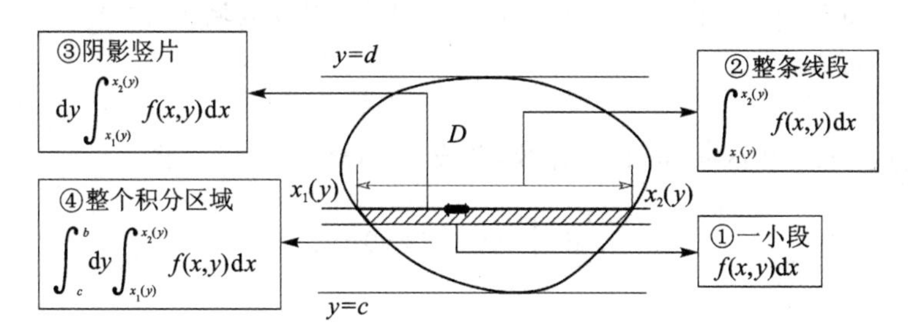

图 2.4

(2) 计算二重积分：

若 D：$x_1(y)\leqslant x\leqslant x_2(y)$，$c\leqslant y\leqslant \mathrm{d}$，则称它为 y 型域，且

$$\iint_D f(x,y)\mathrm{d}x\mathrm{d}y=\int_c^d \mathrm{d}y\int_{x_1(y)}^{x_2(y)} f(x,y)\mathrm{d}x.$$

特别地，当被积函数仅与 y 有关时，有

$$\iint_D f(y)\mathrm{d}\sigma=\int_c^d f(y)[x_2(y)-x_1(y)]\mathrm{d}y.$$

3. 交换积分次序求积分：

有时先对 x 求积分或先对 y 求积分会出现积分求不出来或不好求的情况，这可通过交换积分次序来解决. 在交换积分次序时，要注意积分区域的表达. 如 $\int_0^1 \mathrm{d}y\int_y^1 \mathrm{e}^{-x^2}\mathrm{d}x$ 的积分区域 $D=\{(x,y)\,|\,y\leqslant x\leqslant 1,0\leqslant y\leqslant 1\}$，也可以表示为 $D=\{(x,y)\,|\,0\leqslant y\leqslant x,0\leqslant x\leqslant 1\}$，从而有

$$\int_0^1 \mathrm{d}y\int_y^1 \mathrm{e}^{-x^2}\mathrm{d}x=\int_0^1 \mathrm{e}^{-x^2}\mathrm{d}x\int_0^x \mathrm{d}y=\int_0^1 x\mathrm{e}^{-x^2}\mathrm{d}x=\frac{1}{2}(1-\mathrm{e}^{-1}).$$

【举例】

1. 设 $f(x,y)$ 连续，且 $f(x,y)=xy+\iint_D f(x,y)\mathrm{d}x\mathrm{d}y$，其中 D 是由 $y=0$，$y=x^2$，$x=1$ 所围成的区域，则 $f(x,y)$ 等于(　　).

A. xy　　　B. $2xy$　　　C. $xy+\frac{1}{8}$　　　D. $xy+1$

2. 积分 $\int_0^2 \mathrm{d}x\int_x^2 \mathrm{e}^{-y^2}\mathrm{d}y=$________.

3. 交换积分次序：$\int_0^1 dx\int_{-\sqrt{x}}^{\sqrt{x}} f(x,y)dy+\int_1^4 dx\int_{x-2}^{\sqrt{x}} f(x,y)dy=$________.

4. 设 $f(x)$ 为连续函数，$F(t)=\int_1^t dy\int_y^t f(x)dx$，则 $F'(2)=$________.

5. 计算 $\iint\limits_D \frac{x\sin y}{y}dxdy$，其中，$D$ 是由 $y=x^2$ 和 $y=x$ 所围成的区域.

6. 设函数 $f(x)$ 在闭区间 $[a,b]$ 上连续且恒大于零.求证：

$$\int_a^b f(x)dx\int_a^b \frac{dx}{f(x)}\leqslant(b-a)^2.$$

7. 计算二重积分 $I=\iint\limits_D\sqrt{|y-x^2|}dxdy$，其中，积分区域 D 由 $0\leqslant y\leqslant 2$ 和 $|x|\leqslant 1$ 确定.

8. 设函数 $f(x)$ 在区间 $[0,1]$ 上连续，并设 $\int_0^1 f(x)dx=A$，求

$$\int_0^1 dx\int_x^1 f(x)f(y)dy.$$

【解析】

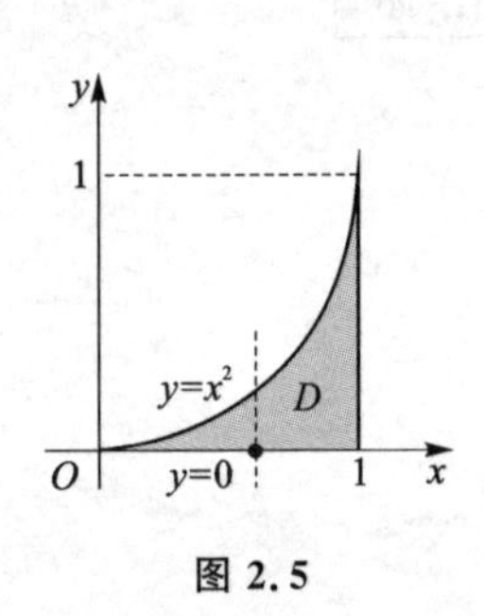

图 2.5

1. 解：

积分区域 D 如图 2.5 所示.

设 $A=\iint\limits_D f(x,y)dxdy$，则 $f(x,y)=xy+A$，从而

$$A=\iint\limits_D f(x,y)dxdy=\iint\limits_D (xy+A)dxdy.$$

又 $D=\{(x,y)\mid 0\leqslant x\leqslant 1,0\leqslant y\leqslant x^2\}$，故

$$\iint\limits_D (xy+A)dxdy=\int_0^1 dx\int_0^{x^2}(xy+A)dy$$

$$=\int_0^1\left(\frac{1}{2}x^5+Ax^2\right)dx=\frac{1}{12}+\frac{1}{3}A=A,$$

从而 $A=\frac{1}{8}$，故 $f(x,y)=xy+\frac{1}{8}$.

因此，应选 C.

2. 解：

积分区域 D 如图 2.6 所示.

依题意，积分区域

$$D=\{(x,y)\mid x\leqslant y\leqslant 2,0\leqslant x\leqslant 2\}=\{(x,y)\mid 0\leqslant x\leqslant y,0\leqslant y\leqslant 2\},$$

故 $$\int_0^2 dx\int_x^2 e^{-y^2}dy=\int_0^2 e^{-y^2}dy\int_0^y dx=\int_0^2 ye^{-y^2}dy=\frac{1}{2}(1-e^{-4}).$$

因此，应填 $\frac{1}{2}(1-e^{-4})$.

3. 解：

依题意，第一项和第二项的积分区域分别为 D_1：$-\sqrt{x}\leqslant y\leqslant\sqrt{x}$，$0\leqslant x\leqslant 1$，$D_2$：$x-2\leqslant$

$y\leqslant\sqrt{x}$，$1\leqslant x\leqslant 4$，交换积分次序后整个积分区域为

$$D: y^2\leqslant x\leqslant y+2, -1\leqslant y\leqslant 2\text{（见图 2.7）},$$

故原式 $=\int_{-1}^{2}\mathrm{d}y\int_{y^2}^{y^2+2}f(x,y)\mathrm{d}x$.

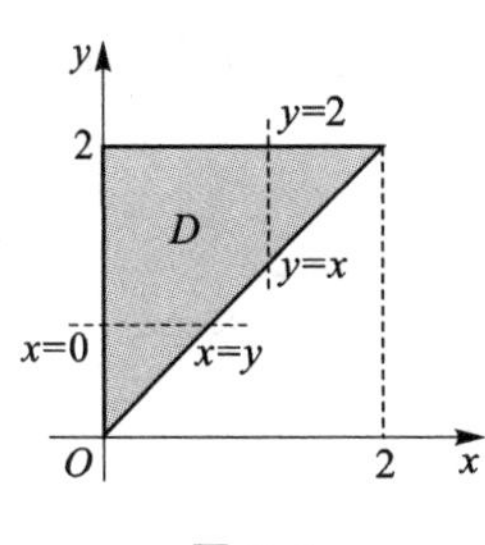

图 2.6

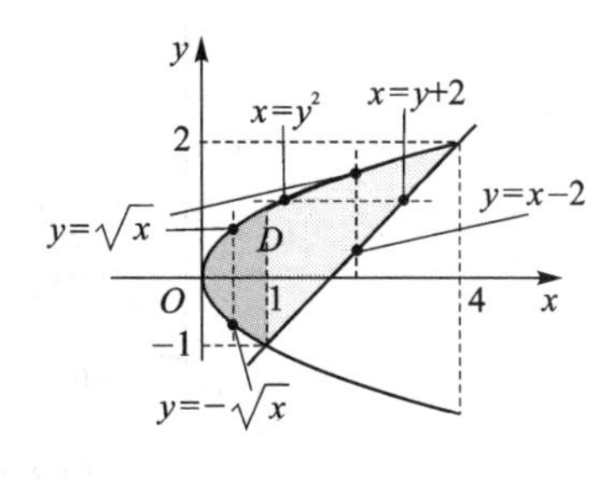

图 2.7

因此，应填 $\int_{-1}^{2}\mathrm{d}y\int_{y^2}^{y^2+2}f(x,y)\mathrm{d}x$.

4. 解：

方法一：拆项积分法

依题意 $\int_{y}^{t}f(x)\mathrm{d}x=\int_{0}^{t}f(x)\mathrm{d}x-\int_{0}^{y}f(x)\mathrm{d}x$，故

$$\begin{aligned}F(t)&=\int_{1}^{t}\mathrm{d}y\int_{y}^{t}f(x)\mathrm{d}x=\int_{1}^{t}[\int_{0}^{t}f(x)\mathrm{d}x-\int_{0}^{y}f(x)\mathrm{d}x]\mathrm{d}y\\&=\int_{1}^{t}\mathrm{d}y\int_{0}^{t}f(x)\mathrm{d}x-\int_{1}^{t}\mathrm{d}y\int_{0}^{y}f(x)\mathrm{d}x\\&=(t-1)\int_{0}^{t}f(x)\mathrm{d}x-\int_{1}^{t}\mathrm{d}y\int_{0}^{y}f(x)\mathrm{d}x,\end{aligned}$$

因此 $F'(t)=\int_{0}^{t}f(x)\mathrm{d}x+(t-1)f(t)-\int_{0}^{t}f(x)\mathrm{d}x=(t-1)f(t)$，从而

$$F'(2)=f(2).$$

方法二：换序积分法

依题意，积分区域

$D=\{(x,y)\,|\,y\leqslant x\leqslant t, 1\leqslant y\leqslant t\}=\{(x,y)\,|\,1\leqslant y\leqslant x, 1\leqslant x\leqslant t\}$（见图 2.8），

故交换积分次序得

$$\begin{aligned}F(t)&=\int_{1}^{t}\mathrm{d}y\int_{y}^{t}f(x)\mathrm{d}x\\&=\int_{1}^{t}\mathrm{d}x\int_{1}^{x}f(x)\mathrm{d}y=\int_{1}^{t}(x-1)f(x)\mathrm{d}x.\end{aligned}$$

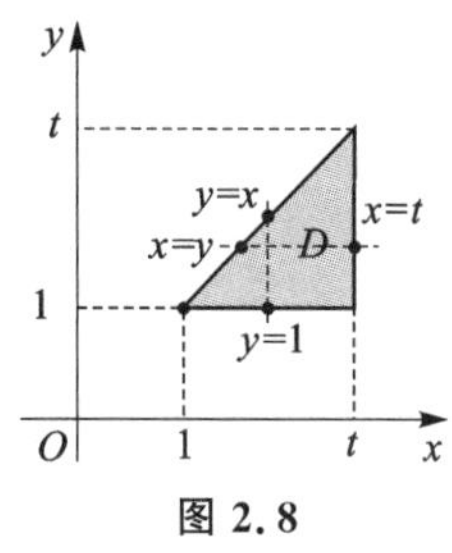

图 2.8

从而 $F'(t)=(t-1)f(t)$，故 $F'(2)=f(2)$.

因此，应填 $f(2)$.

5. 解：

依题意 $D=\{(x,y)\,|\,y\leqslant x\leqslant\sqrt{y}, 0\leqslant y\leqslant 1\}$，如图 2.9 所示，从而

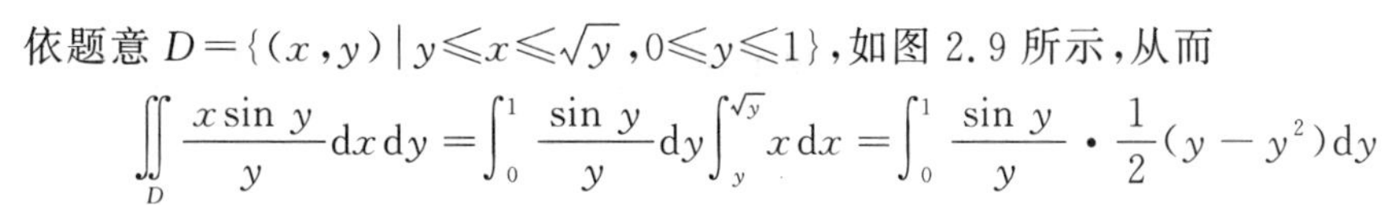

$$\iint_D\frac{x\sin y}{y}\mathrm{d}x\mathrm{d}y=\int_{0}^{1}\frac{\sin y}{y}\mathrm{d}y\int_{y}^{\sqrt{y}}x\mathrm{d}x=\int_{0}^{1}\frac{\sin y}{y}\cdot\frac{1}{2}(y-y^2)\mathrm{d}y$$

$$=\frac{1}{2}\int_0^1 \sin y(1-y)\mathrm{d}y=\frac{1}{2}[y\cos y-\sin y-\cos y]_0^1$$

$$=\frac{1-\sin 1}{2}.$$

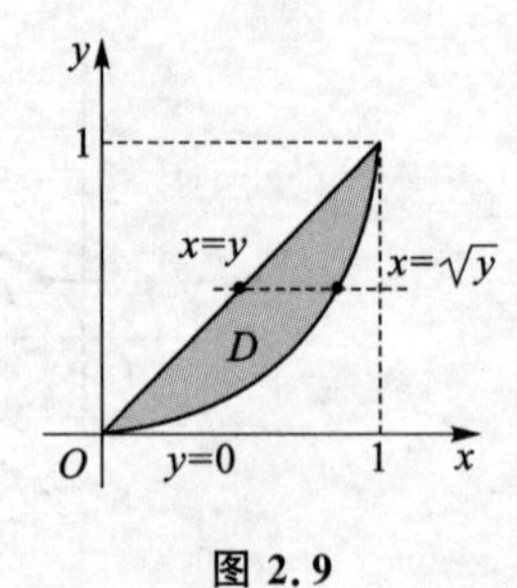

图 2.9

6. 证明：

设 $D=\{(x,y)\mid a\leqslant x\leqslant b,a\leqslant y\leqslant b\}$，则

$$\int_a^b f(x)\mathrm{d}x\int_a^b \frac{\mathrm{d}x}{f(x)}=\int_a^b f(x)\mathrm{d}x\int_a^b \frac{\mathrm{d}y}{f(y)}=\iint_D \frac{f(x)}{f(y)}\mathrm{d}x\mathrm{d}y$$

$$=\int_a^b f(y)\mathrm{d}y\int_a^b \frac{\mathrm{d}x}{f(x)}=\iint_D \frac{f(y)}{f(x)}\mathrm{d}x\mathrm{d}y$$

$$=\frac{1}{2}\iint_D\left(\frac{f(x)}{f(y)}+\frac{f(y)}{f(x)}\right)\mathrm{d}x\mathrm{d}y.$$

因为 $f(x)\leqslant 0,x\in[a,b]$，所以 $\frac{f(x)}{f(y)}+\frac{f(y)}{f(x)}\leqslant 2,(x,y)\in D$. 从而

$$\int_a^b f(x)\mathrm{d}x\int_a^b \frac{\mathrm{d}x}{f(x)}\leqslant\iint_D \mathrm{d}x\mathrm{d}y=(b-a)^2.$$

【证毕】

7. 解：

设 $D_1=\{(x,y)\mid x^2\leqslant y\leqslant 2,-1\leqslant x\leqslant 1\}$，$D_2=\{(x,y)\mid 0\leqslant y\leqslant x^2,-1\leqslant x\leqslant 1\}$，则 $D=D_1+D_2$ 如图 2.10 所示. 于是

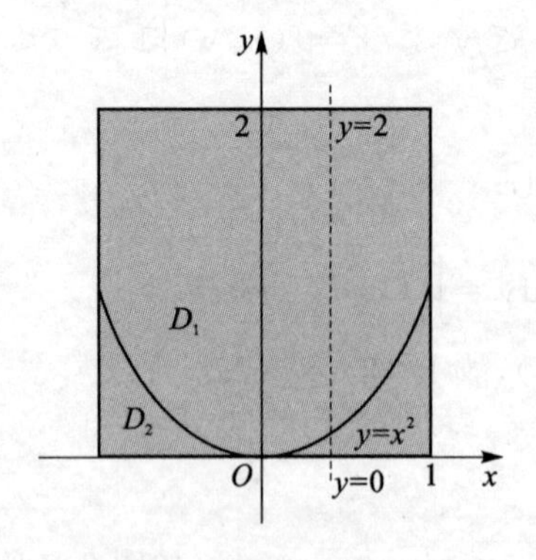

图 2.10

$$\iint_D \sqrt{|y-x^2|}\,dx\,dy = \iint_{D_1} \sqrt{y-x^2}\,dx\,dy + \iint_{D_2} \sqrt{x^2-y}\,dx\,dy$$

$$= \int_{-1}^{1} dx \int_{x^2}^{2} \sqrt{y-x^2}\,dy + \int_{-1}^{1} dx \int_{0}^{x^2} \sqrt{x^2-y}\,dy$$

$$= \int_{-1}^{1} \left\{ \left[\frac{2}{3}(y-x^2)^{\frac{3}{2}}\right]_{x^2}^{2} - \left[\frac{2}{3}(x^2-y)^{\frac{3}{2}}\right]_{0}^{x^2} \right\} dx$$

$$= \frac{2}{3}\int_{-1}^{1} [|x|^3 + (2-x^2)^{\frac{3}{2}}]\,dx = \frac{1}{3} + \frac{4}{3}\int_0^1 (2-x^2)^{\frac{3}{2}}\,dx$$

$$\xlongequal{x=\sqrt{2}\sin t,\, t\in\left[0,\frac{\pi}{4}\right]} \frac{1}{3} + \frac{4}{3}\int_0^{\frac{\pi}{4}} 2^{\frac{3}{2}} \cos^3 t \cdot \sqrt{2}\cos t\,dt$$

$$= \frac{1}{3} + \frac{16}{3}\int_0^{\frac{\pi}{4}} \left(\frac{1+\cos 2t}{2}\right)^2 dt$$

$$\xlongequal{u=2t} \frac{1}{3} + \frac{2}{3}\int_0^{\frac{\pi}{2}} (1+2\cos u+\cos^2 u)\,du = \frac{5}{3} + \frac{\pi}{2}.$$

8. 解：

方法一：换序改元法

依题意 $\int_0^1 dx \int_x^1 f(x)f(y)dy$ 的积分区域

$$D=\{(x,y)\,|\,x\leqslant y\leqslant 1, 0\leqslant x\leqslant 1\}=\{(x,y)\,|\,0\leqslant x\leqslant y, 0\leqslant y\leqslant 1\},$$

故交换积分次序得 $\int_0^1 dy \int_0^y f(x)f(y)dx$，改变积分变量记号得 $\int_0^1 dx \int_0^x f(x)f(y)dy$.

$\int_0^1 dx \int_x^1 f(x)f(y)dy$ 和 $\int_0^1 dx \int_0^x f(x)f(y)dy$ 相加得

$$\int_0^1 dx \int_0^1 f(x)\cdot f(y)dy = \int_0^1 f(x)dx \int_0^1 f(y)dy = A^2,$$

故

$$\int_0^1 dx \int_x^1 f(x)f(y)dy = \frac{A^2}{2}.$$

方法二：凑微分法

依题意，$d\left(\int_x^1 f(y)dy\right) = -f(x)dx$，凑微分有

$$\int_0^1 f(x)dx \int_x^1 f(y)dy = -\int_0^1 d\left(\int_x^1 f(y)dy\right) \int_x^1 f(y)dy$$

$$= -\int_0^1 \left(\int_x^1 f(y)dy\right) d\left(\int_x^1 f(y)dy\right)$$

$$= -\frac{1}{2}\left[\left(\int_x^1 f(y)dy\right)^2\right]_0^1 = \frac{A^2}{2}.$$

要点 3　利用换元法计算二重积分

对于二重积分 $\iint_D f(x,y)\,dx\,dy$，若积分区域 D（有界闭区域）可通过换元变换 $\begin{cases} x=x(u,v) \\ y=y(u,v) \end{cases}$ 一对一地化为 D'，且 $f(x,y)\in C(D)$，$x(u,v)$，$y(u,v)\in C^{(1)}(D')$，另有

$$J=\frac{\partial(x,y)}{\partial(u,v)}=\begin{vmatrix}\frac{\partial x}{\partial u} & \frac{\partial x}{\partial v}\\ \frac{\partial y}{\partial u} & \frac{\partial y}{\partial v}\end{vmatrix}\neq 0,\text{则}$$

$$\iint_D f(x,y)\mathrm{d}x\mathrm{d}y=\iint_{D'} f[x(u,v),y(u,v)]|J|\mathrm{d}u\mathrm{d}v.$$

在进一步计算时,可将 $F(u,v)=f[x(u,v),y(u,v)]|J|$ 当作新二重积分的被积函数,把 D' 当作新二重积分的积分区域.

要点 4 在极坐标条件下计算二重积分

1. 极坐标简介:

如图 2.11 所示,直角坐标系中的点 $P(x,y)$ 可以用极坐标系中的点 (r,θ) 来表示,并称它为点 P 的极坐标. 其中 r 是点 P 到原点 O 的距离,θ 是 x 轴正向(沿逆时针方向)与向量 $\boldsymbol{OP}$ 的夹角.

(1) 规定:$0\leqslant r<+\infty,0\leqslant\theta\leqslant 2\pi$.

(2) 直角坐标 (x,y) 与对应的极坐标 (r,θ) 满足 $\begin{cases}x=r\cos\theta\\ y=r\sin\theta\end{cases}$.

(3) 如图 2.12 所示,在极坐标条件下,面积元素 $\mathrm{d}\sigma=r\mathrm{d}r\mathrm{d}\theta$,故

$$\iint_D f(x,y)\mathrm{d}\sigma=\iint_D f(r\cos\theta,r\sin\theta)r\mathrm{d}r\mathrm{d}\theta.$$

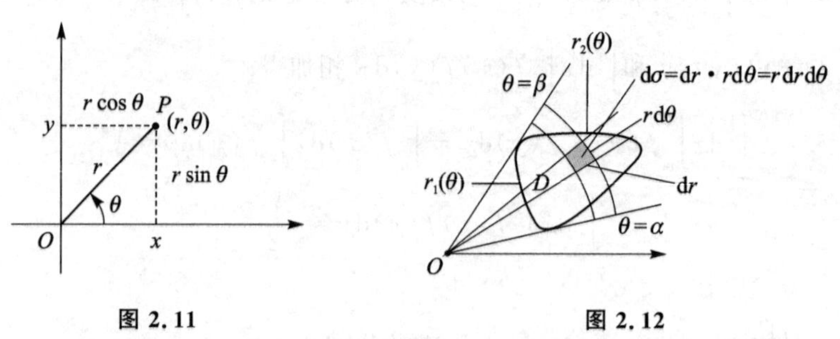

图 2.11　　图 2.12

2. 在极坐标下求二重积分:

(1) 确定积分上下限:

如图 2.12 所示过原点 O 引任意一条射线(射线角坐标为 θ)使它穿过积分区域,射线与积分区域的交点对应的径向坐标即为 $r_1(\theta),r_2(\theta)$,射线可在区域 D 内沿 θ 方向(过原点,逆时针方向)旋转的范围为 $\alpha\leqslant\theta\leqslant\beta$.

(2) 计算二重积分:

若 D:$r_1(\theta)\leqslant r\leqslant r_2(\theta),\alpha\leqslant\theta\leqslant\beta$,则

$$\iint_D f(x,y)\mathrm{d}x\mathrm{d}y=\iint_D f(r\cos\theta,r\sin\theta)r\mathrm{d}r\mathrm{d}\theta$$

$$=\int_\alpha^\beta\mathrm{d}\theta\int_{r_1(\theta)}^{r_2(\theta)} f(r\cos\theta,r\sin\theta)r\mathrm{d}r.$$

【举例】

1. 设平面区域 D：$1\leqslant x^2+y^2\leqslant 4$，$f(x,y)$ 是区域 D 上的连续函数，则 $\iint\limits_D f\left(\sqrt{x^2+y^2}\right)\mathrm{d}x\mathrm{d}y$ 等于(　　).

A. $2\pi\int_1^2 rf(r)\mathrm{d}r$　　B. $2\pi\left[\int_0^2 rf(r)\mathrm{d}r+\int_0^1 rf(r)\mathrm{d}r\right]$

C. $2\pi\int_1^2 rf(r^2)\mathrm{d}r$　　D. $2\pi\left[\int_0^2 rf(r^2)\mathrm{d}r+\int_0^1 rf(r^2)\mathrm{d}r\right]$

2. 设 $f(x,y)$ 为连续函数，则 $\int_0^{\frac{\pi}{4}}\mathrm{d}\theta\int_0^1 f(r\cos\theta,r\sin\theta)r\mathrm{d}r=($　　$)$.

A. $\int_0^{\frac{\sqrt{2}}{2}}\mathrm{d}x\int_x^{\sqrt{1-x^2}} f(x,y)\mathrm{d}y$　　B. $\int_0^{\frac{\sqrt{2}}{2}}\mathrm{d}x\int_0^{\sqrt{1-x^2}} f(x,y)\mathrm{d}y$

C. $\int_0^{\frac{\sqrt{2}}{2}}\mathrm{d}y\int_y^{\sqrt{1-y^2}} f(x,y)\mathrm{d}x$　　D. $\int_0^{\frac{\sqrt{2}}{2}}\mathrm{d}y\int_0^{\sqrt{1-y^2}} f(x,y)\mathrm{d}x$

3. 计算 $\iint\limits_D |x^2+y^2-4|\mathrm{d}\sigma$，其中，$D$ 为圆域 $x^2+y^2\leqslant 9$.

4. 计算 $\iint\limits_D (x^2+y^2)\mathrm{d}x\mathrm{d}y$，其中，$D$：$0\leqslant x\leqslant 2$，$\sqrt{2x-x^2}\leqslant y\leqslant\sqrt{4-x^2}$.

5. 设 $f(x,y)$ 在 $x^2+y^2\leqslant 1$ 上连续. 求证：

$$\lim_{R\to 0}\frac{1}{R^2}\iint\limits_{x^2+y^2\leqslant R^2} f(x,y)\mathrm{d}\sigma=\pi f(0,0).$$

6. 设 D 为 $x^2+y^2\leqslant x+y$，则二重积分 $\iint\limits_D f(x,y)\mathrm{d}x\mathrm{d}y$ 在极坐标中先 r 后 θ 的二次积分为________.

7. 设函数 $f(t)$ 在 $(-\infty,+\infty)$ 上连续，且满足

$$f(t)=2\iint\limits_{x^2+y^2\leqslant t^2}(x^2+y^2)f\left(\sqrt{x^2+y^2}\right)\mathrm{d}x\mathrm{d}y+t^4,$$

求 $f(t)$.

8. 求位于两圆 $r=2\sin\theta$，$r=4\sin\theta$ 之间的均匀平面薄片的重心.

【解析】

1. 解：

平面区域 D 如图 2.13 所示.

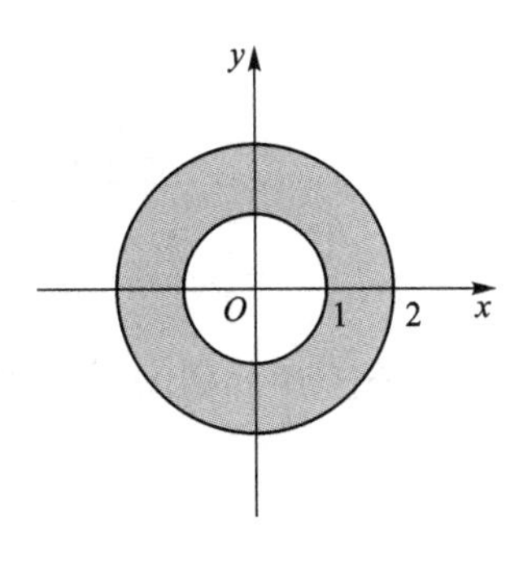

图 2.13

在极坐标下，平面区域 $D=\{(r,\theta)\mid 1\leqslant r\leqslant 2,0\leqslant\theta\leqslant 2\pi\}$，从而

$$\iint\limits_D f\left(\sqrt{x^2+y^2}\right)\mathrm{d}x\mathrm{d}y=\iint\limits_D f(r)r\mathrm{d}r\mathrm{d}\theta$$

$$=\int_0^{2\pi}\mathrm{d}\theta\int_1^2 f(r)r\mathrm{d}r=2\pi\int_1^2 rf(r)\mathrm{d}r.$$

因此，应选 A.

2. 解：

积分区域 $D=\left\{(r,\theta)\mid 0\leqslant r\leqslant 1,0\leqslant\theta\leqslant\frac{\pi}{4}\right\}$，在直角坐标下，

$$D=\left\{(x,y)\mid y\leqslant x\leqslant\sqrt{1-y^2},0\leqslant y\leqslant\frac{\sqrt{2}}{2}\right\}\text{（见图 2.14），}$$

从而
$$\int_0^{\frac{\pi}{4}}\mathrm{d}\theta\int_0^1 f(r\cos\theta,r\sin\theta)r\,\mathrm{d}r=\int_0^{\frac{\sqrt{2}}{2}}\mathrm{d}y\int_y^{\sqrt{1-y^2}}f(x,y)\mathrm{d}x.$$

因此，应选 C.

3. 解：

设 $D=D_1+D_2$，其中 $D_1=\{(x,y)\mid x^2+y^2\leqslant 4\}$，$D_2=\{(x,y)\mid 4\leqslant x^2+y^2\leqslant 9\}$，如图 2.15 所示.

在极坐标下，$D_1=\{(r,\theta)\mid 0\leqslant r\leqslant 2,0\leqslant\theta\leqslant 2\pi\}$，$D_2=\{(r,\theta)\mid 2\leqslant r\leqslant 3,0\leqslant\theta\leqslant 2\pi\}$. 则

$$\begin{aligned}\iint_D|x^2+y^2-4|\mathrm{d}\sigma&=\iint_{D_1}(4-x^2-y^2)\mathrm{d}\sigma-\iint_{D_2}(4-x^2-y^2)\mathrm{d}\sigma\\&=\iint_{D_1}(4-r^2)r\,\mathrm{d}r\,\mathrm{d}\theta-\iint_{D_2}(4-r^2)r\,\mathrm{d}r\,\mathrm{d}\theta\\&=\int_0^{2\pi}\mathrm{d}\theta\int_0^2(4-r^2)r\,\mathrm{d}r-\int_0^{2\pi}\mathrm{d}\theta\int_2^3(4-r^2)r\,\mathrm{d}r\\&=2\pi\left[2r^2-\frac{1}{4}r^4\right]_0^2+2\pi\left[\frac{1}{4}r^4-2r^2\right]_2^3=\frac{41}{2}\pi.\end{aligned}$$

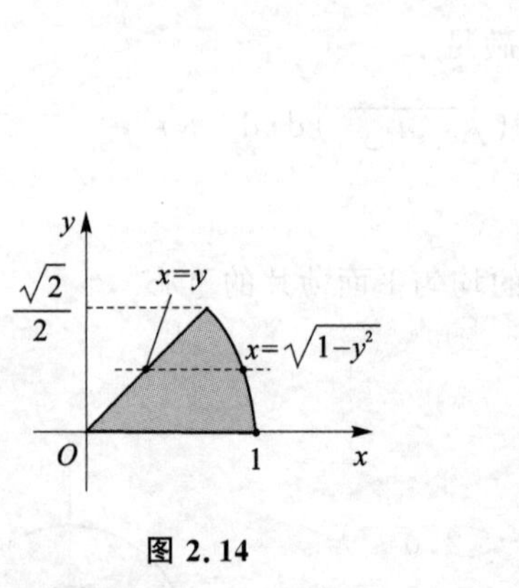

图 2.14

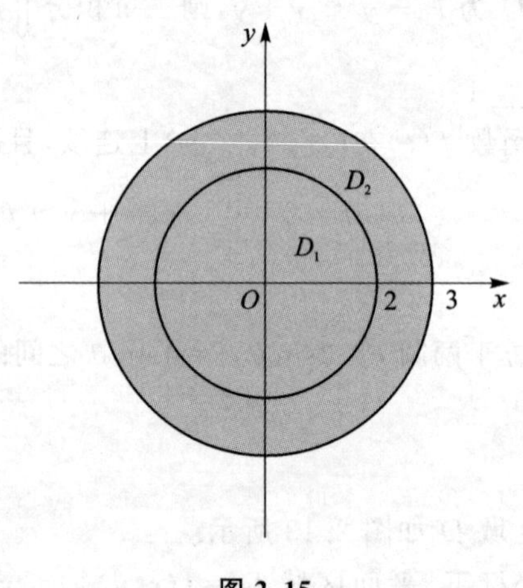

图 2.15

4. 解：

积分区域 D 如图 2.16 所示. 在极坐标下，$D=\{(r,\theta)\mid 2\cos\theta\leqslant r\leqslant 2,0\leqslant\theta\leqslant\frac{\pi}{2}\}$，

从而

$$\iint_D(x^2+y^2)\mathrm{d}x\,\mathrm{d}y=\iint_D r^2\cdot r\,\mathrm{d}r\,\mathrm{d}\theta=\int_0^{\frac{\pi}{2}}\mathrm{d}\theta\int_{2\cos\theta}^2 r^2\cdot r\,\mathrm{d}r$$

$$=\int_0^{\frac{\pi}{2}}4(1-\cos^4\theta)\mathrm{d}\theta=4\int_0^{\frac{\pi}{2}}\mathrm{d}\theta-4\int_0^{\frac{\pi}{2}}\cos^4\theta\mathrm{d}\theta$$

$$=4\times\frac{\pi}{2}-4\times\frac{3}{4}\times\frac{1}{2}\times\frac{\pi}{2}=\frac{5}{4}\pi.$$

5. 解：

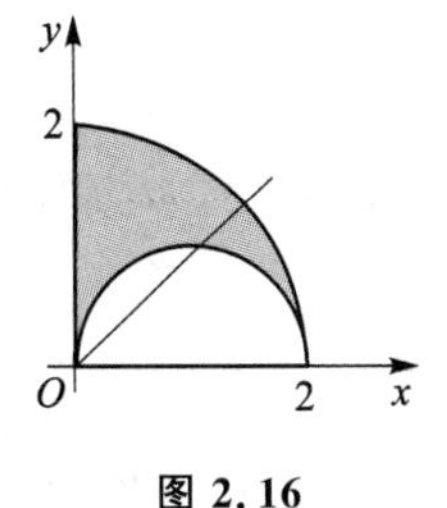

图 2.16

方法一：一元积分中值定理法

积分区域 $D=\{(x,y)\mid x^2+y^2\leqslant R^2\}$，在极坐标下，$D=\{(r,\theta)\mid 0\leqslant r\leqslant R,0\leqslant\theta\leqslant 2\pi\}$，从而

$$\iint_D f(x,y)\mathrm{d}\sigma=\int_0^{2\pi}\mathrm{d}\theta\int_0^R f(r\cos\theta,r\sin\theta)r\mathrm{d}r.$$

由积分中值定理知，存在 $t\in(0,2\pi)$，使得

$$\int_0^{2\pi}\mathrm{d}\theta\int_0^R f(r\cos\theta,r\sin\theta)r\mathrm{d}r=2\pi\int_0^R f(r\cos t,r\sin t)r\mathrm{d}r.$$

$$\lim_{R\to0}\frac{1}{R^2}\iint_{x^2+y^2\leqslant R^2}f(x,y)\mathrm{d}\sigma=\lim_{R\to0}\frac{2\pi\int_0^R f(r\cos t,r\sin t)r\mathrm{d}r}{R^2}$$

$$=\lim_{R\to0}\frac{2\pi f(R\cos t,R\sin t)R}{2R}=\pi f(0,0).$$

方法二：二元积分中值定理法

D 的面积为 πR^2，由积分中值定理知，存在 $(u,v)\in D$，使得

$$\iint_{x^2+y^2\leqslant R^2}f(x,y)\mathrm{d}\sigma=f(u,v)\cdot\pi R^2.$$

$$\lim_{R\to0}\frac{1}{R^2}\iint_{x^2+y^2\leqslant R^2}f(x,y)\mathrm{d}\sigma=\lim_{R\to0}\frac{f(u,v)\cdot\pi R^2}{R^2}=\pi\lim_{R\to0}f(u,v)=\pi f(0,0).$$

6. 解：

积分区域 D 如图 2.17 所示. 在极坐标条件下，积分区域 D：$0\leqslant r\leqslant\sin\theta+\cos\theta,-\frac{\pi}{4}\leqslant\theta\leqslant\frac{3\pi}{4}$，从而

$$\iint_D f(x,y)\mathrm{d}x\mathrm{d}y=\iint_D f(r\cos\theta,r\sin\theta)r\mathrm{d}r\mathrm{d}\theta$$

$$=\int_{-\frac{\pi}{4}}^{\frac{3}{4}\pi}\mathrm{d}\theta\int_0^{\sin\theta+\cos\theta}f(r\cos\theta,r\sin\theta)r\mathrm{d}r.$$

因此，应填 $\int_0^{\sin\theta+\cos\theta}f(r\cos\theta,r\sin\theta)r\mathrm{d}r$.

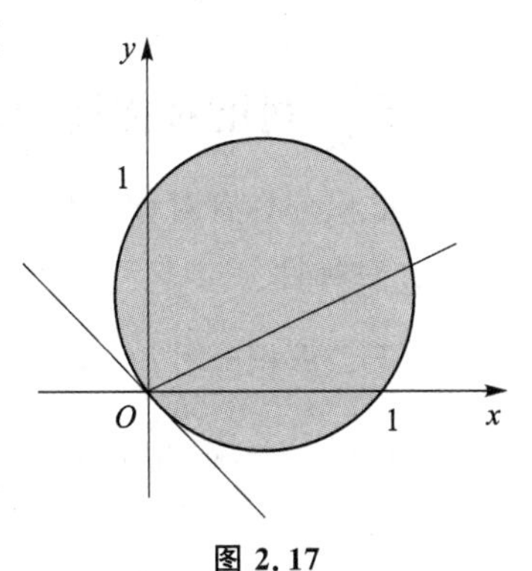

图 2.17

7. 解：

设 $\iint_D(x^2+y^2)f(\sqrt{x^2+y^2})\mathrm{d}x\mathrm{d}y=A(t)$，则 $f(t)=2A(t)+t^4$，从而

$$f'(t)=2A'(t)+4t^3.$$

依题意，$f(t)$ 是偶函数，不妨设 $t\leqslant 0$.

此时，在极坐标条件下，设 $D=\{(r,\theta)\mid 0\leqslant r\leqslant t,0\leqslant\theta\leqslant 2\pi\}$，则

$$\iint_D (x^2+y^2)f(\sqrt{x^2+y^2})\mathrm{d}x\mathrm{d}y=\iint_D r^2 f(r)\cdot r\mathrm{d}r\mathrm{d}\theta$$

$$=\int_0^{2\pi}\mathrm{d}\theta\int_0^t r^3 f(r)\mathrm{d}r$$

$$=2\pi\int_0^t r^3 f(r)\mathrm{d}r=A(t),$$

从而 $A'(t)=2\pi t^3 f(t)$，故 $f'(t)=4\pi t^3 f(t)+4t^3$，整理得 $\dfrac{f'(t)}{\pi f(t)+1}=4t^3$，两边积分得

$$\frac{1}{\pi}\ln[\pi f(t)+1]=t^4+C. \tag{2.1}$$

又由题设条件知 $f(0)=0$，代入式(2.1)得 $C=0$，故 $\dfrac{1}{\pi}\ln[\pi f(t)+1]=t^4$.

因此，$f(t)=\dfrac{1}{\pi}(\mathrm{e}^{\pi t^4}-1)$.

8. 解：

积分区域 D 如图 2.18 所示. 两圆 $r=2\sin\theta$，$r=4\sin\theta$ 之间的区域 D：$2\sin\theta\leqslant r\leqslant 4\sin\theta$，$0\leqslant\theta\leqslant\pi$，故

$$\iint_D y\,\mathrm{d}\sigma=2\int_0^{\frac{\pi}{2}}\mathrm{d}\theta\int_{2\sin\theta}^{4\sin\theta} r\sin\theta\cdot r\mathrm{d}r$$

$$=\frac{112}{3}\int_0^{\frac{\pi}{2}}\sin^4\theta\mathrm{d}\theta=7\pi.$$

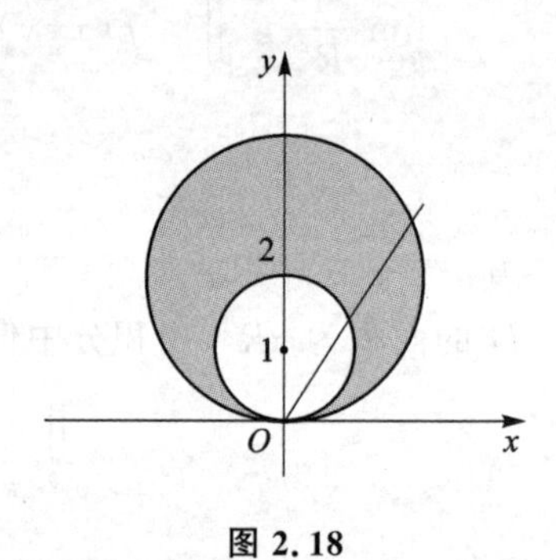

图 2.18

而 D 的面积 $A=\pi\cdot 2^2-\pi\cdot 1^2=3\pi$，从而

$$\bar{y}=\frac{7\pi}{3\pi}=\frac{7}{3}.$$

于是，所求重心为 $\left(0,\dfrac{7}{3}\right)$.

要点 5 利用对称性计算二重积分

二重积分具有对称性和轮换对称性(以 x 为例说明，y 可类推)，具体如下：

1. 对称性：

对于二重积分 $\iint_D f(x,y)\mathrm{d}\sigma$，设积分区域 D 中 $x>0$ 的部分为 D_1.

(1) 若 $f(x,y)$ 是关于 x 的奇函数，且积分区域关于 y 轴对称，则积分为零.

(2)若 $f(x,y)$ 是关于 x 的偶函数，且积分区域关于 y 轴对称，则

$$\iint_D f(x,y)\mathrm{d}\sigma=2\iint_{D_1} f(x,y)\mathrm{d}\sigma.$$

2. 轮换对称性：

若积分区域关于自变量 x，y 无差别，即关于直线 $y=x$ 对称，则二重积分的被积函数可以针对自变量换成相同形式的函数.

如若 D：$x\leqslant 0$，$y\leqslant 0$，$x+y\leqslant 1$，则

$$\iint_D x^2\mathrm{d}\sigma=\iint_D y^2\mathrm{d}\sigma=\frac{1}{2}\iint_D(x^2+y^2)\mathrm{d}\sigma.$$

【举例】

1. 设区域 D 为 $x^2+y^2\leqslant R^2$，则 $\iint\limits_D\left(\frac{x^2}{a^2}+\frac{y^2}{b^2}\right)\mathrm{d}x\mathrm{d}y=$ ________.

2. 设区域 $D=\{(x,y)\mid x^2+y^2\leqslant 4,x\leqslant 0,y\leqslant 0\}$，$f(x)$ 为 D 上的正值连续函数，a，b 为常数，则 $\iint\limits_D\frac{a\sqrt{f(x)}+b\sqrt{f(y)}}{\sqrt{f(x)}+\sqrt{f(y)}}\mathrm{d}\sigma=$（　　）.

A. $ab\pi$　　B. $\frac{ab}{2}\pi$　　C. $(a+b)\pi$　　D. $\frac{a+b}{2}\pi$

3. 设平面区域 D：$x^2+y^2\leqslant 1$，$M=\iint\limits_D(x+y)^3\mathrm{d}\sigma$，$N=\iint\limits_D\cos x^2\sin y^2\mathrm{d}\sigma$，$P=\iint\limits_D[\mathrm{e}^{-(x^2+y^2)}-1]\mathrm{d}\sigma$，则有（　　）.

A. $M>N>P$　　B. $N>M>P$　　C. $M>P>N$　　D. $N>P>M$

4. 设 D 是由曲线 $y=1-x^2$ 与 $y=x^2-1$ 所围成的区域，则 $\iint\limits_D(x^3+y^3+xy)\mathrm{d}\sigma=$ ________.

【解析】

1. 解：

依题意 D 关于直线 $y=x$ 对称，由轮换对称性可得

$$\iint_D x^2\mathrm{d}x\mathrm{d}y=\iint_D y^2\mathrm{d}x\mathrm{d}y=\frac{1}{2}\iint_D(x^2+y^2)\mathrm{d}x\mathrm{d}y.$$

从而
$$\iint_D\left(\frac{x^2}{a^2}+\frac{y^2}{b^2}\right)\mathrm{d}x\mathrm{d}y=\frac{1}{2}\left(\frac{1}{a^2}+\frac{1}{b^2}\right)\iint_D(x^2+y^2)\mathrm{d}x\mathrm{d}y.$$

又在极坐标下 $D=\{(r,\theta)\mid 0\leqslant r\leqslant R,0\leqslant\theta\leqslant 2\pi\}$，故

$$\begin{aligned}\text{原式}&=\frac{1}{2}\left(\frac{1}{a^2}+\frac{1}{b^2}\right)\iint_D r^2\cdot r\mathrm{d}r\mathrm{d}\theta=\frac{1}{2}\left(\frac{1}{a^2}+\frac{1}{b^2}\right)\int_0^{2\pi}\mathrm{d}\theta\int_0^R r^2\cdot r\mathrm{d}r\\&=\frac{1}{2}\left(\frac{1}{a^2}+\frac{1}{b^2}\right)\cdot 2\pi\cdot\frac{1}{4}R^4=\frac{\pi}{4}R^4\left(\frac{1}{a^2}+\frac{1}{b^2}\right).\end{aligned}$$

2. 解：

因为积分区域 D 关于直线 $y=x$ 对称，所以由轮换对称性可得

$$\begin{aligned}\iint_D\frac{\sqrt{f(x)}}{\sqrt{f(x)}+\sqrt{f(y)}}\mathrm{d}\sigma&=\iint_D\frac{\sqrt{f(y)}}{\sqrt{f(x)}+\sqrt{f(y)}}\mathrm{d}\sigma\\&=\frac{1}{2}\iint_D\frac{\sqrt{f(x)}+\sqrt{f(y)}}{\sqrt{f(x)}+\sqrt{f(y)}}\mathrm{d}\sigma\\&=\frac{1}{2}\iint_D\mathrm{d}\sigma=\frac{1}{2}\cdot\frac{1}{4}\pi\cdot 2^2=\frac{\pi}{2}.\end{aligned}$$

$$\iint\limits_D \frac{a\sqrt{f(x)}+b\sqrt{f(y)}}{\sqrt{f(x)}+\sqrt{f(y)}}\mathrm{d}\sigma = a\iint\limits_D \frac{\sqrt{f(x)}}{\sqrt{f(x)}+\sqrt{f(y)}}\mathrm{d}\sigma + b\iint\limits_D \frac{\sqrt{f(y)}}{\sqrt{f(x)}+\sqrt{f(y)}}\mathrm{d}\sigma$$
$$=\frac{a+b}{2}\pi.$$

因此,应选 D.

3. 解:

因为 $x^2+y^2\leqslant 1$,所以 $\cos x^2\sin y^2>0$,$\mathrm{e}^{-(x^2+y^2)}-1<0(x^2+y^2\neq 0)$,从而

$$N=\iint\limits_D \cos x^2\sin y^2\mathrm{d}\sigma>0,\quad P=\iint\limits_D(\mathrm{e}^{-(x^2+y^2)}-1)\mathrm{d}\sigma<0.$$

因为积分区域 D 既关于 y 轴对称,又关于 x 轴对称,且 x^3+3xy^2 是关于 x 的奇函数,$3x^2y+y^3$ 是关于 y 的奇函数,所以

$$\iint\limits_D(x^3+3xy^2)\mathrm{d}\sigma=\iint\limits_D(3x^2y+y^3)\mathrm{d}\sigma=0,$$

从而

$$M=\iint\limits_D(x+y)^3\mathrm{d}\sigma=\iint\limits_D(x^3+3xy^2)\mathrm{d}\sigma+\iint\limits_D(3x^2y+y^3)\mathrm{d}\sigma=0.$$

于是,$N>M>P$.

因此,应选 B.

4. 解:

依题意,积分区域 D 既关于 x 轴对称,又关于 y 轴对称,且 x^3,y^3,xy 分别是关于 x,y,x(或 y)的奇函数,所以 $\iint\limits_D x^3\mathrm{d}\sigma=\iint\limits_D y^3\mathrm{d}\sigma=\iint\limits_D xy\mathrm{d}\sigma=0$.

于是,$\iint\limits_D(x^3+y^3+xy)\mathrm{d}\sigma=0$.

因此,应填 0.

要点 6 无界区域上的反常二重积分

1. 概念:

设 D 是无界区域,D_0 是 D 内一个有界闭区域,若极限 $\lim\limits_{D_0\to D}\iint\limits_{D_0}f(x,y)\mathrm{d}\sigma$ 存在,则称它为 $f(x,y)$ 在无界区域 D 上的反常二重积分,记作

$$\iint\limits_D f(x,y)\mathrm{d}\sigma=\lim_{D_0\to D}\iint\limits_{D_0}f(x,y)\mathrm{d}\sigma.$$

此时,也称反常二重积分 $\iint\limits_D f(x,y)\mathrm{d}\sigma$ 收敛,否则称反常二重积分 $\iint\limits_D f(x,y)\mathrm{d}\sigma$ 发散.

2. 简单情形的计算:

为了简化计算,常常选取一些特殊的 D_0 使之趋于区域 D.

【举例】

1. 求反常二重积分 $I=\iint\limits_D\frac{\mathrm{d}\sigma}{(1+x^2+y^2)^\alpha}$,$\alpha\neq 1$,$D$ 是整个 Oxy 平面.

2. 求反常二重积分 $I=\iint\limits_{D}e^{-x^2-y^2}\,\mathrm{d}\sigma$，$D$ 为全平面.

3. 证明：$\int_0^{+\infty}e^{-x^2}\,\mathrm{d}x=\frac{\sqrt{\pi}}{2}$.

4. 设 $a>0$，$f(x)=g(x)=\begin{cases}a, & 0\leqslant x\leqslant 1\\ 0, & 其他\end{cases}$，而 D 表示全平面，则 $I=\iint\limits_{D}f(x)g(y-x)\,\mathrm{d}x\mathrm{d}y=$ ________.

【解析】

1. 解：

设 $D_R=\{(x,y)\mid x^2+y^2\leqslant R^2(R\leqslant 0)\}$，在极坐标下，$D_R=\{(r,\theta)\mid 0\leqslant r\leqslant R,0\leqslant\theta\leqslant 2\pi\}$，则

$$I_R=\iint\limits_{D_R}\frac{\mathrm{d}\sigma}{(1+x^2+y^2)^{\alpha}}=\iint\limits_{D_R}\frac{r\,\mathrm{d}r\,\mathrm{d}\theta}{(1+r^2)^{\alpha}}=\int_0^{2\pi}\mathrm{d}\theta\int_0^R\frac{r}{(1+r^2)^{\alpha}}\mathrm{d}r$$

$$=\frac{\pi}{1-\alpha}\left[\frac{1}{(1+R^2)^{\alpha-1}}-1\right].$$

当 $\alpha>1$ 时，$\lim\limits_{R\to+\infty}I_R=\frac{\pi}{\alpha-1}$，则 $I=\frac{\pi}{\alpha-1}$.

当 $\alpha<1$ 时，$\lim\limits_{R\to+\infty}I_R=+\infty$，则 I 发散.

2. 解：

沿用第 1 题的 D_R.

$$I_R=\iint\limits_{D_R}e^{-x^2-y^2}\,\mathrm{d}\sigma=\iint\limits_{D_R}e^{-r^2}r\,\mathrm{d}r\,\mathrm{d}\theta=\int_0^{2\pi}\mathrm{d}\theta\int_0^R e^{-r^2}r\,\mathrm{d}r$$

$$=\left[2\pi\left(-\frac{1}{2}e^{-r^2}\right)\right]_0^R=\pi(1-e^{-R^2}).$$

显然，当 $R\to+\infty$ 时，有 $D_R\to D$，故有 $\lim\limits_{R\to+\infty}I_R=\pi$.

因此，$I=\pi$.

3. 证明：

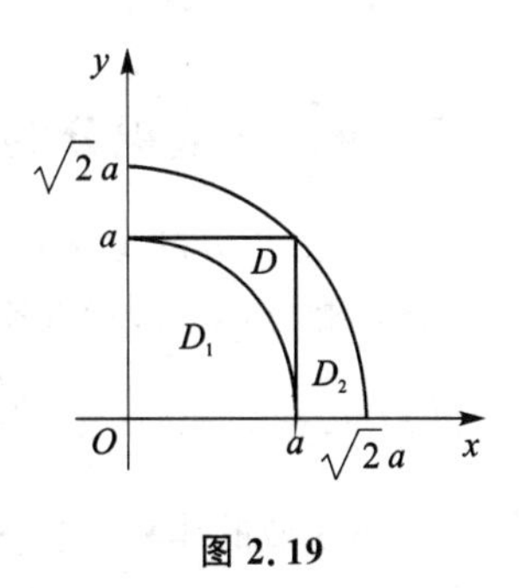

图 2.19

如图 2.19 所示，令 $\begin{cases}D: 0\leqslant x\leqslant a,0\leqslant y\leqslant a\\ D_1: x^2+y^2\leqslant a^2,x\leqslant 0,y\leqslant 0\\ D_2: x^2+y^2\leqslant 2a^2,x\leqslant 0,y\leqslant 0\end{cases}$，则

$$\iint\limits_{D_1}e^{-(x^2+y^2)}\,\mathrm{d}x\mathrm{d}y\leqslant\iint\limits_{D}e^{-(x^2+y^2)}\,\mathrm{d}x\mathrm{d}y\leqslant\iint\limits_{D_2}e^{-(x^2+y^2)}\,\mathrm{d}x\mathrm{d}y,$$

而 $\iint\limits_{D}e^{-(x^2+y^2)}\,\mathrm{d}x\mathrm{d}y=\int_0^a e^{-x^2}\,\mathrm{d}x\int_0^a e^{-y^2}\,\mathrm{d}y=\left(\int_0^a e^{-x^2}\,\mathrm{d}x\right)^2$.

由第 2 题知：

$$\iint\limits_{D_1}e^{-(x^2+y^2)}\,\mathrm{d}x\mathrm{d}y=\frac{\pi}{4}(1-e^{-a^2}),\iint\limits_{D_2}e^{-(x^2+y^2)}\,\mathrm{d}x\mathrm{d}y=\frac{\pi}{4}(1-e^{-2a^2}),$$

从而得 $\frac{\pi}{4}(1-e^{-a^2})\leqslant\left(\int_0^a e^{-x^2}dx\right)^2\leqslant\frac{\pi}{4}(1-e^{-2a^2})$，令 $a\to+\infty$,得

$$\int_0^{+\infty}e^{-x^2}dx=\frac{\sqrt{\pi}}{2}.$$

【证毕】

4. 解：

令 $0\leqslant y-x\leqslant 1$,得 $x\leqslant y\leqslant x+1$,故有效的积分区域为

$$G=\{(x,y)\mid x\leqslant y\leqslant x+1,0\leqslant x\leqslant 1\}(见图 2.20),$$

从而

$$I=\iint_D f(x)g(y-x)dxdy=\iint_G f(x)g(y-x)dxdy$$
$$=\int_0^1 dx\int_x^{x+1}a^2dy=a^2.$$

因此,应填 a^2.

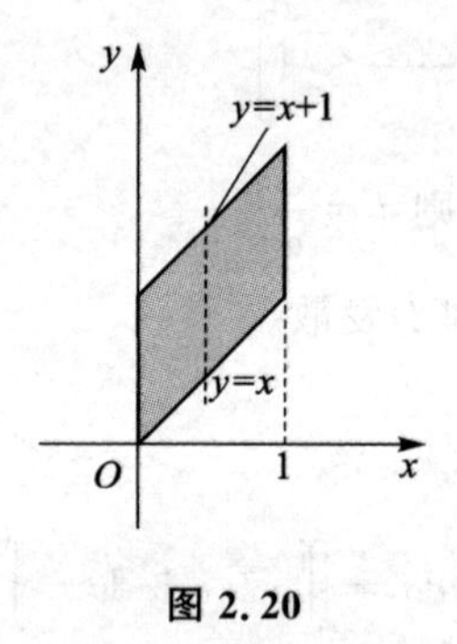

图 2.20

2.2 三重积分

2.2.1 三重积分的概念和性质

要点 1 三重积分的概念

1. 三重积分的定义：

设函数 $f(x,y,z)$在空间有界闭区域 Ω 上有界，$f(x,y,z)$在 Ω 上的三重积分定义为 $\iiint_\Omega f(x,y,z)dV=\lim_{\lambda\to 0}\sum_{i=1}^n f(\xi_i,\eta_i,\zeta_i)\Delta V_i$，其中 ΔV_i 为将Ω 任意分成的 n 个小区域中第 i 个小区域的体积，(ξ_i,η_i,ζ_i) 为第 i 个小区域上任意一点，λ 为 n 个小区域直径的最大值.

2. 三重积分的深层含义：

(1) 基本含义：

如图 2.21 所示，dV 是区域Ω 上点(x,y,z)附近一微小区域的体积，$f(x,y,z)$是点

(x,y,z)对应的函数,而$\iiint\limits_{\Omega} f(x,y,z)\mathrm{d}V$表示点$(x,y,z)$处的体积元素 $\mathrm{d}V$ 与函数$f(x,y,z)$的乘积在区域Ω上的加和.

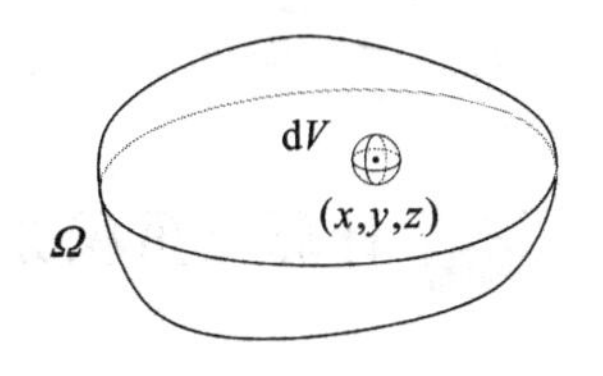

图 2.21

(2) 表示空间区域的质量:

函数 $f(x,y,z)$可以看作点(x,y,z)处的密度(单位体积上的质量),$f(x,y,z)\mathrm{d}V$ 可以看作(x,y,z)附近一微小区域的质量(密度×体积),$\iiint\limits_{\Omega} f(x,y,z)\mathrm{d}V$ 可以看作整块区域Ω 的质量.

要点 2 三重积分的性质

三重积分的基本性质与二重积分的性质类似,其中区域体积比较常用.

区域体积:$\iiint\limits_{\Omega}\mathrm{d}V=V_{\Omega}$($V_{\Omega}$ 为闭区域Ω 的体积).

【举例】

设Ω由平面$x+y+z+1=0$,$x+y+z+2=0$,$x=0$,$y=0$,$z=0$围成,$I_1=\iiint\limits_{\Omega}[\ln(x+y+z+3)]^2\mathrm{d}V$,$I_2=\iiint\limits_{\Omega}(x+y+z)^2\mathrm{d}V$,则( ).

A. $I_1<I_2$　　B. $I_1>I_2$　　C. $I_1\leqslant I_2$　　D. $I_1\leqslant I_2$

【解析】

解:

区域Ω如图 2.22 所示. $-2<x+y+z<-1$,即 $1<(x+y+z)^2<4$,且 $1<x+y+z+3<2$,故 $0<[\ln(x+y+z+3)]^2<\ln^2 2<1$,从而$[\ln(x+y+z+3)]^2<(x+y+z)^2$.

根据重积分的保号性,$I_1<I_2$.

因此,应选 A.

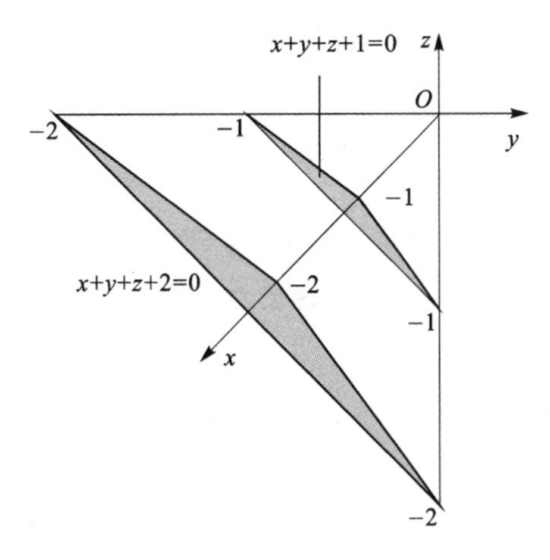

图 2.22

2.2.2 三重积分的计算方法

要点 1 计算三重积分的基本思路

核心：将三重积分化为定积分或二重积分.

1. 思路 1：将三重积分化为先定积分后二重积分的形式.
2. 思路 2：将三重积分化为先二重积分后定积分的形式.
3. 思路 3：将三重积分化为三次定积分(称为三次积分或累次积分)的形式.

注意：积分次序是从后往前的,后一个积分的结果充当前一个积分的被积函数.

要点 2 在直角坐标条件下计算三重积分

在直角坐标条件下,体积元素 $\mathrm{d}V=\mathrm{d}x\mathrm{d}y\mathrm{d}z$,故

$$\iiint_{\Omega} f(x,y,z)\mathrm{d}V=\iiint_{\Omega} f(x,y,z)\mathrm{d}x\mathrm{d}y\mathrm{d}z.$$

1. 坐标投影法(先一后二法或穿线法 1)：

(1) 确定积分上下限：

如图 2.23 所示,平行 z 轴作任一竖线(横纵坐标为(x,y))使它穿过积分区域 Ω,竖线与区域 Ω 的交点对应的竖坐标即为 $z_1(x,y)$,$z_2(x,y)$,竖线可在区域 Ω 内活动的范围为平面区域 D(Ω 在 Oxy 平面上的投影区域).

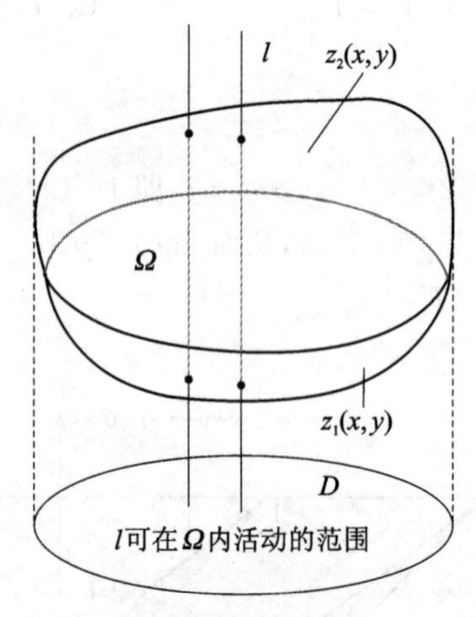

图 2.23

(2) 计算三重积分：

若 Ω：$z_1(x,y)\leqslant z\leqslant z_2(x,y)$,$(x,y)\in D$,则

$$\iiint_{\Omega} f(x,y,z)\mathrm{d}V=\iint_{D}\mathrm{d}\sigma\int_{z_1(x,y)}^{z_2(x,y)} f(x,y,z)\mathrm{d}z.$$

(3) 坐标投影法的说明：

坐标投影法先对一个坐标求定积分,然后再求二重积分,求二重积分时可以考虑极坐标.

坐标投影法选取的直线也可以是平行 x 轴或 y 轴的，情形类似，不再赘述.

2. 坐标轴投影法(先二后一法或截面法)：

(1) 确定积分界限：

如图 2.24 所示，垂直 z 轴作任一平面截积分区域 Ω 所得的平面区域为 D_z，D_z 可在区域 Ω 内活动的范围为 $c_1 \leqslant z \leqslant c_2$(将 Ω 向 z 轴投影所得投影区间).

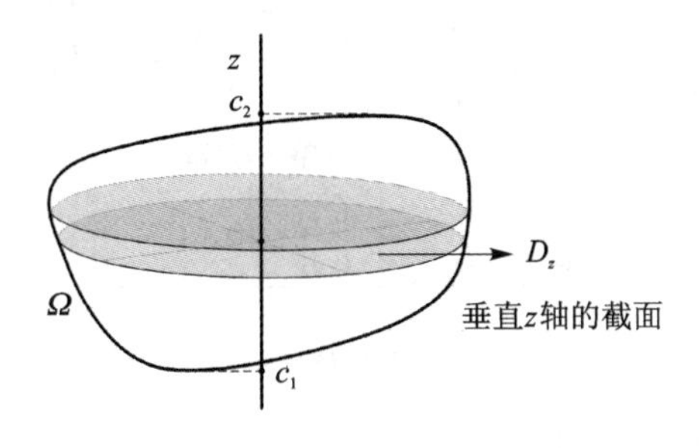

图 2.24

(2) 计算三重积分：

若 Ω：$(x,y)\in D_z$，$c_1 \leqslant z \leqslant c_2$，则

$$\iiint\limits_{\Omega} f(x,y,z)\mathrm{d}V = \int_{c_1}^{c_2}\mathrm{d}z \iint\limits_{D_z} f(x,y,z)\mathrm{d}\sigma.$$

特别地，当被积函数与 x，y 无关，D_z 的面积为 $A(z)$时，有

$$\iiint\limits_{\Omega} f(z)\mathrm{d}V = \int_{c_1}^{c_2} f(z)A(z)\mathrm{d}z.$$

(3) 坐标轴投影法的说明

坐标轴投影法先求截面的二重积分，然后再求定积分，求二重积分时可以考虑极坐标.

坐标轴投影法选取的截面也可以是垂直 x 轴或 y 轴的，情形类似，不再赘述.

3. 三次积分法(穿线法 2)：

(1) 确定积分界限：

如图 2.25 所示，先平行 z 轴作任一竖线(横纵坐标为(x,y))使它穿过积分区域 Ω，竖线与区域 Ω 的交点对应的竖坐标为 $z_1(x,y)$，$z_2(x,y)$；再通过竖线沿 y 轴方向延展出一个截面区域，竖线可在截面区域内活动的范围为 $y_1(x)\leqslant y \leqslant y_2(x)$；最后沿 x 轴方向延展出立体区域，截面区域可在区域 Ω 内活动的范围为 $a \leqslant x \leqslant b$.

(2) 计算三重积分：

若 Ω：$z_1(x,y)\leqslant z \leqslant z_2(x,y)$，$y_1(x)\leqslant y \leqslant y_2(x)$，$a \leqslant x \leqslant b$，则

$$\iiint\limits_{\Omega} f(x,y,z)\mathrm{d}V = \int_a^b \mathrm{d}x \int_{y_1(x)}^{y_2(x)} \mathrm{d}y \int_{z_1(x,y)}^{z_2(x,y)} f(x,y,z)\mathrm{d}z.$$

(3) 三次积分法的说明

三次积分法依次针对三个自变量求定积分.

三次积分法也可以先对 x 或先对 y 求定积分，情形类似，不再赘述.

【举例】

1. 计算 $I = \iiint\limits_{\Omega}(x^2+y^2)\mathrm{d}V$，$\Omega$ 是由曲线 $y^2=2z$，$x=0$ 绕 z 轴旋转一周而成的曲面

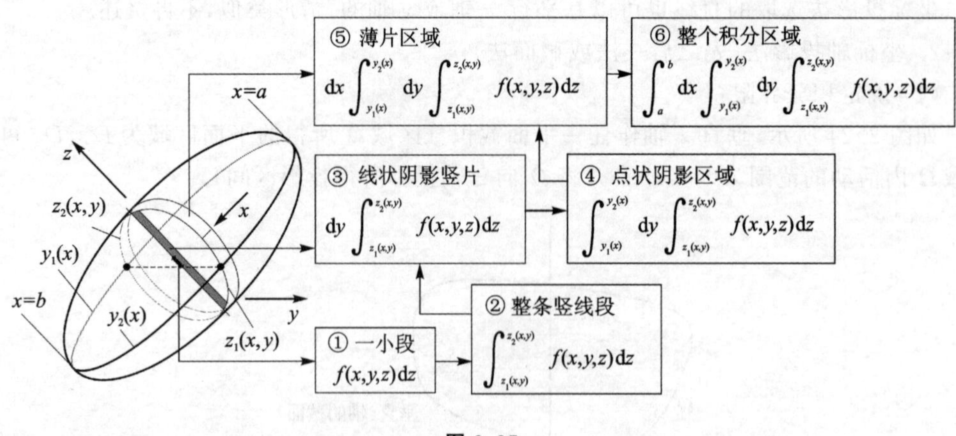

图 2.25

与两平面 $z=2$,$z=8$ 所围成的立体.

2. 计算 $\iiint\limits_{\Omega}xy^2z^3\mathrm{d}V$,其中,$\Omega$ 是由曲面 $z=xy$ 与平面 $y=x$,$x=1$ 和 $z=0$ 所围成的闭区域.

【解析】

1. 解:

积分区域 Ω 如图 2.26 所示.$\Omega=\{(r,\theta,z)\mid(r,\theta)\in D_z,2\leqslant z\leqslant 8\}$,其中

$$D_z=\{(r,\theta)\mid 0\leqslant r\leqslant\sqrt{2z},0\leqslant\theta\leqslant 2\pi\},$$

故

$$I=\int_2^8\mathrm{d}z\iint\limits_{D_z}r^2\cdot r\,\mathrm{d}r\,\mathrm{d}\theta=\int_2^8\mathrm{d}z\int_0^{2\pi}\mathrm{d}\theta\int_0^{\sqrt{2z}}r^3\,\mathrm{d}r$$

$$=2\pi\int_2^8 z^2\,\mathrm{d}z=336\pi.$$

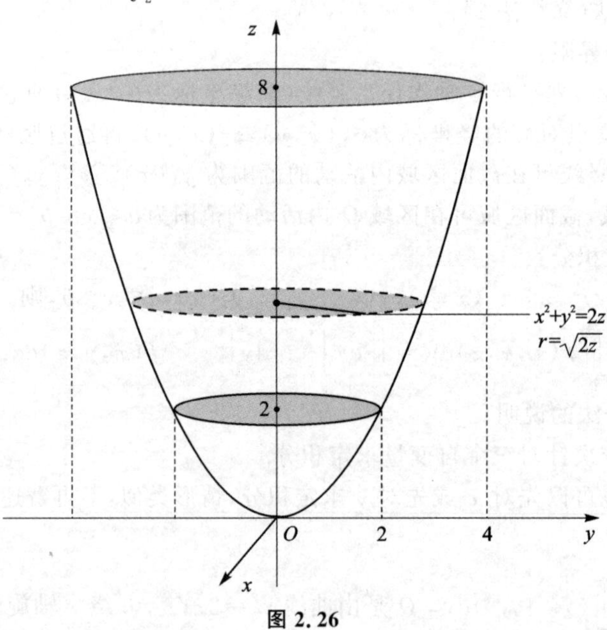

图 2.26

2. 解：

积分区域 $\Omega=\{(x,y,z)\mid 0\leqslant z\leqslant xy,0\leqslant y\leqslant x,0\leqslant x\leqslant 1\}$，如图 2.27 所示，故

$$\iiint_{\Omega} xy^2z^3\,\mathrm{d}V=\int_0^1 x\,\mathrm{d}x\int_0^x y^2\,\mathrm{d}y\int_0^{xy} z^3\,\mathrm{d}z$$

$$=\frac{1}{4}\int_0^1 x\cdot x^4\,\mathrm{d}x\int_0^x y^2\cdot y^4\,\mathrm{d}y$$

$$=\frac{1}{4}\times\frac{1}{7}\int_0^1 x^5\cdot x^7\,\mathrm{d}x$$

$$=\frac{1}{4}\times\frac{1}{7}\times\frac{1}{13}=\frac{1}{364}.$$

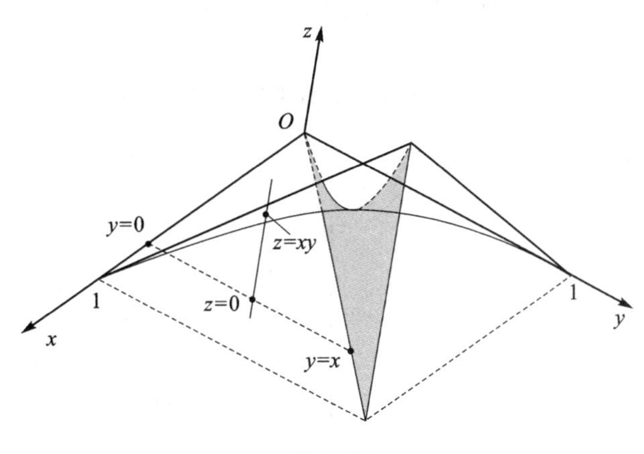

图 2.27

要点 3 利用换元法计算三重积分

对于三重积分 $\iiint_{\Omega} f(x,y,z)\mathrm{d}V$，若积分区域 Ω（有界闭区域）可通过换元变换 $\begin{cases}x=x(u,v,w)\\y=y(u,v,w)\\z=z(u,v,w)\end{cases}$ 一对一地化为 Ω'，且 $f(x,y,z)\in C(\Omega)$，$x(u,v,w),y(u,v,w),z(u,v,w)\in C^{(1)}(D')$，另有 $J=\dfrac{\partial(x,y,z)}{\partial(u,v,w)}=\begin{vmatrix}\dfrac{\partial x}{\partial u} & \dfrac{\partial x}{\partial v} & \dfrac{\partial x}{\partial w}\\ \dfrac{\partial y}{\partial u} & \dfrac{\partial y}{\partial v} & \dfrac{\partial y}{\partial w}\\ \dfrac{\partial z}{\partial u} & \dfrac{\partial z}{\partial v} & \dfrac{\partial z}{\partial w}\end{vmatrix}\neq 0$，则

$$\iiint_{\Omega} f(x,y,z)\mathrm{d}V=\iiint_{\Omega'} f[x(u,v,w),y(u,v,w),z(u,v,w)]\,|J|\,\mathrm{d}u\mathrm{d}v\mathrm{d}w.$$

在进一步计算时，可将 $F(u,v,w)=f[x(u,v,w),y(u,v,w),z(u,v,w)]\,|J|$ 当作新三重积分的被积函数，把 Ω' 当作新三重积分的积分区域.

要点 4 在柱面坐标条件下计算三重积分

1. 柱面坐标简介：

如图 2.28 所示，直角坐标系中的点 $P(x,y,z)$ 可以用柱面坐标系中的 (r,θ,z) 来表示，并称它为点 P 的柱面坐标. 其中 r 是点 P 在 Oxy 平面上的投影点 M 到原点 O 的距离(也可过 P 作 z 轴的垂线，与 z 轴的交点为 O'，r 是 P 到 O' 的距离)，θ 是 x 轴正向(沿逆时针方向)与向量 $\boldsymbol{OM}$(或 $\boldsymbol{O'P}$)的夹角.

(1) 规定：$0\leqslant r<+\infty$，$0\leqslant\theta\leqslant 2\pi$.

(2) 直角坐标 (x,y,z) 与对应的柱面坐标 (r,θ,z) 满足 $\begin{cases}x=r\cos\theta\\ y=r\sin\theta\\ z=z\end{cases}$.

(3) 如图 2.29 所示，与极坐标类似，在柱面坐标条件下，体积元素 $\mathrm{d}V=r\mathrm{d}r\mathrm{d}\theta\mathrm{d}z$，故

$$\iiint\limits_{\Omega} f(x,y,z)\mathrm{d}V=\iiint\limits_{\Omega} f(r\cos\theta,r\sin\theta,z)r\mathrm{d}r\mathrm{d}\theta\mathrm{d}z.$$

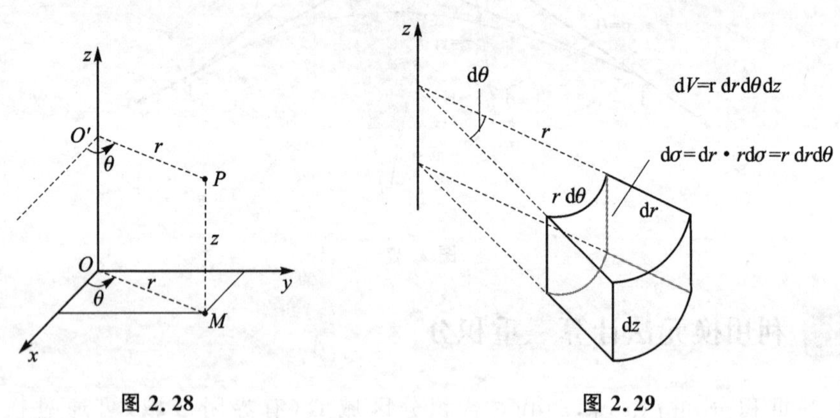

图 2.28　　图 2.29

2. 在柱面坐标下计算三重积分：

(1) 确定积分界限：

如图 2.30 所示，先平行 z 轴作任一竖线(径向坐标和角坐标为 (r,θ))使它穿过积分区域 Ω，竖线与区域 Ω 的交点对应的竖坐标为 $z_1(r,\theta)$，$z_2(r,\theta)$；再通过竖线沿 r 方向延展出一个截面(不超过 z 轴，且所在平面过 z 轴)，竖线可在截面区域内活动的范围为 $r_1(\theta)\leqslant r\leqslant r_2(\theta)$；最后将截面区域沿 θ 方向(绕 z 轴，逆时针方向)旋转出立体区域 Ω，截面区域可在区域 Ω 内绕 z 轴旋转的范围为 $\alpha\leqslant\theta\leqslant\beta$.

(2) 计算三重积分：

若 Ω：$z_1(r,\theta)\leqslant z\leqslant z_2(r,\theta)$，$r_1(\theta)\leqslant r\leqslant r_2(\theta)$，$\alpha\leqslant\theta\leqslant\beta$，则

$$\begin{aligned}\iiint\limits_{\Omega} f(x,y,z)\mathrm{d}V&=\iiint\limits_{\Omega} f(r\cos\theta,r\sin\theta,z)r\mathrm{d}r\mathrm{d}\theta\mathrm{d}z\\&=\int_{\alpha}^{\beta}\mathrm{d}\theta\int_{r_1(\theta)}^{r_2(\theta)}\mathrm{d}r\int_{z_1(r,\theta)}^{z_2(r,\theta)} f(r\cos\theta,r\sin\theta,z)r\mathrm{d}z.\end{aligned}$$

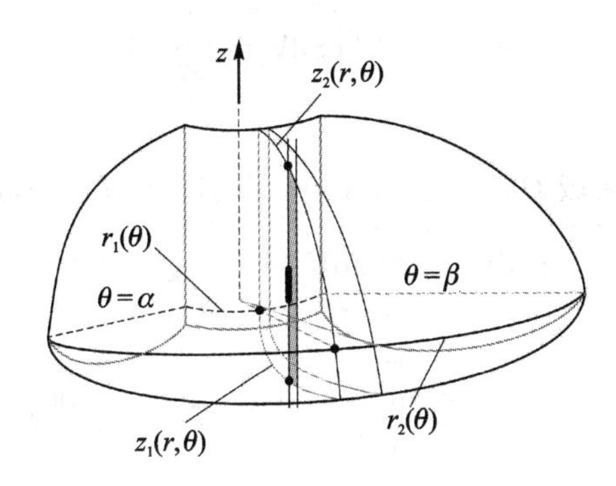

图 2.30

【举例】

1. 直角坐标中的三次积分 $I=\int_{-1}^{1}\mathrm{d}x\int_{-\sqrt{1-x^2}}^{\sqrt{1-x^2}}\mathrm{d}y\int_{0}^{x^2+y^2}f(x,y,z)\mathrm{d}z$ 在柱面坐标中先 z 再 r 后 θ 顺序的三次积分是________.

2. 计算 $\iiint\limits_{\Omega}(x+y+2z)\mathrm{d}V$，$\Omega$ 为由 $z=x^2+y^2$ 与 $z=1$ 围成的闭区域.

3. 计算 $\iiint\limits_{\Omega}|z-x^2-y^2|\mathrm{d}V$，其中，$\Omega$：$0\leqslant z\leqslant 1, x^2+y^2\leqslant 1$.

【解析】

1. 解：

如图 2.31 所示，在柱面坐标下，积分区域 Ω：$0\leqslant z\leqslant r^2, 0\leqslant r\leqslant 1, 0\leqslant\theta\leqslant 2\pi$，从而

$$I=\int_{0}^{2\pi}\mathrm{d}\theta\int_{0}^{1}\mathrm{d}r\int_{0}^{r^2}f(r\cos\theta, r\sin\theta, z)r\,\mathrm{d}z.$$

因此，应填 $\int_{0}^{2\pi}\mathrm{d}\theta\int_{0}^{1}\mathrm{d}r\int_{0}^{r^2}f(r\cos\theta, r\sin\theta, z)r\,\mathrm{d}z$.

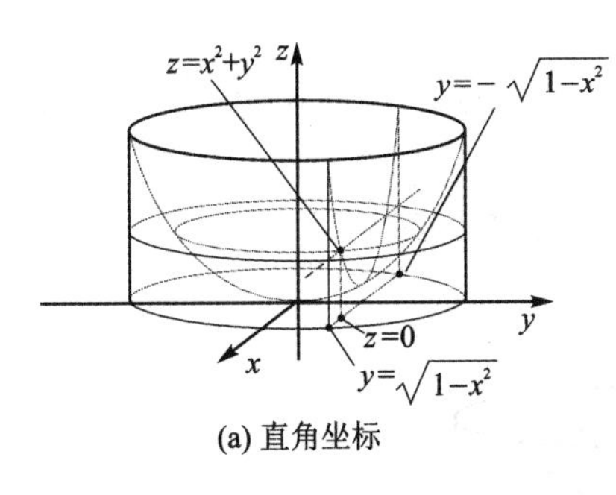

(a) 直角坐标

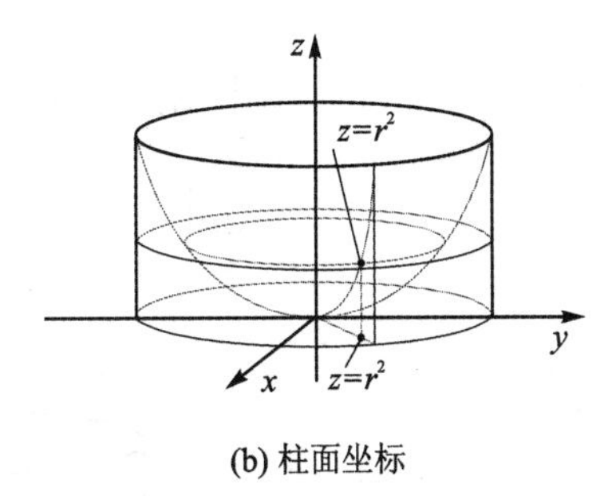

(b) 柱面坐标

图 2.31

2. 解：

因为 Ω 关于 Oyz 平面和 Oxz 平面对称，所以

$$\iiint\limits_{\Omega}(x+y+2z)\mathrm{d}V=\iiint\limits_{\Omega}x\,\mathrm{d}V+\iiint\limits_{\Omega}y\,\mathrm{d}V+2\iiint\limits_{\Omega}z\,\mathrm{d}V$$

$$=0+0+2\iiint_{\Omega} z\,\mathrm{d}V=2\iiint_{\Omega} z\,\mathrm{d}V.$$

方法一：柱面坐标法

在柱面坐标下，积分区域 Ω：$r^2\leqslant z\leqslant 1,0\leqslant r\leqslant 1,0\leqslant\theta\leqslant 2\pi$，从而

$$\iiint_{\Omega}(x+y+2z)\mathrm{d}V=2\iiint_{\Omega} z\,\mathrm{d}V$$

$$=2\iiint_{\Omega} z\cdot r\,\mathrm{d}r\,\mathrm{d}\theta\,\mathrm{d}z=2\int_0^{2\pi}\mathrm{d}\theta\int_0^1 r\,\mathrm{d}r\int_{r^2}^1 z\,\mathrm{d}z$$

$$=2\cdot 2\pi\int_0^1 r\cdot\frac{1}{2}(1-r^4)\mathrm{d}r=\frac{2}{3}\pi.$$

方法二：坐标轴投影法

积分区域 Ω：$(x,y)\in D_z,0\leqslant z\leqslant 1,D_z=\{(x,y)\mid x^2+y^2\leqslant z\}$，从而

$$\iiint_{\Omega}(x+y+2z)\mathrm{d}V=2\iiint_{\Omega} z\,\mathrm{d}V=2\int_0^1\mathrm{d}z\iint_{D_z} z\,\mathrm{d}\sigma$$

$$=2\int_0^1 z\cdot\pi(\sqrt{z})^2\mathrm{d}z=\frac{2}{3}\pi.$$

3. **解：**

方法一：柱面坐标法

记 $\Omega_1=\{(x,y,z)\mid x^2+y^2\leqslant z\leqslant 1\}$，$\Omega_2=\{(x,y,z)\mid 0\leqslant z\leqslant x^2+y^2\leqslant 1\}$，则 $\Omega=\Omega_1+\Omega_2$.

如图 2.32 所示，在柱面坐标下，$\Omega_1=\{(r,\theta,z)\mid r^2\leqslant z\leqslant 1,0\leqslant r\leqslant 1,0\leqslant\theta\leqslant 2\pi\}$，$\Omega_2=\{(r,\theta,z)\mid 0\leqslant z\leqslant r^2,0\leqslant r\leqslant 1,0\leqslant\theta\leqslant 2\pi\}$，从而

$$\iiint_{\Omega}|z-x^2-y^2|\,\mathrm{d}V=\iiint_{\Omega_1}(z-x^2-y^2)\mathrm{d}V+\iiint_{\Omega_2}(x^2+y^2-z)\mathrm{d}V$$

$$=\iiint_{\Omega_1}(z-r^2)r\,\mathrm{d}r\,\mathrm{d}\theta\,\mathrm{d}z+\iiint_{\Omega_2}(r^2-z)r\,\mathrm{d}r\,\mathrm{d}\theta\,\mathrm{d}z$$

$$=\int_0^{2\pi}\mathrm{d}\theta\int_0^1 r\,\mathrm{d}r\int_{r^2}^1(z-r^2)\mathrm{d}z+\int_0^{2\pi}\mathrm{d}\theta\int_0^1 r\,\mathrm{d}r\int_0^{r^2}(r^2-z)\mathrm{d}z$$

$$=2\pi\int_0^1 r\left(\frac{1}{2}-r^2+r^4\right)\mathrm{d}r=\frac{\pi}{3}.$$

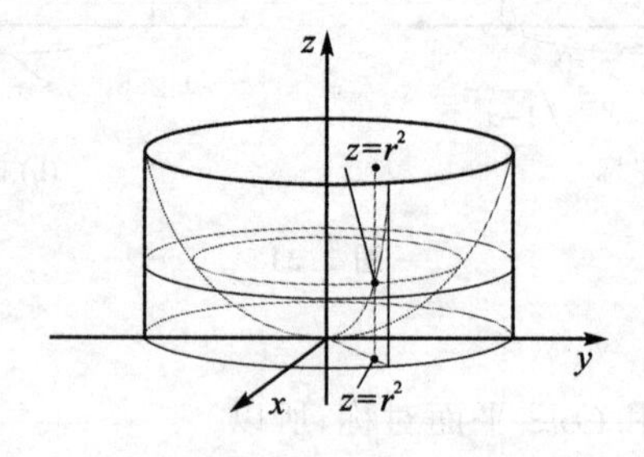

图 2.32

方法二：坐标轴投影法

如图 2.33 所示，区域 Ω 以曲面 $z=x^2+y^2$ 为界分为 Ω_1,Ω_2 上下两部分. 任取一垂直 z 轴的截面，它在 Oxy 平面上的投影域以圆线 $x^2+y^2=z$ 为界分为 D_1,D_2 里外两部分，$D_1=\{(x,y)\mid 0\leqslant x^2+y^2\leqslant z\}$，$D_2=\{(x,y)\mid z\leqslant x^2+y^2\leqslant 1\}$，用极坐标表示为 $D_1=\{(r,\theta)\mid 0\leqslant r\leqslant\sqrt{z},0\leqslant\theta\leqslant 2\pi\}$，$D_2=\{(r,\theta)\mid\sqrt{z}\leqslant r\leqslant 1,0\leqslant\theta\leqslant 2\pi\}$. 从而

$$\Omega_1=\{(x,y,z)\mid(x,y)\in D_1,0\leqslant z\leqslant 1\},$$
$$\Omega_2=\{(x,y,z)\mid(x,y)\in D_2,0\leqslant z\leqslant 1\}.$$

$$\begin{aligned}\iiint_{\Omega}|z-(x^2+y^2)|\,\mathrm{d}V&=\iiint_{\Omega_1}(z-x^2-y^2)\,\mathrm{d}V-\iiint_{\Omega_2}(z-x^2-y^2)\,\mathrm{d}V\\&=\int_0^1\mathrm{d}z\iint_{D_1}(z-x^2-y^2)\,\mathrm{d}x\,\mathrm{d}y-\int_0^1\mathrm{d}z\iint_{D_2}(z-x^2-y^2)\,\mathrm{d}x\,\mathrm{d}y\\&=\int_0^1\mathrm{d}z\iint_{D_1}(z-r^2)r\,\mathrm{d}r\,\mathrm{d}\theta-\int_0^1\mathrm{d}z\iint_{D_2}(z-r^2)r\,\mathrm{d}r\,\mathrm{d}\theta\\&=\int_0^1\mathrm{d}z\int_0^{2\pi}\mathrm{d}\theta\int_0^{\sqrt{z}}(z-r^2)r\,\mathrm{d}r-\int_0^1\mathrm{d}z\int_0^{2\pi}\mathrm{d}\theta\int_{\sqrt{z}}^1(z-r^2)r\,\mathrm{d}r\\&=2\pi\int_0^1\left(\frac{1}{2}z^2-\frac{1}{2}z+\frac{1}{4}\right)\mathrm{d}z=\frac{\pi}{3}.\end{aligned}$$

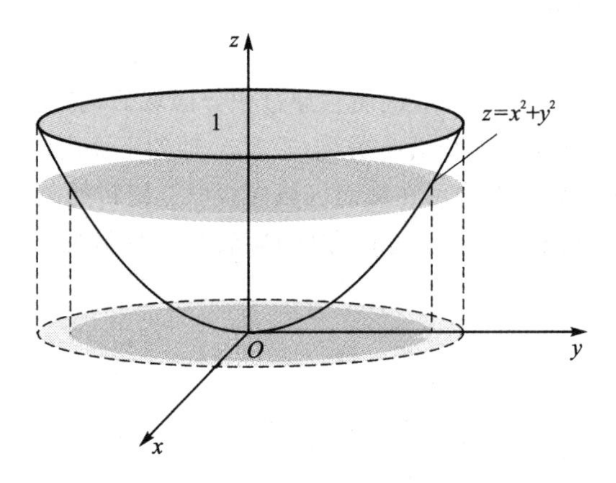

图 2.33

要点 5　在球面坐标条件下计算三重积分

1. 球面坐标简介：

如图 2.34 所示，直角坐标系中的点 $P(x,y,z)$ 可以用球面坐标系中的 (r,θ,φ) 来表示，并称它为点 P 的球面坐标. 其中 r 是点 P 到原点 O 的距离，θ 是 x 轴正向(沿逆时针方向与向量 OM(M 是点 P 在 Oxy 平面上的投影点)的夹角，φ 是 z 轴正向与向量 $\boldsymbol{OP}$ 的夹角.

(1) 规定：$0\leqslant r<+\infty$，$0\leqslant\theta\leqslant 2\pi$，$0\leqslant\varphi\leqslant\pi$.

(2) 直角坐标 (x,y,z) 与对应的球面坐标 (r,θ,φ) 满足 $\begin{cases}x=r\sin\varphi\cos\theta\\y=r\sin\varphi\sin\theta\\z=r\cos\varphi\end{cases}$.

(3) 如图 2.35 所示，在球面坐标条件下，体积元素 $dV=r^2\sin\varphi\, dr\, d\theta\, d\varphi$，故

$$\iiint\limits_{\Omega} f(x,y,z)\,dV=\iiint\limits_{\Omega} f(r\cos\theta, r\sin\theta, z)\,r\,dr\,d\theta\,dz.$$

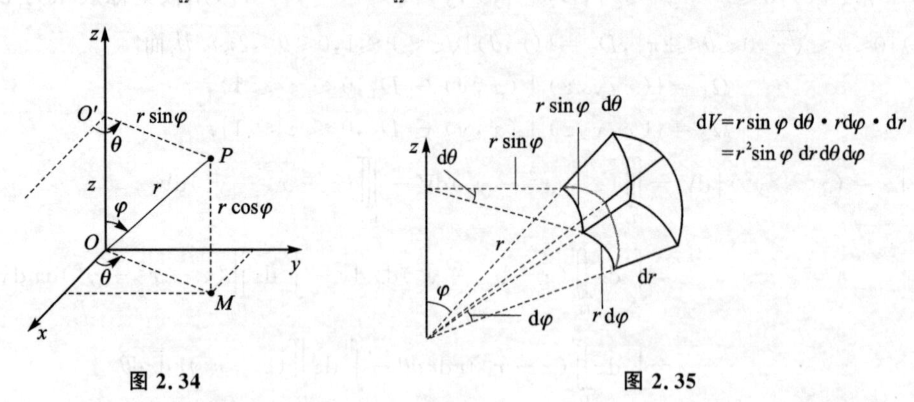

图 2.34　　　　图 2.35

(4) 在球面坐标条件下，$r=r_0$ 表示半径为 r_0 的球面；$\varphi=\varphi_0$ 表示以 z 轴为轴，母线与 z 轴正向夹角为 φ_0（z 轴沿顺时针方向旋转至母线的角度）的锥面；$\theta=\theta_0$ 表示垂直 Oxy 平面与 x 轴正向夹角为 θ_0（x 轴沿逆时针方向旋转至该平面的角度）的半平面.

2. 在球面坐标下计算三重积分：

(1) 确定积分界限：

如图 2.36 所示，过原点引一条射线使它穿过积分区域 Ω，射线与区域 Ω 的交点对应的径向坐标为 $r_1(\theta,\varphi)$，$r_2(\theta,\varphi)$，射线沿 φ 方向（在过 z 轴的平面内，绕原点沿顺时针方向）旋转出一个截面（不超过 z 轴），射线可在截面区域内绕原点旋转的范围为 $\varphi_1(\theta)\leqslant\varphi\leqslant\varphi_2(\theta)$；再将截面区域沿 θ 方向（绕 z 轴沿逆时针方向）旋转出立体区域 Ω，截面可在区域 Ω 内绕 z 轴旋转的范围为 $\alpha\leqslant\theta\leqslant\beta$.

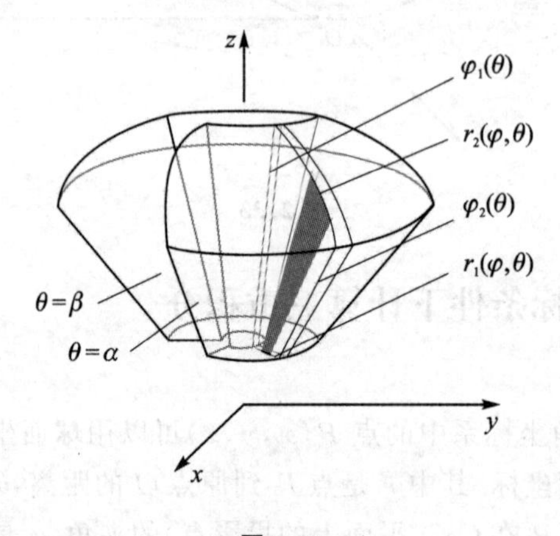

图 2.36

(2) 计算三重积分：

若 Ω：$r_1(\theta,\varphi)\leqslant r\leqslant r_2(\theta,\varphi)$，$\varphi_1(\theta)\leqslant\varphi\leqslant\varphi_2(\theta)$，$\alpha\leqslant\theta\leqslant\beta$，则

$$\begin{aligned}&\iiint_{\Omega} f(x,y,z)\mathrm{d}V\\&=\iiint_{\Omega} f(r\sin\varphi\cos\theta,r\sin\varphi\sin\theta,r\cos\varphi)r^2\sin\varphi\mathrm{d}r\mathrm{d}\theta\mathrm{d}\varphi\\&=\int_{\alpha}^{\beta}\mathrm{d}\theta\int_{\varphi_1(\theta)}^{\varphi_2(\theta)}\sin\varphi\mathrm{d}\varphi\int_{r_1(\theta,\varphi)}^{r_2(\theta,\varphi)}f(r\sin\varphi\cos\theta,r\sin\varphi\sin\theta,r\cos\varphi)r^2\mathrm{d}r.\end{aligned}$$

【举例】

1. 椭球体$\dfrac{x^2}{a^2}+\dfrac{y^2}{b^2}+\dfrac{z^2}{c^2}\leqslant 1$的体积为________.

2. 设Ω为球域：$x^2+y^2+z^2\leqslant a^2$，则$\lim\limits_{a\to 0^+}\dfrac{\iiint\limits_{\Omega}\mathrm{e}^{x^2+y^2+z^2}\mathrm{d}V}{\pi a^3}=$(　　).

A. 不存在　　B. $\dfrac{3}{4}$　　C. $\dfrac{4}{3}$　　D. 1

3. 已知$\Omega=\{(x,y,z)\mid x^2+y^2\leqslant a^2,x^2+z^2\leqslant a^2,x\leqslant 0,y\leqslant 0,z\leqslant 0\}$，$f$在$\Omega$上连续.若$a>0$，则下列等式中正确的有(　　)个.

(1) $\iiint\limits_{\Omega} f(z)\mathrm{d}V=\int_0^a\mathrm{d}x\int_0^{\sqrt{a^2-x^2}}\mathrm{d}y\int_0^{\sqrt{a^2-x^2}}f(z)\mathrm{d}z$.

(2) $\iiint\limits_{\Omega} f(y)\mathrm{d}V=\int_0^a\mathrm{d}z\int_0^{\sqrt{a^2-z^2}}\mathrm{d}x\int_0^{\sqrt{a^2-x^2}}f(y)\mathrm{d}y$.

(3) $\iiint\limits_{\Omega} f(x)\mathrm{d}V=\int_0^{\frac{\pi}{4}}\mathrm{d}\theta\int_0^{\frac{a}{\cos\theta}}r\mathrm{d}r\int_0^{\sqrt{a^2-r^2\cos^2\theta}}f(x)\mathrm{d}x+\int_{\frac{\pi}{4}}^{\frac{\pi}{2}}\mathrm{d}\theta\int_0^{\frac{a}{\sin\theta}}r\mathrm{d}r\int_0^{\sqrt{a^2-r^2\sin^2\theta}}f(x)\mathrm{d}x$.

(4) $\iiint\limits_{\Omega} f(z)\mathrm{d}V=\int_0^{\frac{\pi}{2}}\mathrm{d}\theta\int_0^{\arctan\frac{1}{\sin\theta}}\mathrm{d}\varphi\int_0^{\frac{a}{\sqrt{1-\sin^2\theta\sin^2\varphi}}}f(r\cos\varphi)r^2\sin\varphi\mathrm{d}r+\int_0^{\frac{\pi}{2}}\mathrm{d}\theta\int_{\arctan\frac{1}{\sin\theta}}^{\frac{\pi}{2}}\mathrm{d}\varphi\int_0^{\frac{a}{\sin\varphi}}f(r\cos\varphi)r^2\sin\varphi\mathrm{d}r$.

A. 1　　B. 2　　C. 3　　D. 4.

4. 设空间区域$\Omega=\{(x,y,z)\mid 0\leqslant x\leqslant 1,0\leqslant y\leqslant 1-x,0\leqslant z\leqslant x+y\}$，$f(x,y,z)$为连续函数，则三重积分$I=\iiint\limits_{\Omega} f(x,y,z)\mathrm{d}V=$(　　).

A. $\int_0^1\mathrm{d}y\int_0^y\mathrm{d}z\int_0^{1-y}f(x,y,z)\mathrm{d}x+\int_0^1\mathrm{d}y\int_y^1\mathrm{d}z\int_{z-y}^{1-y}f(x,y,z)\mathrm{d}x$

B. $\int_0^1\mathrm{d}z\int_0^{\frac{\pi}{2}}\mathrm{d}\theta\int_{\frac{1}{\cos\theta+\sin\theta}}^{\frac{z}{\cos\theta+\sin\theta}}f(r\cos\theta,r\sin\theta,z)r\mathrm{d}r$

C. $\int_0^{\frac{\pi}{2}}\mathrm{d}\theta\int_0^{\sin\theta+\cos\theta}\mathrm{d}r\int_0^{r(\sin\theta+\cos\theta)}f(r\cos\theta,r\sin\theta,z)r\mathrm{d}z$

D. $\int_0^{\frac{\pi}{2}}\mathrm{d}\theta\int_0^{\frac{\pi}{4}}\mathrm{d}\varphi\int_0^{\frac{1}{\sin\varphi(\cos\theta+\sin\theta)}}f(r\sin\varphi\cos\theta,r\sin\varphi\sin\theta,r\cos\varphi)r^2\sin\varphi\mathrm{d}r$

【解析】

1. 解：

方法一：坐标轴投影法

以椭球体为积分区域Ω，则$\Omega=\{(x,y,z)\mid(x,y)\in D_z,-c\leqslant z\leqslant c\}$，其中，$D_z=\left\{(x,y)\mid\frac{x^2}{a^2}+\frac{y^2}{b^2}\leqslant 1-\frac{z^2}{c^2}\right\}$，从而所求体积

$$V=\iiint\limits_{\Omega}\mathrm{d}V=\int_{-c}^{c}\mathrm{d}z\iint\limits_{D_z}\mathrm{d}\sigma=\int_{-c}^{c}\pi a\sqrt{1-\frac{z^2}{c^2}}\,b\sqrt{1-\frac{z^2}{c^2}}\,\mathrm{d}z$$

$$=\pi\frac{ab}{c^2}\int_{-c}^{c}(c^2-z^2)\mathrm{d}z=\frac{4}{3}\pi abc.$$

方法二：广义球面坐标变换法

以椭球体为积分区域Ω，则$\Omega=\left\{(x,y,z)\mid\frac{x^2}{a^2}+\frac{y^2}{b^2}+\frac{z^2}{c^2}\leqslant 1\right\}$.

作广义球面坐标变换$\begin{cases}x=ar\sin\varphi\cos\theta\\ y=br\sin\varphi\sin\theta\\ z=cr\cos\varphi\end{cases}$，则$\Omega$化为

$$\Omega'=\{(r,\theta,\varphi)\mid 0\leqslant r\leqslant 1,0\leqslant\varphi\leqslant\pi,0\leqslant\theta\leqslant 2\pi\},$$

在此变换下

$$J=\frac{\partial(x,y,z)}{\partial(r,\theta,\varphi)}=\begin{vmatrix}a\sin\varphi\cos\theta & -ar\sin\varphi\sin\theta & ar\cos\varphi\cos\theta\\ b\sin\varphi\sin\theta & br\sin\varphi\cos\theta & br\cos\varphi\sin\theta\\ c\cos\varphi & 0 & -cr\sin\varphi\end{vmatrix}$$

$$=-abcr^2\sin\varphi.$$

于是所求体积

$$V=\iiint\limits_{\Omega'}\mathrm{d}V=\iiint\limits_{\Omega'}|J|\,\mathrm{d}r\mathrm{d}\theta\mathrm{d}\varphi$$

$$=abc\int_0^{2\pi}\mathrm{d}\theta\int_0^{\pi}\sin\varphi\mathrm{d}\varphi\int_0^1 r^2\mathrm{d}r=\frac{4}{3}\pi abc.$$

方法三：普通换元法

以椭球体为积分区域Ω，则$\Omega=\{(x,y,z)\mid\frac{x^2}{a^2}+\frac{y^2}{b^2}+\frac{z^2}{c^2}\leqslant 1\}$.

作变换$\begin{cases}x=aX\\ y=bY\\ z=cZ\end{cases}$，则$\Omega$化为

$$\Omega'=\{(X,Y,Z)\mid X^2+Y^2+Z^2\leqslant 1\},$$

在此变换下

$$J=\frac{\partial(x,y,z)}{\partial(X,Y,Z)}=\begin{vmatrix}a&0&0\\0&b&0\\0&0&c\end{vmatrix}=abc.$$

故所求体积

$$V=\iiint\limits_{\Omega'}\mathrm{d}V=\iiint\limits_{\Omega'}abc\,\mathrm{d}X\,\mathrm{d}Y\,\mathrm{d}Z=\frac{4}{3}\pi abc.$$

因此，应填$\frac{4}{3}\pi abc$.

2. 解：

设 $a>0$，在球面坐标下，积分区域 Ω：$0\leqslant r\leqslant a$，$0\leqslant\varphi\leqslant\pi$，$0\leqslant\theta\leqslant 2\pi$，故

$$\begin{aligned}\iiint\limits_{\Omega}\mathrm{e}^{x^2+y^2+z^2}\,\mathrm{d}V&=\iiint\limits_{\Omega}\mathrm{e}^{r^2}\cdot r^2\sin\varphi\,\mathrm{d}r\,\mathrm{d}\theta\,\mathrm{d}\varphi\\&=\int_0^{2\pi}\mathrm{d}\theta\int_0^{\pi}\sin\varphi\,\mathrm{d}\varphi\int_0^a\mathrm{e}^{r^2}r^2\,\mathrm{d}r=4\pi\int_0^a\mathrm{e}^{r^2}r^2\,\mathrm{d}r.\end{aligned}$$

$$\lim_{a\to 0^+}\frac{\iiint\limits_{\Omega}\mathrm{e}^{x^2+y^2+z^2}\,\mathrm{d}V}{\pi a^3}=\lim_{a\to 0^+}\frac{4\pi\int_0^a\mathrm{e}^{r^2}r^2\,\mathrm{d}r}{\pi a^3}=\lim_{a\to 0^+}\frac{4\pi\mathrm{e}^{a^2}a^2}{3\pi a^2}=\frac{4}{3}.$$

因此，应选 C.

3. 解：

如图 2.37 所示，区域 Ω 可表示为 Ω：$0\leqslant z\leqslant\sqrt{a^2-x^2}$，$0\leqslant y\leqslant\sqrt{a^2-x^2}$，$0\leqslant x\leqslant a$，故 $\iiint\limits_{\Omega}f(z)\,\mathrm{d}V=\int_0^a\mathrm{d}x\int_0^{\sqrt{a^2-x^2}}\mathrm{d}y\int_0^{\sqrt{a^2-x^2}}f(z)\,\mathrm{d}z$，从而(1) 正确.

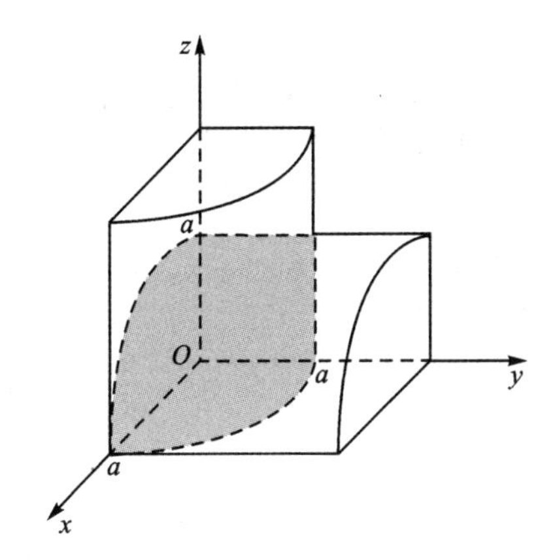

图 2.37

如图 2.37 所示，区域 Ω 可表示为 Ω：$0\leqslant y\leqslant\sqrt{a^2-x^2}$，$0\leqslant x\leqslant\sqrt{a^2-z^2}$，$0\leqslant z\leqslant a$，故 $\iiint\limits_{\Omega}f(y)\,\mathrm{d}V=\int_0^a\mathrm{d}z\int_0^{\sqrt{a^2-z^2}}\mathrm{d}x\int_0^{\sqrt{a^2-x^2}}f(y)\,\mathrm{d}y$，从而(2) 正确.

如图 2.38 所示，区域 Ω 以平面 $y=z$ 为界分成两块，在 Oyz 平面的投影域在极坐标条件下对应为 $D_1=\left\{(r,\theta)\,|\,0\leqslant r\leqslant\frac{a}{\cos\theta},0\leqslant\theta\leqslant\frac{\pi}{4}\right\}$，$D_2=\left\{(r,\theta)\,|\,0\leqslant r\leqslant\frac{a}{\sin\theta},\frac{\pi}{4}\leqslant\theta\leqslant\frac{\pi}{2}\right\}$，故

$$\iiint\limits_{\Omega}f(x)\,\mathrm{d}V=\int_0^{\frac{\pi}{4}}\mathrm{d}\theta\int_0^{\frac{a}{\cos\theta}}r\,\mathrm{d}r\int_0^{\sqrt{a^2-r^2\cos^2\theta}}f(x)\,\mathrm{d}x+$$

$$\int_{\frac{\pi}{4}}^{\frac{\pi}{2}}\mathrm{d}\theta\int_{0}^{\frac{a}{\sin\theta}}r\,\mathrm{d}r\int_{0}^{\sqrt{a^2-r^2\sin^2\theta}}f(x)\mathrm{d}x,$$

从而(3)正确.

如图 2.39 所示,区域 Ω 以平面 $y=z$ 为界分成两块.

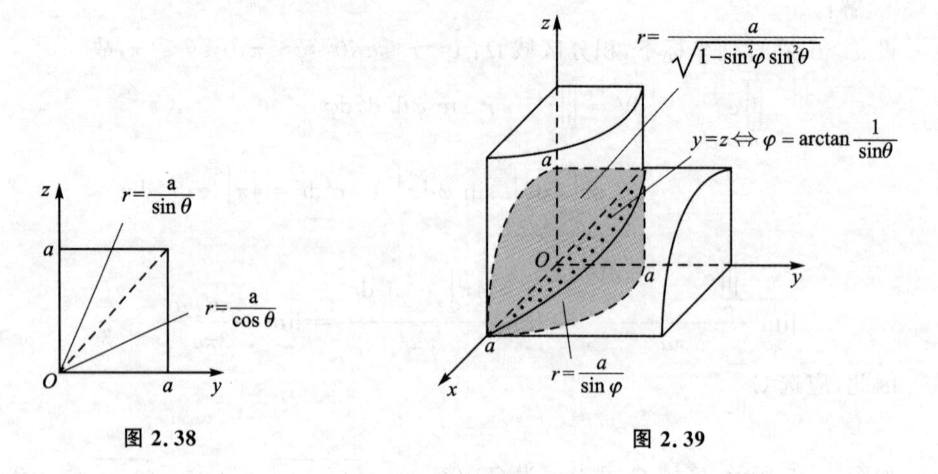

图 2.38　　图 2.39

将$\begin{cases}x=r\sin\varphi\cos\theta\\ y=r\sin\varphi\sin\theta\\ z=r\cos\varphi\end{cases}$分别代入 $x^2+z^2=a^2$, $x^2+y^2=a^2$, $y=z$,得

$$r=\frac{a}{\sqrt{1-\sin^2\varphi\sin^2\theta}},\quad r=\frac{a}{\sin\varphi},\quad \varphi=\arctan\frac{1}{\sin\theta}.$$

在球面坐标条件下,区域 Ω 的两部分对应为

$$\begin{cases}\Omega_1: 0\leqslant r\leqslant\dfrac{a}{\sqrt{1-\sin^2\varphi\sin^2\theta}},\quad 0\leqslant\varphi\leqslant\arctan\dfrac{1}{\sin\theta},\quad 0\leqslant\theta\leqslant\dfrac{\pi}{2},\\ \Omega_2: 0\leqslant r\leqslant\dfrac{a}{\sin\varphi},\quad \arctan\dfrac{1}{\sin\theta}\leqslant\varphi\leqslant\dfrac{\pi}{2},\quad 0\leqslant\theta\leqslant\dfrac{\pi}{2}.\end{cases}$$

故

$$\iiint_{\Omega}f(z)\mathrm{d}V=\int_0^{\frac{\pi}{2}}\mathrm{d}\theta\int_0^{\arctan\frac{1}{\sin\theta}}\mathrm{d}\varphi\int_0^{\frac{a}{\sqrt{1-\sin^2\theta\sin^2\varphi}}}f(r\cos\varphi)r^2\sin\varphi\mathrm{d}r+$$

$$\int_0^{\frac{\pi}{2}}\mathrm{d}\theta\int_{\arctan\frac{1}{\sin\theta}}^{\frac{\pi}{2}}\mathrm{d}\varphi\int_0^{\frac{a}{\sin\varphi}}f(r\cos\varphi)r^2\sin\varphi\mathrm{d}r,$$

从而(4)正确.

因此,四个等式都正确.

综上,应选 D.

4. 解:

如图 2.40 所示,将积分区域以平面 $z=y$ 为界拆为 Ω_1: $0\leqslant x\leqslant 1-y$, $0\leqslant z\leqslant y$, $0\leqslant y\leqslant 1$ 和 Ω_2: $z-y\leqslant x\leqslant 1-y$, $y\leqslant z\leqslant 1$, $0\leqslant y\leqslant 1$ 两部分,则

$$I=\int_0^1\mathrm{d}y\int_0^y\mathrm{d}z\int_0^{1-y}f(x,y,z)\mathrm{d}x+\int_0^1\mathrm{d}y\int_y^1\mathrm{d}z\int_{z-y}^{1-y}f(x,y,z)\mathrm{d}x,$$

故 A 正确.

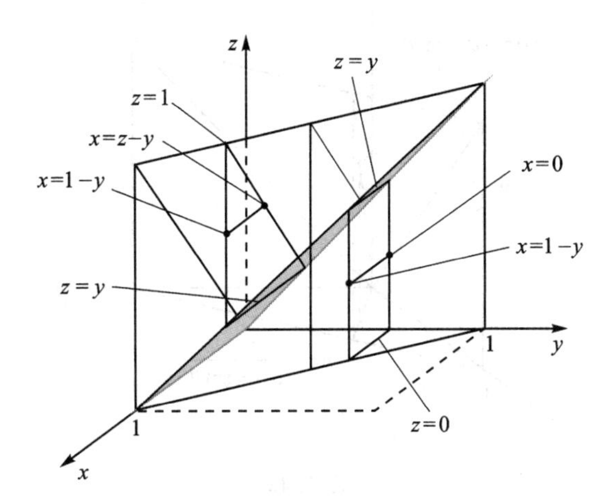

图 2.40

如图 2.41 所示,截面 D_z:$\dfrac{z}{\cos\theta+\sin\theta}\leqslant r\leqslant\dfrac{1}{\cos\theta+\sin\theta}$,$0\leqslant\theta\leqslant\dfrac{\pi}{2}$,故积分区域 Ω:$(x,y)\in D_z$,$0\leqslant z\leqslant 1$,则

$$I=\int_0^1\mathrm{d}z\iint_{D_z}f(r\cos\theta,r\sin\theta,z)r\,\mathrm{d}r\,\mathrm{d}\theta$$

$$=\int_0^1\mathrm{d}z\int_0^{\frac{\pi}{2}}\mathrm{d}\theta\int_{\frac{z}{\cos\theta+\sin\theta}}^{\frac{1}{\cos\theta+\sin\theta}}f(r\cos\theta,r\sin\theta,z)r\,\mathrm{d}r,$$

故 B 错误.

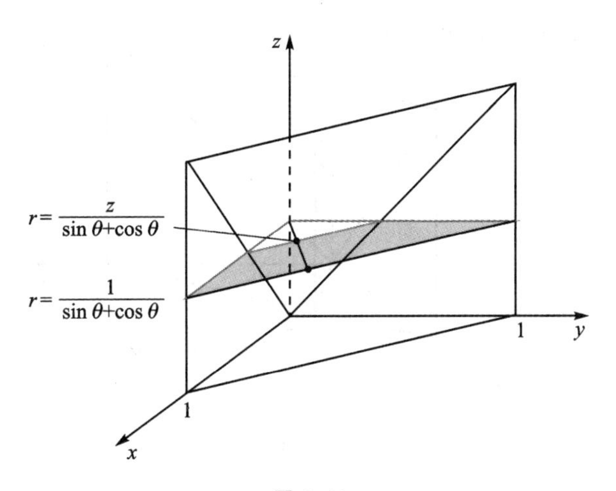

图 2.41

如图 2.42 所示,在柱面坐标下,积分区域

$$\Omega:0\leqslant z\leqslant r(\cos\theta+\sin\theta),\quad 0\leqslant r\leqslant\frac{1}{\cos\theta+\sin\theta},\quad 0\leqslant\theta\leqslant\frac{\pi}{2},$$

则
$$I=\int_0^{\frac{\pi}{2}}\mathrm{d}\theta\int_0^{\frac{1}{\cos\theta+\sin\theta}}\mathrm{d}r\int_0^{r(\cos\theta+\sin\theta)}f(r\cos\theta,r\sin\theta,z)r\,\mathrm{d}z,$$

故 C 错误.

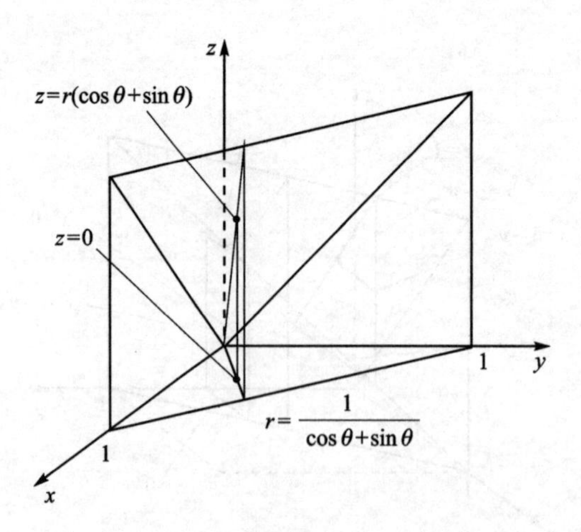

图 2.42

如图 2.43 所示，在球面坐标下，Ω：$0\leqslant r\leqslant r_0,\varphi_0\leqslant\varphi\leqslant\frac{\pi}{2},0\leqslant\theta\leqslant\frac{\pi}{2}$，其中，

$$r_0=\frac{1}{\sin\varphi\cos\theta+\sin\varphi\sin\theta},\quad \varphi_0=\operatorname{arccot}(\sin\theta+\cos\theta),$$

从而 $$I=\int_0^{\frac{\pi}{2}}\mathrm{d}\theta\int_{\theta_0}^{\frac{\pi}{2}}\mathrm{d}\varphi\int_0^{r_0}f(r\sin\varphi\cos\theta,r\sin\varphi\sin\theta,r\cos\varphi)r^2\sin\varphi\mathrm{d}r,$$

故 D 错误.

因此，应选 A.

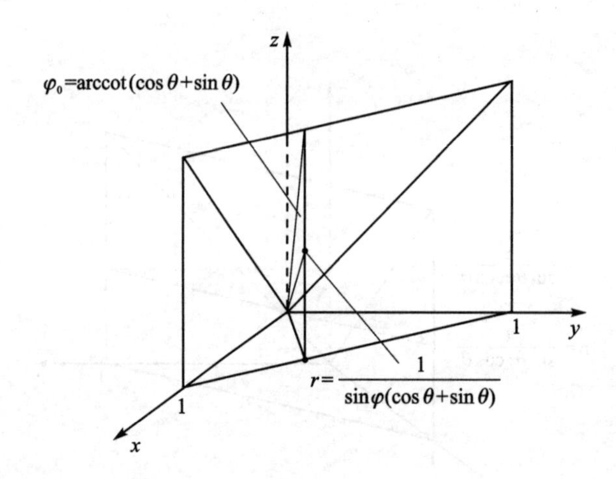

图 2.43

要点 6 利用对称性计算三重积分

三重积分具有对称性和轮换对称性(以 x 为例说明，y,z 可类推)，具体如下：

1. 对称性：

对于三重积分 $\iiint\limits_{\Omega}f(x,y,z)\mathrm{d}V$，设积分区域 Ω 中 $x>0$ 的部分为 Ω_1.

(1) 若 $f(x,y,z)$ 是关于 x 的奇函数，且 Ω 关于 Oyz 平面对称，则积分为零.

(2) 若 $f(x,y,z)$ 是关于 x 的偶函数，且 Ω 关于 Oyz 平面对称，则

$$\iiint\limits_{\Omega} f(x,y,z)\mathrm{d}V = 2\iiint\limits_{\Omega_1} f(x,y,z)\mathrm{d}V.$$

2. 轮换对称性：

若积分区域关于自变量 x,y,z 无差别，即关于直线 $x=y=z$ 对称，则三重积分的被积函数可以针对自变量换成相同形式的函数.

如若 Ω：$x\leqslant 0, y\leqslant 0, z\leqslant 0, x+y+z\leqslant 1$，则

$$\iiint\limits_{\Omega} xy\,\mathrm{d}V = \iiint\limits_{\Omega} xz\,\mathrm{d}V = \iiint\limits_{\Omega} yz\,\mathrm{d}V.$$

【举例】

1. 设有空间区域 Ω_1：$x^2+y^2+z^2\leqslant R^2, z\leqslant 0$ 及 Ω_2：$x^2+y^2+z^2\leqslant R^2, x\leqslant 0, y\leqslant 0, z\geqslant 0$，则（　　）.

A. $\iiint\limits_{\Omega_1} x\,\mathrm{d}V = 4\iiint\limits_{\Omega_2} x\,\mathrm{d}V$　　B. $\iiint\limits_{\Omega_1} y\,\mathrm{d}V = 4\iiint\limits_{\Omega_2} y\,\mathrm{d}V$

C. $\iiint\limits_{\Omega_1} z\,\mathrm{d}V = 4\iiint\limits_{\Omega_2} z\,\mathrm{d}V$　　D. $\iiint\limits_{\Omega_1} xyz\,\mathrm{d}V = 4\iiint\limits_{\Omega_2} xyz\,\mathrm{d}V$

2. 设 Ω 是由曲面 $z=\sqrt{x^2+y^2}$ 与 $z=\sqrt{1-x^2-y^2}$ 所围成的区域，则 $\iiint\limits_{\Omega} xyz\,\mathrm{d}V$ = ________.

3. 设 Ω 为 $x^2+y^2+z\leqslant 1, z\leqslant 0$，则 $\iiint\limits_{\Omega}(x+1)(y+1)(z+1)\mathrm{d}V$ = ________.

【解析】

1. 解：

依题意，Ω_1 关于 Oxz 平面和 Oyz 平面对称，而 x 是关于 x 的奇函数，y 是关于 y 的奇函数，z 是关于 x 和 y 的偶函数，xyz 是关于 x 和 y 的奇函数，从而

$$\iiint\limits_{\Omega_1} x\,\mathrm{d}V = \iiint\limits_{\Omega_1} y\,\mathrm{d}V = \iiint\limits_{\Omega_1} xyz\,\mathrm{d}V = 0,$$

但 $\iiint\limits_{\Omega_1} x\,\mathrm{d}V, \iiint\limits_{\Omega_1} y\,\mathrm{d}V, \iiint\limits_{\Omega_1} xyz\,\mathrm{d}V$ 均不为 0，故 A、B、D 错误.

而 $\iiint\limits_{\Omega_1} z\,\mathrm{d}V = 4\iiint\limits_{\Omega_2} z\,\mathrm{d}V$，故 C 正确.

因此，应选 C.

2. 解：

依题意，积分区域 Ω 关于 Oyz 平面对称，而 xyz 是关于 x 的奇函数，所以 $\iiint\limits_{\Omega} xyz\,\mathrm{d}V = 0$.

因此，应填 0.

3. 解：

因为 $(x+1)(y+1)(z+1) = 1+x+y+z+xy+xz+yz+xyz$，所以

$$\iiint\limits_{\Omega}(x+1)(y+1)(z+1)\mathrm{d}V=\iiint\limits_{\Omega}(1+z)\mathrm{d}V+\iiint\limits_{\Omega}(x+xy+xz+xyz)\mathrm{d}V+\iiint\limits_{\Omega}(y+yz)\mathrm{d}V.$$

$x+xy+xz+xyz$，$y+yz$ 分别是关于 x，y 的奇函数，且积分区域关于 Oxz 平面和 Oyz 平面对称，故 $\iiint\limits_{\Omega}(x+xy+xz+xyz)\mathrm{d}V=\iiint\limits_{\Omega}(y+yz)\mathrm{d}V=0$.

$$\iiint\limits_{\Omega}(x+1)(y+1)(z+1)\mathrm{d}V=\iiint\limits_{\Omega}(1+z)\mathrm{d}V.$$

在柱面坐标下，积分区域 Ω：$0\leqslant z\leqslant 1-r^2$，$0\leqslant r\leqslant 1$，$0\leqslant\theta\leqslant 2\pi$，从而

$$\begin{aligned}\iiint\limits_{\Omega}(1+z)\mathrm{d}V&=\iiint\limits_{\Omega}(1+z)\cdot r\mathrm{d}r\mathrm{d}\theta\mathrm{d}z\\&=\int_0^{2\pi}\mathrm{d}\theta\int_0^1 r\mathrm{d}r\int_0^{1-r^2}(1+z)\mathrm{d}z\\&=2\pi\int_0^1 r\left(\frac{3}{2}-2r^2+\frac{1}{2}r^4\right)\mathrm{d}r=\frac{2}{3}\pi.\end{aligned}$$

因此，应填 $\frac{2}{3}\pi$.

第 3 章　第一型曲线积分与曲面积分

知识扫描

第一型曲线、曲面积分也叫第一类曲线、曲面积分，是第二型曲线、曲面积分的基础，与重积分联系紧密，对空间想象能力要求较高.读者在复习时，可借助思维导图和列举的要点着重掌握.

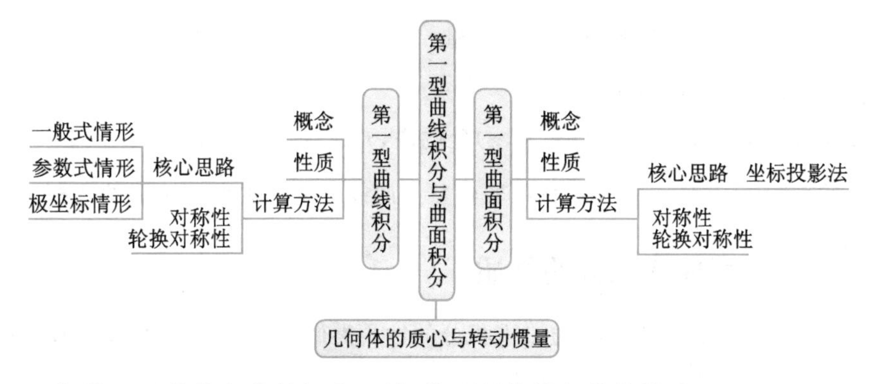

1. 理解第一型曲线积分的概念，了解第一型曲线积分的性质.

2. 掌握计算第一型曲线积分的方法.

3. 了解第一型曲面积分的概念、性质，掌握计算第一型曲面积分的方法.

4. 会用重积分、第一型曲线积分及第一型曲面积分求一些几何量与物理量(平面图形的面积、体积、曲面面积、弧长、质量、质心、形心、转动惯量、引力等).

3.1　第一型曲线积分

3.1.1　第一型曲线积分的概念与性质

要点 1　第一型曲线积分的概念

1. 第一型曲线积分的定义：

设空间内一条光滑曲线 Γ，函数 $f(x,y,z)$ 在 Γ 上有界，则 $f(x,y,z)$ 在 Γ 上的第一型曲线积分定义为 $\int_\Gamma f(x,y,z)\mathrm{d}s=\lim\limits_{\lambda\to 0}\sum\limits_{i=1}^{n}f(\xi_i,\eta_i,\gamma_i)\Delta s_i$，其中 Δs_i 为将 Γ 任意分成的 n 个小段中第 i 段的弧长，(ξ_i,η_i,γ_i) 为第 i 段弧上任意一点，λ 为各小段弧长的最大值.

函数 $f(x,y)$ 在 Oxy 平面内光滑曲线 L 上的第一型曲线积分，可类似地定义为

$\int_L f(x,y)\mathrm{d}s = \lim_{\lambda \to 0} \sum_{i=1}^{n} f(\xi_i, \eta_i)\Delta s_i$.

2. 第一型曲线积分的深层含义：

(1) 基本含义：

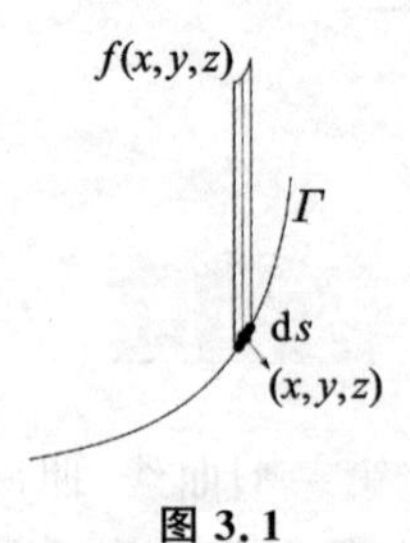

图 3.1

如图 3.1 所示，ds 是曲线 Γ 上点 (x,y,z) 附近的一小段弧，$f(x,y,z)$ 是点 (x,y,z) 对应的函数，而 $\int_L f(x,y,z)\mathrm{d}s$ 表示点 (x,y,z) 处的弧微分 ds 与函数 $f(x,y,z)$ 的乘积在曲线 Γ 上的加和.

(2) 表示曲线的质量：

函数 $f(x,y,z)$ 可以看作点 (x,y,z) 处的线密度（单位长度上的质量），$f(x,y,z)\mathrm{d}s$ 可以看作 (x,y,z) 处一小段弧的线质量（线密度×长度），$\int_\Gamma f(x,y,z)\mathrm{d}s$ 可以看作整条曲线 Γ 的质量.

(3) 表示曲四边形的面积：

函数 $f(x,y,z)$ 可以看作点 (x,y,z) 处的高，$f(x,y,z)\mathrm{d}s$ 可以看作 (x,y,z) 处一小曲四边形的面积，$\int_\Gamma f(x,y,z)\mathrm{d}s$ 可以看作整条曲线 Γ 对应的曲四边形的面积.

要点 2　第一型曲线积分的性质

第一型曲线积分的基本性质与二重积分的性质类似，其中的曲线长度比较常用.

曲线长度：$\int_L \mathrm{d}s = s_L$（s_L 为曲线 L 的长度）.

【举例】

设圆周 $L: x^2+y^2=a^2$，则 $\oint_L (x^2+y^2)^n \mathrm{d}s =$（　　）.

A. $2\pi a^n$　　B. $2\pi a^{n+1}$　　C. $2\pi a^{2n}$　　D. $2\pi a^{2n+1}$

【解析】

解：

将圆周 $L: x^2+y^2=a^2$ 代入得

$$\oint_L (x^2+y^2)^n \mathrm{d}s = a^{2n}\oint_L \mathrm{d}s = a^{2n}\cdot 2\pi a = 2\pi a^{2n+1}.$$

因此，应选 D.

3.1.2　第一型曲线积分的计算方法

要点 1　计算第一型曲线积分的基本思路

核心：将第一型曲线积分化为定积分.

1. 代入曲线表达式将被积函数 f 化为一元函数.

2. 根据 $\mathrm{d}s=\sqrt{(\mathrm{d}x)^2+(\mathrm{d}y)^2}$，代入曲线表达式将 ds 用上述一元函数自变量的微分

来表示.

3. 将第一型曲线积分转化为定积分,曲线端点对应定积分上下限.

注意:定积分的下限一定要小于上限.

要点2　一般式情形下计算第一型曲线积分

设 $L: y=y(x), x\in[a,b]$ 为光滑曲线, $f(x,y)$ 在 L 上连续.

在 L 上 $\mathrm{d}y=y'(x)\mathrm{d}x$,从而 $\mathrm{d}s=\sqrt{1+[y'(x)]^2}\,\mathrm{d}x$,故

$$\int_L f(x,y)\mathrm{d}s=\int_a^b f[x,y(x)]\sqrt{1+[y'(x)]^2}\,\mathrm{d}x.$$

【举例】

1. 设 L 为以(0,0),(1,0),(0,1)为顶点的三角形的周界,则 $\oint_L (x+y)\mathrm{d}s=$ ________.

2. 求平面 $x+y=1$ 上被坐标平面与曲面 $z=xy$ 截下的在第一卦限部分的面积.

【解析】

1. 解:

如图3.2所示,将 L 分为三段,即 L_1 为 $y=0, 0\leqslant x\leqslant 1$; L_2 为 $x=0, 0\leqslant y\leqslant 1$; L_3 为 $x+y=1, 0\leqslant x\leqslant 1$. 从而

$$\begin{aligned}\oint_L (x+y)\mathrm{d}s&=\int_{L_1}(x+y)\mathrm{d}s+\int_{L_2}(x+y)\mathrm{d}s+\int_{L_3}(x+y)\mathrm{d}s\\&=\int_{L_1}x\mathrm{d}s+\int_{L_2}y\mathrm{d}s+\int_{L_3}\mathrm{d}s=\int_0^1 x\mathrm{d}x+\int_0^1 y\mathrm{d}y+\sqrt{2}\\&=\frac{1}{2}+\frac{1}{2}+\sqrt{2}=1+\sqrt{2}.\end{aligned}$$

因此,应填 $1+\sqrt{2}$.

2. 解:

如图3.3所示,平面被截得的部分是以 $x(1-x)$ 为高、以

$$L: y=1-x\ (z=0, 0\leqslant x\leqslant 1)$$

为底的曲顶三角形. 针对线段 L 的 $\mathrm{d}s=\sqrt{2}\,\mathrm{d}x$.

于是,所求面积为 $A=\int_L z\mathrm{d}s=\sqrt{2}\int_0^1 x(1-x)\mathrm{d}x=\frac{\sqrt{2}}{6}$.

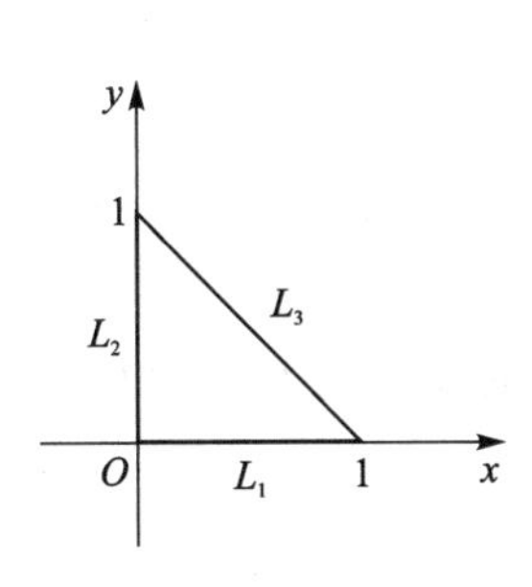

图3.2

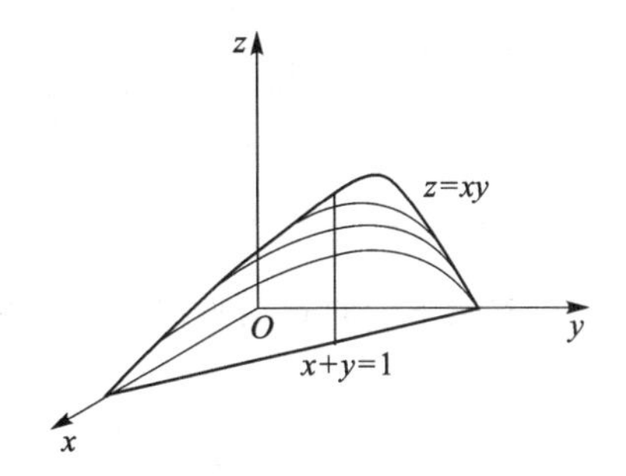

图3.3

要点 3 在参数式情形下计算第一型曲线积分

若 $L:\begin{cases}x=x(t)\\y=y(t)\end{cases},t\in[a,b]$,则 $\begin{cases}\mathrm{d}x=x'(t)\mathrm{d}t\\\mathrm{d}y=y'(t)\mathrm{d}t\end{cases},t\in[\alpha,\beta]$,从而

$$\mathrm{d}s=\sqrt{x'^2(t)+y'^2(t)}\,\mathrm{d}t,$$

故
$$\int_L f(x,y)\mathrm{d}s=\int_\alpha^\beta f[x(t),y(t)]\sqrt{x'^2(t)+y'^2(t)}\,\mathrm{d}t.$$

【举例】

1. 设 Γ 为螺旋线 $x=\cos t$、$y=\sin t$,$z=t$ 在 $0\leqslant t\leqslant 2\pi$ 上的一段,则 $\int_\Gamma z\mathrm{d}s=$ ________.

2. 求曲线 $L:x^{\frac{2}{3}}+y^{\frac{2}{3}}=a^{\frac{2}{3}}\ (a>0)$ 在第一象限内的长度.

3. 计算 $\oint_\Gamma(\sqrt{2y^2+z^2}+y^2)\mathrm{d}s$,其中,闭曲线 Γ 为球面 $x^2+y^2+z^2=9$ 与平面 $y=x$ 的交线.

【解析】

1. 解:

对于螺旋线 Γ 有 $\begin{cases}x'=-\sin t\\y'=\cos t\\z'=1\end{cases}$,所以 $\mathrm{d}s=\sqrt{x'^2+y'^2+z'^2}\,\mathrm{d}t=\sqrt{2}\,\mathrm{d}t$.

于是,$\int_\Gamma z\mathrm{d}s=\int_0^{2\pi}t\cdot\sqrt{2}\,\mathrm{d}t=2\sqrt{2}\,\pi^2$.

因此,应填 $2\sqrt{2}\pi^2$.

2. 解:

设 L_1 是 L 在第一象限的部分,则 L_1 的参数方程为 $\begin{cases}x=a\cos^3\theta\\y=a\sin^3\theta\end{cases}\left(0\leqslant\theta\leqslant\frac{\pi}{2}\right)$,故

$$\mathrm{d}s=\sqrt{x'^2+y'^2}\,\mathrm{d}\theta=\sqrt{(-3a\cos^2\theta\sin\theta)^2+(3a\sin^2\theta\cos\theta)^2}\,\mathrm{d}\theta=3a\cos\theta\sin\theta\mathrm{d}\theta.$$

于是,L 在第一象限的长度 $s=\int_{L_1}\mathrm{d}s=\int_0^{\frac{\pi}{2}}3a\cos\theta\sin\theta\mathrm{d}\theta=\frac{3}{2}a$.

3. 解:

方法一:旋转曲线法

由 $\Gamma:\begin{cases}x^2+y^2+z^2=9\\y=x\end{cases}$ 得 $\begin{cases}2y^2+z^2=9\\y^2=\frac{9}{2}-z^2\end{cases}$,从而

$$\oint_\Gamma(\sqrt{2y^2+z^2}+y^2)\mathrm{d}s=\oint_\Gamma\left(3+\frac{9-z^2}{2}\right)\mathrm{d}s=\frac{15}{2}\oint_\Gamma\mathrm{d}s-\oint_\Gamma\frac{z^2}{2}\mathrm{d}s.$$

如图 3.4 所示,将空间直角坐标系绕 z 轴逆时针旋转 $45°$,则 Γ 变为 Γ':

$$\begin{cases}x^2+z^2=a^2\\y=0\end{cases}.$$

显然,$\oint_\Gamma\frac{z^2}{2}\mathrm{d}s=\oint_{\Gamma'}\frac{z^2}{2}\mathrm{d}s$,根据轮换对称性,可得

$$\oint_{\Gamma'}\frac{z^2}{2}\mathrm{d}s=\frac{1}{4}\oint_{\Gamma'}(x^2+z^2)\mathrm{d}s=\frac{9}{4}\oint_{\Gamma'}\mathrm{d}s.$$

$$\oint_{\Gamma}(\sqrt{2y^2+z^2}+y^2)\mathrm{d}s=\frac{15}{2}\oint_{\Gamma}\mathrm{d}s-\oint_{\Gamma}\frac{z^2}{2}\mathrm{d}s=\frac{15}{2}\oint_{\Gamma'}\mathrm{d}s-\frac{9}{4}\oint_{\Gamma'}\mathrm{d}s$$
$$=\frac{21}{4}\oint_{\Gamma'}\mathrm{d}s=\frac{21}{4}\times 2\pi\times 3=\frac{63}{2}\pi.$$

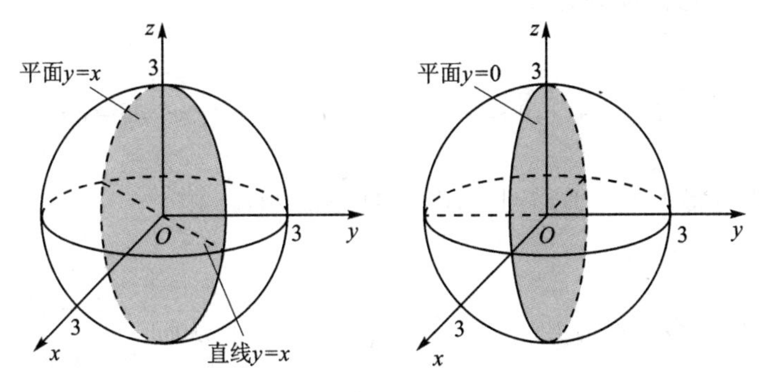

图 3.4

方法二：参数方程法

由 Γ：$\begin{cases}x^2+y^2+z^2=9\\ y=x\end{cases}$ 得 $\dfrac{x^2}{\left(\dfrac{3}{\sqrt{2}}\right)^2}+\dfrac{y^2}{\left(\dfrac{3}{\sqrt{2}}\right)^2}+\dfrac{z^2}{3^2}=1$，从而参数方程为

$\begin{cases}x=\dfrac{3}{\sqrt{2}}\cos t\\ y=\dfrac{3}{\sqrt{2}}\cos t\\ z=3\sin t\end{cases}$ $(0\leqslant t\leqslant 2\pi)$，则 $\begin{cases}x_t'=-\dfrac{3}{\sqrt{2}}\sin t\\ y_t'=-\dfrac{3}{\sqrt{2}}\sin t\\ z_t'=3\cos t\end{cases}$，故

$$\mathrm{d}s=\sqrt{(x_t')^2+(y_t')^2+(z_t')^2}\,\mathrm{d}t=3\mathrm{d}t,$$

于是　$\oint_{\Gamma}(\sqrt{2y^2+z^2}+y^2)\mathrm{d}s=\oint_{\Gamma}(3+y^2)\mathrm{d}s=\int_0^{2\pi}\left(3+\dfrac{9}{2}\cos^2 t\right)\cdot 3\mathrm{d}t=\dfrac{63}{2}\pi.$

要点 4　在极坐标情形下计算第一型曲线积分

设 L：$r=r(\theta)$，$\theta\in[\alpha,\beta]$ 为光滑曲线，$f(x,y)$ 在 L 上连续.

在 L 上 $\begin{cases}x=r(\theta)\cos\theta\\ y=r(\theta)\sin\theta\end{cases}$，从而 $\begin{cases}\mathrm{d}x=[r'(\theta)\cos\theta-r(\theta)\sin\theta]\mathrm{d}\theta\\ \mathrm{d}y=[r'(\theta)\sin\theta+r(\theta)\cos\theta]\mathrm{d}\theta\end{cases}$，故

$$\mathrm{d}s=\sqrt{r^2(\theta)+r'^2(\theta)}\,\mathrm{d}\theta,$$

于是　$\int_L f(x,y)\mathrm{d}s=\int_\alpha^\beta f[r(\theta)\cos\theta,r(\theta)\sin\theta]\sqrt{r^2(\theta)+r'^2(\theta)}\,\mathrm{d}\theta.$

【举例】

1. 设 L 为曲线 $x^2+y^2=1$，则 $\int_L|y|\mathrm{d}s=$________.

2. 计算$\oint_L e^{\sqrt{x^2+y^2}}ds$,其中,$L$ 为圆周 $x^2+y^2=a^2(a>0)$、直线 $y=x$ 及 x 轴在第一象限内所围成的扇形的整个边界.

【解析】

1. 解:

设 L 在第一象限的部分为 L_1.

方法一:极坐标法

在极坐标条件下,L_1: $r=1, 0\leqslant\theta\leqslant\frac{\pi}{2}$,从而 $ds=\sqrt{r'^2+r^2}d\theta=d\theta$.

根据对称性可得 $\int_L|y|ds=4\int_{L_1}y\,ds=4\int_0^{\frac{\pi}{2}}\sin\theta d\theta=4$.

方法二:参数方程法

依题意 L_1 的参数方程为 L_1: $\begin{cases}x=\cos t\\y=\sin t\end{cases}\left(0\leqslant t\leqslant\frac{\pi}{2}\right)$,从而$\begin{cases}x'=-\sin t\\y'=\cos t\end{cases}$,即

$$ds=\sqrt{x'^2+y'^2}dt=dt.$$

根据对称性可得 $\int_L|y|ds=4\int_{L_1}y\,ds=4\int_0^{\frac{\pi}{2}}\sin t\,dt=4$.

综上,应填 4.

2. 解:

设 L_1 为 $y=x, 0\leqslant x\leqslant\frac{\sqrt{2}}{2}a$;$L_2$ 为 $y=0, 0\leqslant x\leqslant a$;并设在极坐标下 L_3: $r=a, 0\leqslant\theta\leqslant\frac{\pi}{4}$,则 $L=L_1+L_2+L_3$,如图 3.5 所示,从而

$$\oint_L e^{\sqrt{x^2+y^2}}ds=\int_{L_1}e^{\sqrt{x^2+y^2}}ds+\int_{L_2}e^{\sqrt{x^2+y^2}}ds+\int_{L_3}e^{\sqrt{x^2+y^2}}ds.$$

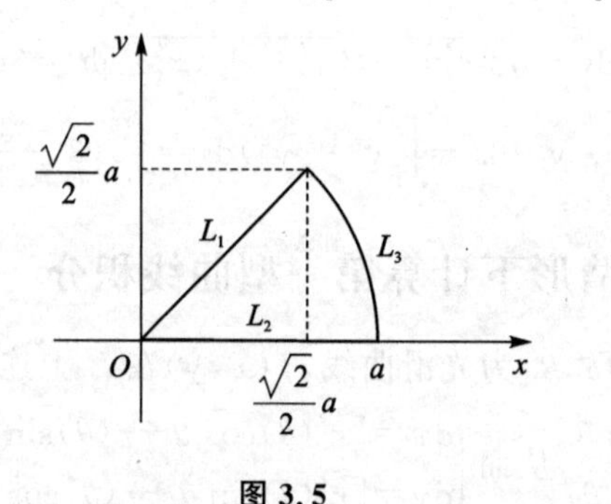

图 3.5

在 L_1: $y=x, 0\leqslant x\leqslant\frac{\sqrt{2}}{2}a$ 上,$ds=\sqrt{1+y'^2}dx=\sqrt{2}dx$,从而

$$\oint_{L_1}e^{\sqrt{x^2+y^2}}ds=\int_0^{\frac{\sqrt{2}}{2}a}e^{\sqrt{2}x}\cdot\sqrt{2}dx=e^{\sqrt{2}x}\Big|_0^{\frac{\sqrt{2}}{2}a}=e^a-1.$$

在 L_2: $y=0, 0\leqslant x\leqslant a$ 上,$ds=\sqrt{1+y'^2}dx=dx$,从而

$$\oint_{L_2} e^{\sqrt{x^2+y^2}}\,ds=\int_0^a e^x\,dx=e^a-1.$$

在 L_3：$r=a,0\leqslant\theta\leqslant\frac{\pi}{4}$上，

$$\oint_{L_3} e^{\sqrt{x^2+y^2}}\,ds=\int_{L_3} e^a\,ds=e^a\int_{L_3} ds=e^a\cdot a\cdot\frac{\pi}{4}=\frac{\pi}{4}ae^a.$$

于是　$$\oint_L e^{\sqrt{x^2+y^2}}\,ds=e^a-1+e^a-1+\frac{\pi}{4}ae^a=\left(2+\frac{\pi}{4}a\right)e^a-2.$$

要点 5　利用对称性计算第一型曲线积分

第一型曲线积分具有对称性和轮换对称性(以 x 为例说明，y 和 z 可类推)，具体如下：

1. 对称性：

(1) 若 $f(x,y,z)$(或 $f(x,y)$)是关于 x 的奇函数，且积分曲线关于 Oyz 平面(或 y 轴)对称，则 $\int_L f(x,y,z)\,ds=0\left(\text{或}\int_L f(x,y)\,ds=0\right)$.

(2) 若 $f(x,y,z)$(或 $f(x,y)$)是关于 x 的偶函数，且积分曲线关于 Oyz 平面(或 y 轴)对称，并设曲线 L 中 $x>0$ 的部分为 L_1，则

$$\int_L f(x,y,z)\,ds=2\int_{L_1} f(x,y,z)\,ds\left(\text{或}\int_L f(x,y)\,ds=2\int_{L_1} f(x,y)\,ds\right).$$

2. 轮换对称性：

若空间曲线关于自变量 x,y,z 无差别，即关于直线 $x=y=z$ 对称，则第一型曲线积分的被积函数可以针对自变量换成相同形式的函数. 例如：

若 L：$\begin{cases}x^2+y^2+z^2=a^2\\x+y+z=0\end{cases}$，则 $\int_L x^2\,ds=\int_L y^2\,ds=\int_L z^2\,ds$.

平面情形与此类似，不再赘述.

【举例】

1. 设圆周 L：$x^2+y^2=a^2(a>0)$，则 $\oint_L (x+y)^2\,ds=$(　　).

A. $2\pi a^2$　　B. $2\pi a^3$　　C. πa^4　　D. $2\pi a^4$

2. 设 Γ 为球面 $x^2+y^2+z^2=R^2(R>0)$ 与平面 $x+y+z=0$ 的交线，则 $\oint_\Gamma 3xy\,ds=$(　　).

A. $-\pi R^3$　　B. $-2\pi R^3$　　C. πR^3　　D. $2\pi R^3$

3. 设 G 为空间曲线 $\begin{cases}x^2+y^2+z^2=R^2\\x+y+z=0\end{cases}(R>0)$，则 $\int_\Gamma z^2\,ds=$(　　).

A. πR^3　　B. $\frac{1}{3}\pi R^3$　　C. $\frac{2}{3}\pi R^3$　　D. $\frac{4}{3}\pi R^3$

4. 设 C 为椭圆 $\frac{x^2}{4}+\frac{y^2}{3}=1$，其周长为 a，则 $\oint_C (2xy+3x^2+4y^2)\,ds=$________.

【解析】

1. 解：

$$\oint_L (x+y)^2 \mathrm{d}s = \oint_L (x^2+y^2+2xy)\mathrm{d}s = \oint_L 2xy\mathrm{d}s + \oint_L a^2 \mathrm{d}s.$$

因为 L 关于 y 轴对称，$2xy$ 是关于 x 的奇函数，所以 $\oint_L 2xy\mathrm{d}s = 0$. 于是，

$$\oint_L (x+y)^2 \mathrm{d}s = 0 + \oint_L a^2 \mathrm{d}s = 0 + a^2 \cdot 2\pi a = 2\pi a^3.$$

因此，应选 B.

2. 解：

$\int_\Gamma (x+y+z)^2 \mathrm{d}s = \int_\Gamma (x^2+y^2+z^2+2xy+2xz+2yz)\mathrm{d}s = 0$，即

$$\int_\Gamma (x^2+y^2+z^2)\mathrm{d}s + \int_\Gamma (2xy+2xz+2yz)\mathrm{d}s = 0.$$

因为空间曲线 Γ 关于直线 $x=y=z$ 对称，所以由轮换对称性可得

$$\int_\Gamma 3xy\mathrm{d}s = \int_\Gamma 3xz\mathrm{d}s = \int_\Gamma 3yz\mathrm{d}s = \frac{1}{3}\int_\Gamma (3xy+3xz+3yz)\mathrm{d}s$$
$$= \frac{1}{2}\int_\Gamma (2xy+2xz+2yz)\mathrm{d}s.$$

又因为 $\int_\Gamma (x^2+y^2+z^2)\mathrm{d}s = \int_\Gamma R^2 \mathrm{d}s = R^2 \cdot 2\pi R = 2\pi R^3$，所以

$$\int_\Gamma (2xy+2xz+2yz)\mathrm{d}s = -\int_\Gamma (x^2+y^2+z^2)\mathrm{d}s = -2\pi R^3,$$

从而
$$\int_\Gamma 3xy\mathrm{d}s = \frac{1}{2}\int_\Gamma (2xy+2xz+2yz)\mathrm{d}s = -\pi R^3.$$

因此，应选 A.

3. 解：

因为空间曲线 Γ 关于直线 $x=y=z$ 对称，所以由轮换对称性可得

$$\int_\Gamma z^2 \mathrm{d}s = \int_\Gamma y^2 \mathrm{d}s = \int_\Gamma x^2 \mathrm{d}s = \frac{1}{3}\int_\Gamma (x^2+y^2+z^2)\mathrm{d}s.$$

将曲线 Γ：$\begin{cases} x^2+y^2+z^2=R^2 \\ x+y+z=0 \end{cases}$ 代入得

$$\int_\Gamma z^2 \mathrm{d}s = \frac{R^2}{3}\int_\Gamma \mathrm{d}s = \frac{1}{3}R^2 \cdot 2\pi R = \frac{2}{3}\pi R^3.$$

因此，应选 C.

4. 解：

将椭圆 C：$\frac{x^2}{4}+\frac{y^2}{3}=1$ 代入 $\oint_C (2xy+3x^2+4y^2)\mathrm{d}s$ 得

$$\oint_C (2xy+3x^2+4y^2)\mathrm{d}s = \oint_C (2xy+12)\mathrm{d}s.$$

因为椭圆 C 关于两个坐标轴都对称，且关于两个自变量都是奇函数，所以由对称性可得 $\oint_C 2xy\mathrm{d}s = 0$. 于是，

$$\oint_C (2xy+3x^2+4y^2)\mathrm{d}s = 12\oint_C \mathrm{d}s = 12a.$$

因此，应填 $12a$.

3.2　第一型曲面积分

3.2.1　第一型曲面积分的概念与性质

要点1　第一型曲面积分的概念

1. 第一型曲面积分的定义：

设 Σ 为光滑曲面，函数 $f(x,y,z)$ 在 Σ 上有界，$f(x,y,z)$ 在 Σ 上的第一型曲面积分定义为 $\iint\limits_{\Sigma} f(x,y,z)\mathrm{d}S = \lim\limits_{\lambda\to 0}\sum\limits_{i=1}^{n} f(\xi_i,\eta_i,\zeta_i)\Delta S_i$，其中 ΔS_i 为将 Σ 任意分成的 n 个小块中第 i 块的面积，(ξ_i,η_i,ζ_i) 为第 i 块上任一点，λ 为各小块直径的最大值.

2. 第一型曲面积分的深层含义：

(1) 基本含义：

如图3.6所示，$\mathrm{d}S$ 是曲面 Σ 上点 (x,y,z) 附近的微曲面面积，$f(x,y,z)$ 是点 (x,y,z) 对应的函数，而 $\iint\limits_{\Sigma} f(x,y,z)\mathrm{d}S$ 表示点 (x,y,z) 处的微曲面面积 $\mathrm{d}S$ 与函数 $f(x,y,z)$ 的乘积在曲面 Σ 上的加和.

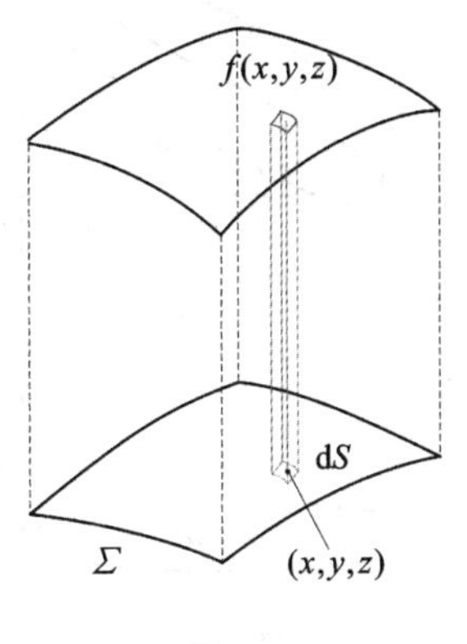

图3.6

(2) 表示曲面的质量：

函数 $f(x,y,z)$ 可以看作点 (x,y,z) 处的面密度(单位面积上的质量)，$f(x,y,z)\mathrm{d}S$ 可以看作 (x,y,z) 处一小片曲面的质量(面密度×面积)，$\iint\limits_{\Sigma} f(x,y,z)\mathrm{d}S$ 可以看作整张曲面 Σ 的质量.

(3) 表示曲底柱体的体积：

函数 $f(x,y,z)$ 可以看作点 (x,y,z) 处的高，$f(x,y,z)\mathrm{d}S$ 可以看作 (x,y,z) 处一

小曲底柱体的体积,$\iint\limits_{\Sigma} f(x,y,z)\mathrm{d}S$ 可以看作整张曲面对应的曲底柱体的体积.

要点2 第一型曲面积分的性质

第一型曲面积分的性质与二重积分的性质类似,其中曲面面积比较常用.

曲面面积:$\iint\limits_{\Sigma}\mathrm{d}S = S_{\Sigma}$($S_{\Sigma}$ 为 Σ 的面积).

3.2.2 第一型曲面积分的计算方法

要点1 计算第一型曲面积分的基本思路

核心:将第一型曲面积分化为二重积分.

1. 代入曲面表达式 Σ:$z=z(x,y)$,将被积函数 $f(x,y,z)$ 化为二元函数 $f[x,y,z(x,y)]$.

2. 根据曲面投影关系,将曲面 Σ 的面积微分 $\mathrm{d}S$ 用曲面在 Oxy 平面上的投影区域的面积微分 $\mathrm{d}\sigma$ 表示.

3. 记曲面 Σ 在 Oxy 平面上投影的面积微分为 $\mathrm{d}\sigma$,则 $\frac{1}{\cos\gamma}\mathrm{d}\sigma=\mathrm{d}S$,其中 γ 是曲面法向量与 z 轴的夹角,也是 $\mathrm{d}S$ 和 $\mathrm{d}\sigma$ 的夹角,如图 3.7 所示.

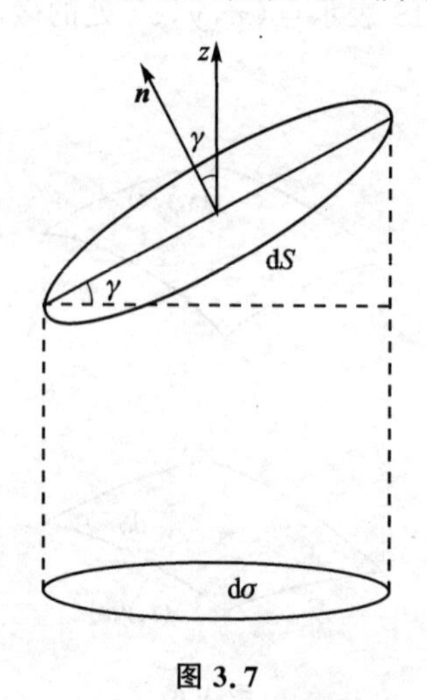

图 3.7

曲面 Σ 的法向量为 $\boldsymbol{n}=(-z_x,-z_y,1)$,该法向量的单位向量为

$$\boldsymbol{e}_n=\left(-\frac{z_x}{\sqrt{1+z_x^2+z_y^2}},-\frac{z_y}{\sqrt{1+z_x^2+z_y^2}},\frac{1}{\sqrt{1+z_x^2+z_y^2}}\right),$$

从而

$$\cos\gamma=\frac{1}{\sqrt{1+z_x^2+z_y^2}}.$$

于是,将第一型曲面积分转化为二重积分进行运算.

要点2　计算第一型曲面积分的具体公式

设曲面 Σ 的方程 $z=z(x,y)$ 在 Σ 上连续.

若 Σ 的方程为 $z=z(x,y)$，Σ 在 Oxy 平面上的投影区域为 D_{xy}，则

$$\iint_{\Sigma} f(x,y,z)\mathrm{d}S=\iint_{D_{xy}} f[x,y,z(x,y)]\sqrt{1+(z'_x)^2+(z'_y)^2}\,\mathrm{d}x\mathrm{d}y.$$

类似地，当 Σ 可表示为 $x=x(y,z)$，$(y,z)\in D_{yz}$ 或 $y=y(z,x)$，$(z,x)\in D_{zx}$ 时，有

$$\iint_{\Sigma} f(x,y,z)\mathrm{d}S=\iint_{D_{yz}} f[x(y,z),y,z]\sqrt{1+(x'_y)^2+(x'_z)^2}\,\mathrm{d}y\mathrm{d}z,$$

$$\iint_{\Sigma} f(x,y,z)\mathrm{d}S=\iint_{Dzx} f[x,y(x,z),z]\sqrt{1+(y'_x)^2+(y'_z)^2}\,\mathrm{d}x\mathrm{d}z.$$

【举例】

1. 求底圆半径相等的两个直交圆柱面 $x^2+y^2=R^2$ 及 $x^2+z^2=R^2$ 所围立体的表面积.

2. 设 Σ 是锥面 $z=\sqrt{x^2+y^2}$ 在 $0\leqslant z\leqslant 1$ 的部分，则 $\iint\limits_{\Sigma}(x^2+y^2)\mathrm{d}S=($　　$)$.

A. $\int_0^{\pi}\mathrm{d}\theta\int_0^1 r^3\mathrm{d}r$　　　　B. $\int_0^{2\pi}\mathrm{d}\theta\int_0^1 r^3\mathrm{d}r$

C. $\sqrt{2}\int_0^{\pi}\mathrm{d}\theta\int_0^1 r^3\mathrm{d}r$　　　　D. $\sqrt{2}\int_0^{2\pi}\mathrm{d}\theta\int_0^1 r^3\mathrm{d}r$

3. 设 Σ 为 Oyz 平面上的圆域 $y^2+z^2\leqslant 1$，则 $\iint\limits_{\Sigma}[x+(y^2+z^2)]\,\mathrm{d}S=$________.

4. 设 Σ 为平面 $\frac{x}{2}+y+z=1$ 在第一卦限的部分，则 $\iint\limits_{\Sigma}(x+2y+2z+4)\mathrm{d}S=$ ________.

5. 圆柱面 $x^2+y^2=R^2$ 介于 Oxy 平面及柱面 $z=R+\frac{x^2}{R}$ 之间的面积为________.

6. 设 Σ 是球面 $z=\sqrt{16-x^2-y^2}$ 介于 $z=0$ 与 $z=2$ 之间的部分，计算 $\iint\limits_{\Sigma}(x^2+y^2)\mathrm{d}S$.

7. 求 $I=\iint\limits_{\Sigma}\frac{\mathrm{d}S}{x^2+y^2+z^2}$，其中 Σ 是介于 $z=0$ 与 $z=4$ 之间的柱面 $x^2+y^2=4$.

8. 计算 $y=\sqrt{x}$，$x=1$ 及 x 轴所围成的图形绕 x 轴旋转一周所成旋转体的体积和表面积.

【解析】

1. 解：

设题设所围曲面为 Σ，它为上、下、前、后四个部分，而每部分又可沿卦限分为四部分，如图3.8所示，记 Σ 的上面在第一卦限的部分为 Σ_1，则由对称性可得二者的表面积关系为 $A_{\Sigma}=16A_{\Sigma_1}$.

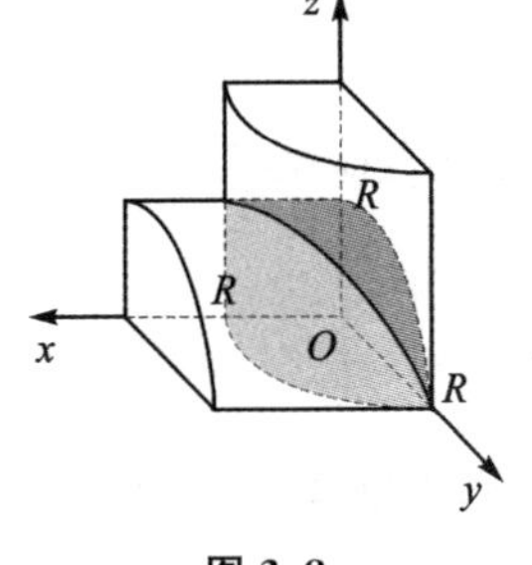

图3.8

不妨设 $R>0$. 依题意 Σ_1：$z=\sqrt{R^2-x^2}$，$0\leqslant x\leqslant R$，

从而

$$z_x=-\frac{x}{\sqrt{R^2-x^2}},z_y=0,$$

故 $$\mathrm{d}S=\sqrt{z_x^2+z_y^2+1}\,\mathrm{d}x\,\mathrm{d}y=\frac{R}{\sqrt{R^2-x^2}}\mathrm{d}x\,\mathrm{d}y.$$

设曲面 Σ_1 在 Oxy 平面上的投影区域为 D,则

$$D=\{(x,y)\,|\,0\leqslant y\leqslant\sqrt{R^2-x^2},0\leqslant x\leqslant R\},$$

于是 $$A_{\Sigma_1}=\iint\limits_{\Sigma_1}\mathrm{d}S=\iint\limits_{D}\frac{R}{\sqrt{R^2-x^2}}\mathrm{d}x\,\mathrm{d}y$$

$$=\int_0^R\frac{R}{\sqrt{R^2-x^2}}\mathrm{d}x\int_0^{\sqrt{R^2-x^2}}\mathrm{d}y=R^2.$$

综上,所求面积 $A_\Sigma=16R^2$.

2. 解:

依题意 Σ: $z=\sqrt{x^2+y^2}$, $0\leqslant z\leqslant 1$,故 $z_x=\frac{x}{\sqrt{x^2+y^2}}$, $z_y=\frac{y}{\sqrt{x^2+y^2}}$,从而 $\sqrt{1+z_x^2+z_y^2}=\sqrt{2}$. 在极坐标下,$\Sigma$ 在 Oxy 平面上的投影域 $D=\{(r,\theta)\,|\,0\leqslant r\leqslant 1,0\leqslant\theta\leqslant 2\pi\}$,于是

$$\iint\limits_{\Sigma}(x^2+y^2)\mathrm{d}S=\iint\limits_{Dxy}(x^2+y^2)\sqrt{1+z_x^2+z_y^2}\,\mathrm{d}x\,\mathrm{d}y$$

$$=\iint\limits_{Dxy}(x^2+y^2)\sqrt{2}\,\mathrm{d}x\,\mathrm{d}y=\iint\limits_{Dxy}r^2\cdot\sqrt{2}\,r\,\mathrm{d}r\,\mathrm{d}\theta$$

$$=\sqrt{2}\int_0^{2\pi}\mathrm{d}\theta\int_0^1 r^3\,\mathrm{d}r.$$

因此,应选 D.

3. 解:

设 D 为 $y^2+z^2\leqslant 1\,(x=0)$,在极坐标下 D: $0\leqslant r\leqslant 1$, $0\leqslant\theta\leqslant 2\pi$,从而

$$\iint\limits_{\Sigma}(x+y^2+z^2)\mathrm{d}S=\iint\limits_{\Sigma}(y^2+z^2)\mathrm{d}S=\iint\limits_{D}(y^2+z^2)\mathrm{d}\sigma$$

$$=\iint\limits_{D}r^2\cdot r\,\mathrm{d}r\,\mathrm{d}\theta=\int_0^{2\pi}\mathrm{d}\theta\int_0^1 r^3\,\mathrm{d}r$$

$$=2\pi\times\frac{1}{4}=\frac{\pi}{2}.$$

因此,应填$\frac{\pi}{2}$.

4. 解:

方法一:一般计算法

依题意 Σ: $\frac{x}{2}+y+z=1$,即 Σ: $x+2y+2z=2$,也即 Σ: $x=2-2y-2z$,求偏导得 $x_y=x_z=-2$,故

$$\sqrt{1+x_y^2+x_z^2}=\sqrt{1+(-2)^2+(-2)^2}=3.$$

而 Σ 在 Oyz 平面上的投影区域为 D：$y+z\leqslant 1, 0\leqslant y\leqslant 1$，从而

$$\iint_{\Sigma}(x+2y+2z+4)\mathrm{d}S=\iint_{\Sigma}(2+4)\mathrm{d}S=6\iint_{\Sigma}\mathrm{d}S$$

$$=6\iint_{D}3\mathrm{d}\sigma=18\iint_{D}\mathrm{d}\sigma=18\times\frac{1}{2}=9.$$

方法二：面积法

依题意 Σ：$\frac{x}{2}+y+z=1$，即 Σ：$x+2y+2z=2$，从而

$$\iint_{\Sigma}(x+2y+2z+4)\mathrm{d}S=\iint_{\Sigma}(2+4)\mathrm{d}S=6\iint_{\Sigma}\mathrm{d}S=6S_{\Sigma}$$

$$=6\times\frac{1}{2}\times\sqrt{2}\times\sqrt{2^2+\left(\frac{1}{\sqrt{2}}\right)^2}$$

$$=3\sqrt{2}\times\frac{3}{2}\sqrt{2}=9.$$

综上，应填 9.

5. 解：

方法一：一般方法

设圆柱面 $x^2+y^2=R^2(R>0)$ 介于 Oxy 平面及柱面 $z=R+\frac{x^2}{R}$ 之间的部分为 Σ，如图 3.9 所示.

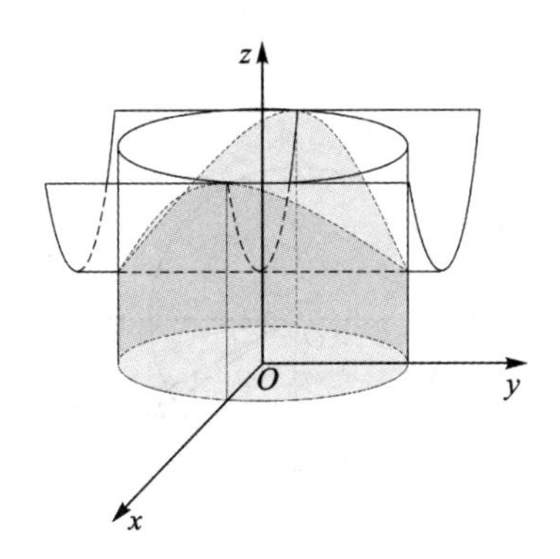

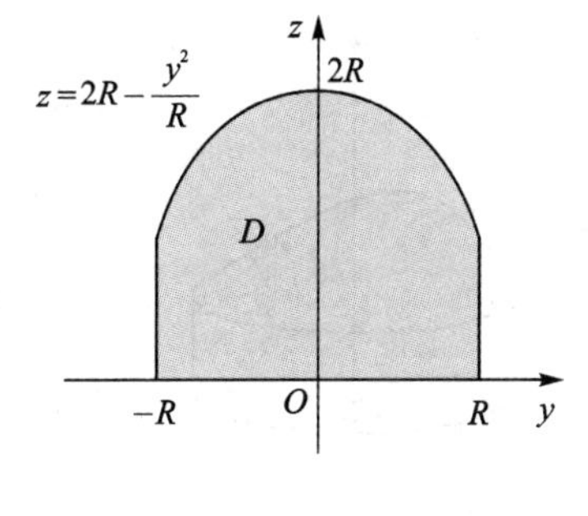

图 3.9

设 Σ 在 Oyz 平面前一侧为 Σ_1，则

$$\Sigma_1: x=\sqrt{R^2-y^2}\left(-R\leqslant y\leqslant R, z\leqslant R+\frac{x^2}{R}\right),$$

故 $x_y=-\frac{y}{\sqrt{R^2-y^2}}, x_z=0$，从而 $\sqrt{1+x_y^2+x_z^2}=\frac{R}{\sqrt{R^2-y^2}}$.

由 $\begin{cases}x^2+y^2=R^2\\ z=R+\frac{x^2}{R}\end{cases}$ 得 $z=2R-\frac{y^2}{R}$.

依题意,Σ_1 在 Oyz 平面的投影区域为 D：$0\leqslant z\leqslant 2R-\dfrac{y^2}{R}$，$-R\leqslant y\leqslant R$（见图 3.9）.

因为 Σ 关于 Oyz 平面对称,所以所求面积

$$
\begin{aligned}
S=\iint_{\Sigma}\mathrm{d}S=2\iint_{\Sigma_1}\mathrm{d}S=2\iint_{D}\sqrt{1+x_y^2+x_z^2}\,\mathrm{d}\sigma \\
&=2\iint_{D}\frac{R}{\sqrt{R^2-y^2}}\mathrm{d}\sigma=2\int_{-R}^{R}\mathrm{d}y\int_0^{2R-\frac{y^2}{R}}\frac{R}{\sqrt{R^2-y^2}}\mathrm{d}z \\
&=2\int_{-R}^{R}\left(\sqrt{R^2-y^2}+\frac{R^2}{\sqrt{R^2-y^2}}\right)\mathrm{d}y \\
&=2\int_{-R}^{R}\sqrt{R^2-y^2}\,\mathrm{d}y+2R^2\int_{-R}^{R}\frac{1}{\sqrt{R^2-y^2}}\mathrm{d}y \\
&=2\times\frac{1}{2}\pi R^2+2R^2\times\pi=3\pi R^2.
\end{aligned}
$$

方法二：几何意义法

根据图 3.10 分析：所求面积为位于下方的圆柱面 $x^2+y^2=R^2(0\leqslant z\leqslant R)$ 面积和位于上方的圆柱面 $x^2+y^2=R^2(z\leqslant R)$ 被柱面 $z=R+\dfrac{x^2}{R}$ 切割后的曲面 Σ_1 的面积构成，即

$$
\begin{aligned}
S&=2\pi R\cdot R+\iint_{\Sigma_1}\mathrm{d}S=2\pi R^2+\int_0^{2\pi}R^2\cos^2\theta\,\mathrm{d}\theta \\
&=2\pi R^2+4R^2\int_0^{\frac{\pi}{2}}\cos^2\theta\,\mathrm{d}\theta=2\pi R^2+4R^2\cdot\frac{1}{2}\cdot\frac{\pi}{2}=3\pi R^2.
\end{aligned}
$$

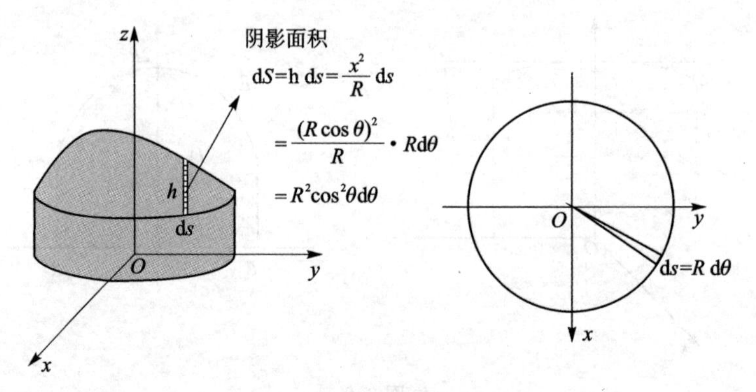

图 3.10

6. 解：

方法一：一般方法

依题意,对于 Σ：$z=\sqrt{16-x^2-y^2}$，$0\leqslant z\leqslant 2$（见图 3.11），有

$$
z'_x=-\frac{x}{\sqrt{16-x^2-y^2}},\quad z'_y=-\frac{y}{\sqrt{16-x^2-y^2}},
$$

从而

$$
\sqrt{1+(z'_x)^2+(z'_y)^2}=\frac{4}{\sqrt{16-x^2-y^2}}.
$$

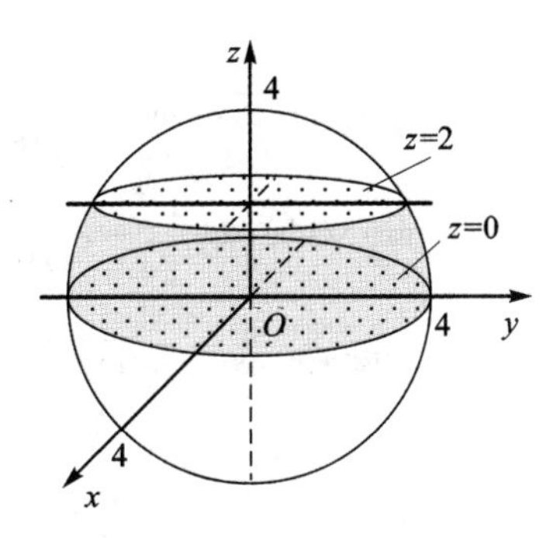

图 3.11

由 $z=\sqrt{16-x^2-y^2}=0$ 得 $x^2+y^2=4^2$，由 $z=\sqrt{16-x^2-y^2}=2$ 得 $x^2+y^2=(2\sqrt{3})^2$，从而在极坐标下，Σ 在 Oxy 平面上的投影区域为

$$D=\{(r,\theta)\mid 2\sqrt{3}\leqslant r\leqslant 4,0\leqslant\theta\leqslant 2\pi\},$$

故

$$\begin{aligned}\iint_{\Sigma}(x^2+y^2)\mathrm{d}S&=\iint_{D}(x^2+y^2)\cdot\frac{4}{\sqrt{16-x^2-y^2}}\mathrm{d}\sigma\\&=\iint_{D}r^2\cdot\frac{4}{\sqrt{16-r^2}}\cdot r\mathrm{d}r\mathrm{d}\theta\\&=4\int_0^{2\pi}\mathrm{d}\theta\int_{2\sqrt{3}}^{4}\frac{r^3}{\sqrt{16-r^2}}\mathrm{d}r\\&=4\pi\int_{2\sqrt{3}}^{4}\frac{r^2}{\sqrt{16-r^2}}\mathrm{d}r^2\\&\xlongequal[t:12\to 16]{r^2=t}4\pi\int_{12}^{16}\frac{t}{\sqrt{16-t}}\mathrm{d}t\\&=16\pi\left[-2t\sqrt{16-t}-\frac{4}{3}(16-t)^{\frac{3}{2}}\right]_{12}^{16}\\&=\frac{704}{3}\pi.\end{aligned}$$

方法二：几何意义法

根据图 3.12 分析，则

$$\iint_{\Sigma}(x^2+y^2)\mathrm{d}S=\int_0^2(16-z^2)\cdot 8\pi\mathrm{d}z=8\pi\left[16z-\frac{1}{3}z^3\right]_0^2=\frac{704}{3}\pi.$$

7. 解：

方法一：几何意义法

依题意，$\mathrm{d}S=4\pi\mathrm{d}z$，如图 3.13 所示，从而

$$\begin{aligned}I&=\iint_{\Sigma}\frac{\mathrm{d}S}{x^2+y^2+z^2}=\int_0^4\frac{1}{4+z^2}\cdot 4\pi\mathrm{d}z=\left[2\pi\arctan\frac{z}{2}\right]_0^4\\&=4\pi\arctan 2.\end{aligned}$$

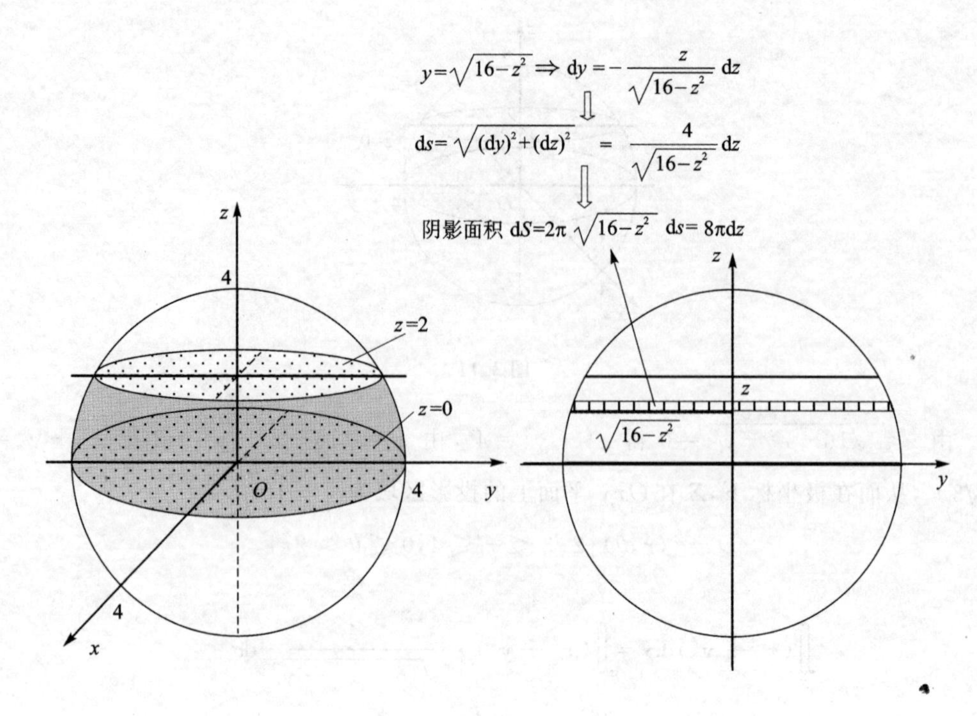

图 3.12

方法二：一般方法

设 $\Sigma_1: x=\sqrt{4-y^2}, -2\leqslant y\leqslant 2, 0\leqslant z\leqslant 4$，则 $x'_y=-\dfrac{y}{\sqrt{4-y^2}}, x_z=0$，从而

$$\sqrt{1+(x'_y)^2+(x'_z)^2}=\frac{2}{\sqrt{4-y^2}}.$$

曲面 Σ_1 在 Oyz 平面上的投影区域 $D=\{(y,z)\mid -2\leqslant y\leqslant 2, 0\leqslant z\leqslant 4\}$(见图 3.13).

因为曲面 Σ 关于 Oyz 平面对称，且 $\dfrac{1}{x^2+y^2+z^2}$ 是关于 x 的偶函数，所以由对称性得：

$$\begin{aligned}\iint_{\Sigma}\frac{\mathrm{d}S}{x^2+y^2+z^2}&=2\iint_{\Sigma_1}\frac{\mathrm{d}S}{x^2+y^2+z^2}=2\iint_{\Sigma_1}\frac{\mathrm{d}S}{4+z^2}\\&=2\iint_D\frac{1}{4+z^2}\cdot\frac{2}{\sqrt{4-y^2}}\mathrm{d}y\mathrm{d}z\\&=2\int_0^4\frac{1}{4+z^2}\mathrm{d}z\int_{-2}^2\frac{2}{\sqrt{4-y^2}}\mathrm{d}y\\&=2\cdot\left[\frac{1}{2}\arctan\frac{z}{2}\right]_0^4\cdot\left[2arc\sin\frac{y}{2}\right]_{-2}^2\\&=\arctan 2\times 2\pi=2\pi\arctan 2.\end{aligned}$$

8. 解：

在当前坐标系里引入 z 轴，则 $y=\sqrt{x}, 0\leqslant x\leqslant 1$ 绕 x 轴旋转一周得到的曲面为 Σ：

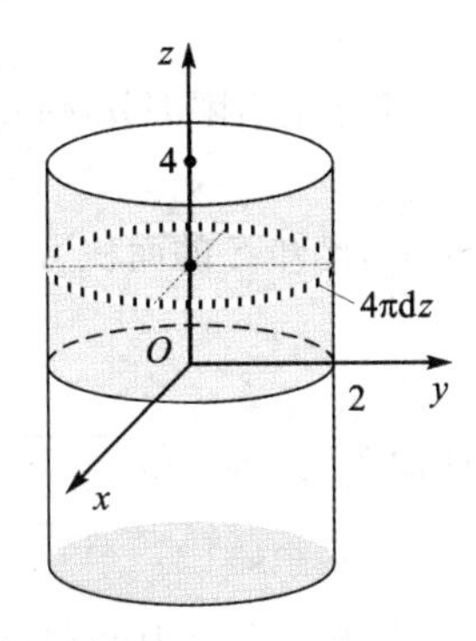

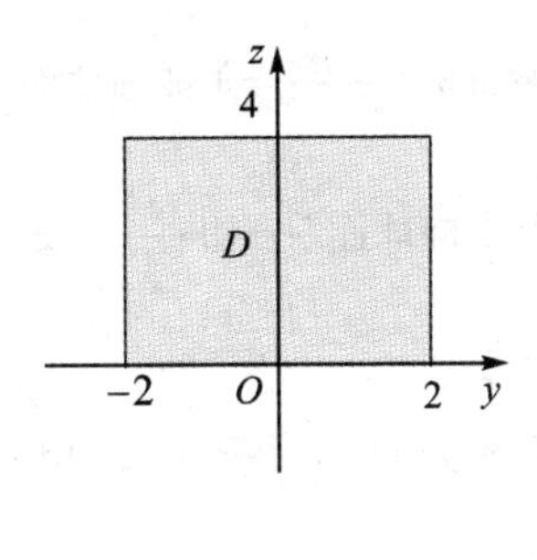

图 3.13

$x=y^2+z^2, 0\leqslant x\leqslant 1$，则 $x'_y=2y, x'_z=2z$.

所求旋转体体积 $V=\int_0^1 \pi(\sqrt{x})^2\mathrm{d}x=\frac{\pi}{2}$.

所求旋转体表面积

$$\begin{aligned}A&=\iint_\Sigma \mathrm{d}S+\pi=\iint_\Sigma \sqrt{1+(x'_y)^2+(x'_z)^2}\,\mathrm{d}y\mathrm{d}z+\pi\\&=\iint_{y^2+z^2\leqslant 1}\sqrt{1+(2y)^2+(2z)^2}\,\mathrm{d}y\mathrm{d}z+\pi\\&=\iint_{r\leqslant 1}\sqrt{1+4r^2}\cdot r\mathrm{d}r\mathrm{d}\theta+\pi=\int_0^{2\pi}\mathrm{d}\theta\int_0^1 r\sqrt{1+4r^2}\,\mathrm{d}r+\pi\\&=2\pi\times\frac{1}{12}(5\sqrt{5}-1)+\pi=\frac{5(1+\sqrt{5})}{6}\pi.\end{aligned}$$

要点 3　利用对称性计算第一型曲面积分

第一型曲面积分具有对称性和轮换对称性（以 x 为例说明，y 和 z 可类推），具体如下：

1. 对称性：

(1) 若 $f(x,y,z)$ 是关于 x 的奇函数，且积分曲线关于 Oyz 平面对称，则

$$\iint_\Sigma f(x,y,z)\mathrm{d}S=0.$$

(2) 若 $f(x,y,z)$ 是关于 x 的偶函数，且积分曲线关于 Oyz 平面对称，并设曲面 Σ 中 $x>0$ 的部分为 Σ_1，则 $\iint_\Sigma f(x,y,z)\mathrm{d}S=2\iint_{\Sigma_1}f(x,y,z)\mathrm{d}S$.

2. 轮换对称性：

若曲面关于 x,y,z 无差别，即关于直线 $x=y=z$ 对称，则第一型曲面积分的被积函数可以针对相关自变量换成相同形式的函数. 例如：

若 Σ：$x^2+y^2+z^2=a^2$，则 $\iint_\Sigma x^2\mathrm{d}S=\iint_\Sigma y^2\mathrm{d}S=\iint_\Sigma z^2\mathrm{d}S$.

【举例】

1. 设Σ是平面$x+y+z=4$被圆柱面$x^2+y^2=1$截出的有限部分,则$\iint\limits_{\Sigma} x\mathrm{d}S=$ ________.

2. 设Σ是上半椭球面$\dfrac{x^2}{9}+\dfrac{y^2}{4}+z^2=1(z\leqslant 1)$,已知$\Sigma$的面积为$A$,则$\iint\limits_{\Sigma}(4x^2+9y^2+36z^2+xyz)\mathrm{d}S=$ ________.

3. 计算曲面积分$\iint\limits_{\Sigma}(xy+yz+zx)\mathrm{d}S$,其中,曲面$\Sigma$为$z=\sqrt{x^2+y^2}$被柱面$x^2+y^2=2x$所截得的部分.

4. 设Σ:$x^2+y^2+z^2=a^2(z\leqslant 0)$,$\Sigma_1$为$\Sigma$在第一卦限中的部分,则有(　　).

A. $\iint\limits_{\Sigma} x\mathrm{d}S=4\iint\limits_{\Sigma_1} x\mathrm{d}S$　　B. $\iint\limits_{\Sigma} y\mathrm{d}S=4\iint\limits_{\Sigma_1} x\mathrm{d}S$

C. $\iint\limits_{\Sigma} z\mathrm{d}S=4\iint\limits_{\Sigma_1} x\mathrm{d}S$　　D. $\iint\limits_{\Sigma} xyz\mathrm{d}S=4\iint\limits_{\Sigma_1} xyz\mathrm{d}S$

5. 设Σ是柱面$x^2+y^2=a^2(a>0)$在$0\leqslant z\leqslant h$之间的部分,则$\iint\limits_{\Sigma} x^2\mathrm{d}S=$ ________.

【解析】

1. 解:

对于曲面Σ:$z=4-x-y$,有$z_x=z_y=-1$,从而

$$\mathrm{d}S=\sqrt{z_x^2+z_y^2+1}\,\mathrm{d}x\mathrm{d}y=\sqrt{3}\,\mathrm{d}x\mathrm{d}y.$$

设曲面Σ在Oxy平面的投影区域为D,则$D=\{(x,y)\,|\,x^2+y^2\leqslant 1\}$. 于是

$$\iint\limits_{\Sigma} x\mathrm{d}S=\iint\limits_{D} x\cdot\sqrt{3}\,\mathrm{d}x\mathrm{d}y.$$

因为D关于y轴对称,x是关于x的奇函数,所以根据对称性得

$$\iint\limits_{D} x\mathrm{d}x\mathrm{d}y=0.$$

于是$\iint\limits_{\Sigma} x\mathrm{d}S=0$.

因此,应填0.

2. 解:

将上半椭球面Σ:$\dfrac{x^2}{9}+\dfrac{y^2}{4}+z^2=1$代入得

$$\iint\limits_{\Sigma}(4x^2+9y^2+36z^2+xyz)\mathrm{d}S=\iint\limits_{\Sigma}(36+xyz)\mathrm{d}S.$$

因为Σ关于坐标平面Oyz,Oxz对称,且函数xyz关于自变量x,y是奇函数,所以由对称性可得$\iint\limits_{\Sigma} xyz\mathrm{d}S=0$. 于是

$$\iint\limits_{\Sigma}(4x^2+9y^2+36z^2+xyz)\mathrm{d}S=36\iint\limits_{\Sigma}\mathrm{d}S=36A.$$

因此,应填$36A$.

3. 解：

因为曲面 Σ 关于 Oxz 平面对称，且函数 xy，yz 是关于 y 的奇函数，所以根据对称性得 $\iint\limits_{\Sigma} xy\,\mathrm{d}S = \iint\limits_{\Sigma} yz\,\mathrm{d}S = 0$.

设曲面 Σ 在 Oxy 平面的投影区域为 D，则在极坐标条件下

$$D = \{(r,\theta) \mid 0 \leqslant r \leqslant 2\cos\theta, -\frac{\pi}{2} \leqslant \theta \leqslant \frac{\pi}{2}\}.$$

对于曲面 Σ：$z = \sqrt{x^2+y^2}$，有 $z_x = \dfrac{x}{\sqrt{x^2+y^2}}$，$z_y = \dfrac{y}{\sqrt{x^2+y^2}}$，从而

$$\mathrm{d}S = \sqrt{z_x^2 + z_y^2 + 1}\,\mathrm{d}x\,\mathrm{d}y = \sqrt{2}\,\mathrm{d}x\,\mathrm{d}y.$$

于是

$$\begin{aligned}\iint\limits_{\Sigma}(xy + yz + zx)\,\mathrm{d}S &= 0 + 0 + \iint\limits_{\Sigma} xz\,\mathrm{d}S = \iint\limits_{D} x\sqrt{x^2+y^2}\cdot\sqrt{2}\,\mathrm{d}x\,\mathrm{d}y \\ &= \iint\limits_{D} r\cos\theta \cdot r \cdot \sqrt{2} \cdot r\,\mathrm{d}r\,\mathrm{d}\theta = \sqrt{2}\int_{-\frac{\pi}{2}}^{\frac{\pi}{2}}\cos\theta\,\mathrm{d}\theta\int_0^{2\cos\theta} r^3\,\mathrm{d}r \\ &= 8\sqrt{2}\int_0^{\frac{\pi}{2}} cos^5\theta\,\mathrm{d}\theta = 8\sqrt{2}\times\frac{4}{5}\times\frac{2}{3} = \frac{64}{15}\sqrt{2}.\end{aligned}$$

4. 解：

依题意 Σ 关于 Oxz 平面和 Oyz 平面对称，而 x 是关于 x 的奇函数，y 是关于 y 的奇函数，xyz 是关于 x 和 y 的奇函数，z 是关于 x 和 y 的偶函数. 于是

$$\iint\limits_{\Sigma} x\,\mathrm{d}S = \iint\limits_{\Sigma} y\,\mathrm{d}S = \iint\limits_{\Sigma} xyz\,\mathrm{d}S = 0.$$

由于 Σ_1 关于直线 $x=y=z$ 对称，根据轮换对称性得 $\iint\limits_{\Sigma_1} x\,\mathrm{d}S = \iint\limits_{\Sigma_1} z\,\mathrm{d}S$，故

$$\iint\limits_{\Sigma} z\,\mathrm{d}S = 4\iint\limits_{\Sigma_1} z\,\mathrm{d}S = 4\iint\limits_{\Sigma_1} x\,\mathrm{d}S.$$

因此，应选 C.

5. 解：

因为曲面 Σ 关于平面 $y=x$ 对称，所以根据轮换对称性得

$$\begin{aligned}\iint\limits_{\Sigma} x^2\,\mathrm{d}S &= \iint\limits_{\Sigma} y^2\,\mathrm{d}S = \frac{1}{2}\iint\limits_{\Sigma}(x^2+y^2)\,\mathrm{d}S \\ &= \frac{1}{2}\iint\limits_{\Sigma} a^2\,\mathrm{d}S = \frac{a^2}{2}\iint\limits_{\Sigma}\mathrm{d}S \\ &= \frac{a^2}{2}\cdot 2\pi a \cdot h = \pi a^3 h.\end{aligned}$$

因此，应填 $\pi a^3 h$.

3.3 几何体的质心与转动惯量

要点 1 几何体的质心

1. 几何体的质量：

设一几何体为 G，其内任一点的密度为 $\rho(x,y,z)$，则 G 的质量为

$$m=\int_G \rho(x,y,z)\mathrm{d}G.$$

注意：当几何体 G 分别为平面区域 D、空间区域 Ω、曲线 L、曲面 Σ 时，转动惯量所表示的积分类型分别为二重积分、三重积分、第一型曲线积分、第一型曲面积分.

2. 几何体的质心：

设 G 的质心坐标为 $(\bar{x},\bar{y},\bar{z})$，则质心坐标可按式(3.1)计算：

$$\bar{x}=\frac{\int_G x\rho(x,y,z)\mathrm{d}G}{\int_G \rho(x,y,z)\mathrm{d}G},\quad \bar{y}=\frac{\int_G y\rho(x,y,z)\mathrm{d}G}{\int_G \rho(x,y,z)\mathrm{d}G},\quad \bar{z}=\frac{\int_G z\rho(x,y,z)\mathrm{d}G}{\int_G \rho(x,y,z)\mathrm{d}G}. \tag{3.1}$$

注意：若密度为常数，则质心变为几何中心.

【举例】

1. 计算曲面积分 $I=\iint\limits_{\Sigma}[(x+y)^2+z^2+2yz]\mathrm{d}S$，其中，$\Sigma$ 是球面 $x^2+y^2+z^2=2x+2z$.

2. 求密度分布均匀的抛物面 $z=\frac{1}{2}(x^2+y^2)(z\leqslant 2)$ 的质心.

【解析】

1. 解：

将球面 Σ：$x^2+y^2+z^2=2x+2z$ 代入 I 得

$$I=\oiint\limits_{\Sigma}[(x+y)^2+z^2+2yz]\mathrm{d}S=\oiint\limits_{\Sigma}(2x+2z+2xy+2yz)\mathrm{d}S$$
$$=2\oiint\limits_{\Sigma}(x+z)\mathrm{d}S+\oiint\limits_{\Sigma}2(x+z)y\mathrm{d}S.$$

设球面 Σ：$(x-1)^2+y^2+(z-1)^2=2$ 的几何中心为 $(\bar{x},\bar{y},\bar{z})$，则 $(\bar{x},\bar{y},\bar{z})=(1,0,1)$.

由质心公式 $\bar{x}=\dfrac{\oiint\limits_{\Sigma}x\mathrm{d}S}{\oiint\limits_{\Sigma}\mathrm{d}S}=\dfrac{\oiint\limits_{\Sigma}x\mathrm{d}S}{4\pi\cdot 2}=1,\bar{z}=\dfrac{\oiint\limits_{\Sigma}z\mathrm{d}S}{\oiint\limits_{\Sigma}\mathrm{d}S}=\dfrac{\oiint\limits_{\Sigma}z\mathrm{d}S}{4\pi\cdot 2}=1$，得

$$\oiint\limits_{\Sigma}x\mathrm{d}S=\oiint\limits_{\Sigma}z\mathrm{d}S=8\pi.$$

因为球面 Σ：$(x-1)^2+y^2+(z-1)^2=2$ 关于 Oxz 平面对称，且 $2(x+z)y$ 是关于 y 的奇函数，所以 $\oiint\limits_{\Sigma}2(x+z)y\mathrm{d}S=0$. 于是

$$I=2(8\pi+8\pi)+0=32\pi.$$

2. 解：

如图 3.14 所示，由对称性可知，质心的横、纵坐标为 $\bar{x}=0,\bar{y}=0$.

依题意，抛物面 $z=\frac{1}{2}(x^2+y^2)(z\leqslant 2)$ 在 Oxy 平面上的投影区域为

$$D=\{(x,y)\mid x^2+y^2\leqslant 4\},$$

在极坐标下，$D=\{(r,\theta)\mid 0\leqslant r\leqslant 2,0\leqslant\theta\leqslant 2\pi\}$.

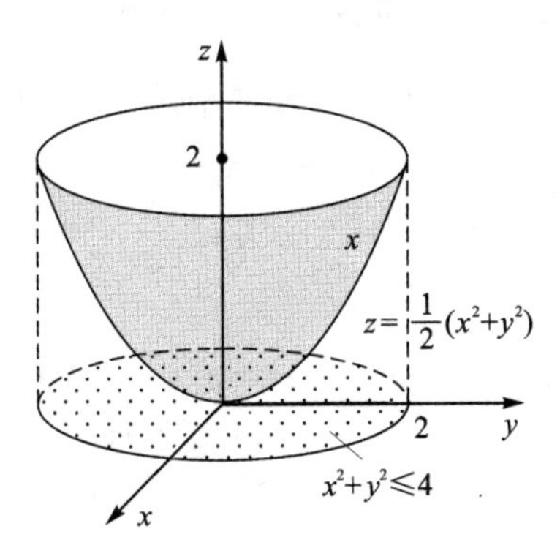

图 3.14

对于 $z=\frac{1}{2}(x^2+y^2)(z\leqslant 2)$，有 $z'_x=x,z'_y=y$，故

$$\sqrt{1+(z'_x)^2+(z'_y)^2}=\sqrt{1+x^2+y^2},$$

从而
$$\iint_{\Sigma}\mathrm{d}S=\iint_{D}\sqrt{1+(z'_x)^2+(z'_y)^2}\,\mathrm{d}\sigma=\iint_{D}\sqrt{1+x^2+y^2}\,\mathrm{d}\sigma$$
$$=\iint_{D}\sqrt{1+r^2}\cdot r\,\mathrm{d}r\,\mathrm{d}\theta=\int_0^{2\pi}\mathrm{d}\theta\int_0^2\sqrt{1+r^2}\,r\,\mathrm{d}r$$
$$=2\pi\times\left[\frac{1}{3}(1+r^2)^{\frac{3}{2}}\right]_0^2=\frac{2(5\sqrt{5}-1)}{3}\pi,$$

$$\iint_{\Sigma}z\,\mathrm{d}S=\iint_{D}z\sqrt{1+(z'_x)^2+(z'_y)^2}\,\mathrm{d}\sigma=\iint_{D}\frac{1}{2}(x^2+y^2)\sqrt{1+x^2+y^2}\,\mathrm{d}\sigma$$
$$=\iint_{D}\frac{1}{2}r^2\sqrt{1+r^2}\cdot r\,\mathrm{d}r\,\mathrm{d}\theta=\frac{1}{2}\int_0^{2\pi}\mathrm{d}\theta\int_0^2\sqrt{1+r^2}\,r^3\,\mathrm{d}r$$
$$=\pi\int_0^2\sqrt{1+r^2}\,r^3\,\mathrm{d}r\ \frac{\pi}{2}\int_0^4\sqrt{1+t}\cdot t\,\mathrm{d}t$$
$$=\frac{\pi}{2}\left[\frac{2}{3}t(1+t)^{\frac{3}{2}}-\frac{4}{15}(1+t)^{\frac{5}{2}}\right]_0^4=\frac{50\sqrt{5}+2}{15}\pi.$$

因此，$\bar{z}=\dfrac{\dfrac{(50\sqrt{5}+2)}{15}\pi}{\dfrac{2(5\sqrt{5}-1)}{3}\pi}=\dfrac{25\sqrt{5}+1}{5(5\sqrt{5}-1)}=\dfrac{313+15\sqrt{5}}{310}\approx 1.12.$

于是,所求质心坐标为$\left(0,0,\dfrac{313+15\sqrt{5}}{310}\right)$,近似为$(0,0,1.12)$.

要点 2 转动惯量

设一几何体为G,其内任一点的密度为$\rho(x,y,z)$(简写作ρ),则G对直线L的转动惯量为$I=\int_G d^2\rho \mathrm{d}G$,其中$d$是点$(x,y,z)$到直线$L$的距离.

因此,G对三个坐标轴的转动惯量可按式(3.2)计算:

$$I_x=\int_G(y^2+z^2)\rho \mathrm{d}G,I_y=\int_G(x^2+z^2)\rho \mathrm{d}G,I_z=\int_G(x^2+y^2)\rho \mathrm{d}G. \tag{3.2}$$

注意:当几何体G分别为空间区域Ω、曲线L、曲面Σ时,转动惯量所表示的积分类型分别为三重积分、第一型曲线积分、第一型曲面积分.

【举例】

1. 求面密度$\rho=1$的均匀球壳$x^2+y^2+z^2=a^2(z\leqslant 0)$关于$z$轴的转动惯量.

2. 密度为1的均匀圆柱$x^2+y^2\leqslant 1,0\leqslant z\leqslant 3$对于直线$x=y=z$的转动惯量为________.

【解析】

1. 解:

不妨设$a>0$.

依题意,转动惯量$I_z=\iint\limits_{\Sigma}(x^2+y^2)\rho \mathrm{d}S=\iint\limits_{\Sigma}(x^2+y^2)\mathrm{d}S$.

对球壳Σ:$z=\sqrt{a^2-x^2-y^2}$,$z\leqslant 0$,有

$$z_x=\frac{x}{\sqrt{a^2-x^2-y^2}},z_y=\frac{y}{\sqrt{a^2-x^2-y^2}},$$

从而

$$\mathrm{d}S=\sqrt{1+z_x^2+z_y^2}\,\mathrm{d}x\mathrm{d}y=\frac{a}{\sqrt{a^2-x^2-y^2}}\mathrm{d}x\mathrm{d}y.$$

设Σ在Oxy平面上的投影区域为D,则在极坐标条件下

$$D=\{(r,\theta)\mid 0\leqslant r\leqslant a,0\leqslant\theta\leqslant 2\pi\}.$$

于是

$$\begin{aligned}I_z&=\iint\limits_{D}(x^2+y^2)\frac{a}{\sqrt{a^2-x^2-y^2}}\mathrm{d}x\mathrm{d}y\\&=\iint\limits_{D}\frac{ar^2}{\sqrt{a^2-r^2}}\cdot r\mathrm{d}r\mathrm{d}\theta=a\int_0^{2\pi}\mathrm{d}\theta\int_0^a\frac{r^3}{\sqrt{a^2-r^2}}\mathrm{d}r\\&=a\cdot 2\pi\int_0^a\frac{r^2}{\sqrt{a^2-r^2}}\cdot\frac{1}{2}\mathrm{d}r^2=a\pi\int_0^a\frac{r^2}{\sqrt{a^2-r^2}}\mathrm{d}r^2.\end{aligned}$$

方法一:第一换元法

$$\begin{aligned}I_z&=a\pi\int_0^a\left(\sqrt{a^2-r^2}-\frac{a^2}{\sqrt{a^2-r^2}}\right)\mathrm{d}(a^2-r^2)\\&=a\pi\left[\frac{2}{3}(a^2-r^2)^{\frac{3}{2}}-2a^2(a^2-r^2)^{\frac{1}{2}}\right]_0^a=\frac{4}{3}\pi a^4.\end{aligned}$$

方法二：第二换元法

令 $r=a\sin t,0\leqslant t\leqslant\frac{\pi}{2}$，则 $\mathrm{d}r=a\cos t\,\mathrm{d}t$，从而

$$I_z=a\cdot 2\pi\int_0^{\frac{\pi}{2}}\frac{a^3\sin^3 t}{a\cos t}\cdot a\cos t\,\mathrm{d}t=2\pi a^4\cdot\frac{2}{3}=\frac{4}{3}\pi a^4.$$

2. 解：

设圆柱 $x^2+y^2\leqslant 1,0\leqslant z\leqslant 3$ 上一点 (x,y,z) 到直线 $x=y=z$ 的距离为 d，则

$$d^2=\frac{|(1,1,1)\times(x,y,z)|^2}{1^2+1^2+1^2}=\frac{1}{3}\begin{Vmatrix}\mathbf{i} & \mathbf{j} & \mathbf{k}\\ 1 & 1 & 1\\ x & y & z\end{Vmatrix}^2$$

$$=\frac{1}{3}[(z-y)^2+(x-z)^2+(x-y)^2].$$

因此，题设圆柱体对直线 $x=y=z$ 的转动惯量为

$$I=\iiint_\Omega[(z-y)^2+(x-z)^2+(x-y)^2]\mathrm{d}V$$

$$=\frac{2}{3}\iiint_\Omega(x^2+y^2+z^2)\mathrm{d}V-\frac{2}{3}\iiint_\Omega(yz+zx+xy)\mathrm{d}V$$

$$=\frac{2}{3}\iiint_\Omega(x^2+y^2)\mathrm{d}V+\frac{2}{3}\iiint_\Omega z^2\mathrm{d}V-0$$

$$=\frac{2}{3}\times 3\iint_{x^2+y^2\leqslant 1}(x^2+y^2)\mathrm{d}x\mathrm{d}y+\frac{2}{3}\int_0^3\pi z^2\mathrm{d}z$$

$$=2\iint_{0\leqslant r\leqslant 1}r^2\cdot r\,\mathrm{d}r\,\mathrm{d}\theta+\frac{2}{3}\times 9\pi=2\times\frac{\pi}{2}+6\pi=7\pi.$$

第4章　第二型曲线积分与曲面积分

知识扫描

第二型曲线、曲面积分也叫第二类曲线、曲面积分，是全书的难点，与第一型曲线、曲面积分、重积分联系紧密，对空间想象能力要求较高. 读者在复习时，可借助思维导图和列举的要点着重掌握.

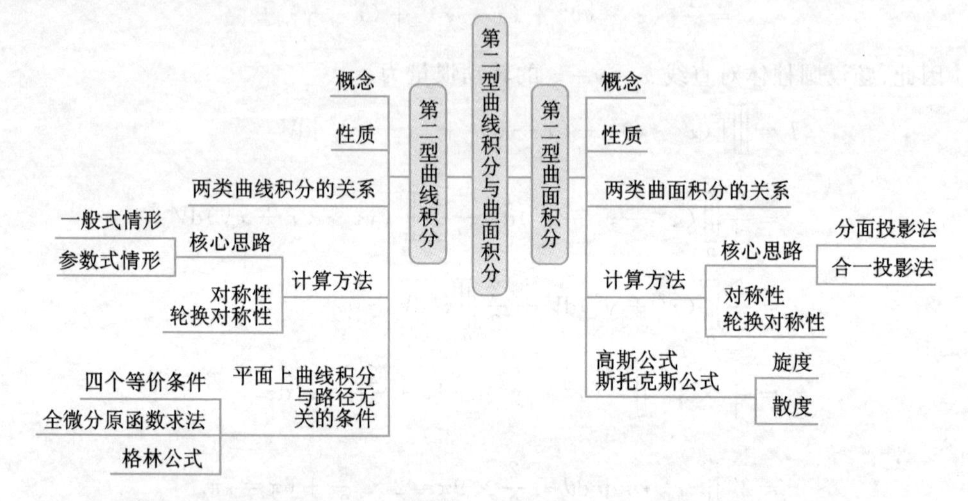

1. 理解第二型曲线积分的概念，了解第二型曲线积分的性质及两类曲线积分的关系.

2. 掌握计算第二型曲线积分的方法.

3. 掌握格林公式并会运用平面上曲线积分与路径无关的条件，会求二元函数的全微分原函数.

4. 了解第二型曲面积分的概念、性质及两类曲面积分的关系.

5. 掌握计算第二型曲面积分的方法，掌握用高斯公式计算曲面积分的方法，并会用斯托克斯公式计算曲线积分.

6. 了解散度与旋度的概念，并会计算.

7. 会用第二型曲线、曲面积分求一些物理量(功及流量等).

4.1　第二型曲线积分

4.1.1　第二型曲线积分的概念与性质

要点1　第二型曲线积分的概念

1. 第二型曲线积分的定义：

如图4.1所示，设L是Oxy平面上一条有向光滑曲线段，函数$P(x,y)$，$Q(x,y)$在L上有界，则向量值函数$\boldsymbol{a}(x,y)=P(x,y)\mathbf{i}+Q(x,y)\mathbf{j}$在$L$上的第二型曲线积分定义为

$$\int_L P(x,y)\mathrm{d}x+Q(x,y)\mathrm{d}y=\lim_{\lambda\to 0}\sum_{i=1}^{n}[P(\xi_i,\eta_i)\Delta x_i+Q(\xi_i,\eta_i)\Delta y_i],$$

其中Δs_i表示L被任意分割成的n段中的任一小弧段；(ξ_i,η_i)表示Δs_i上任一点的坐标；Δx_i，Δy_i分别为Δs_i在x轴、y轴上的投影值；λ是各小弧段长度的最大值.

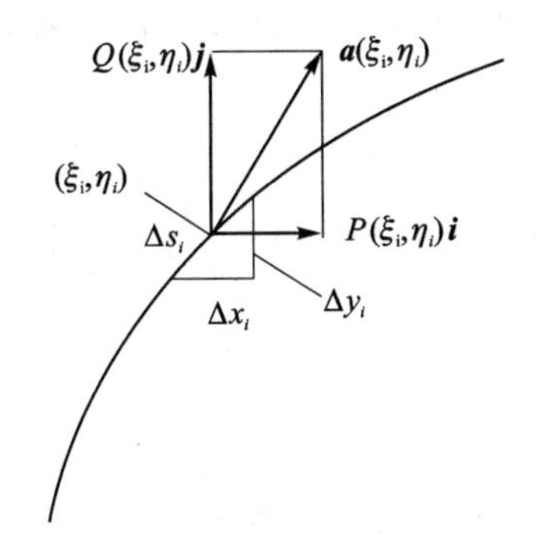

图4.1

类似地，可以定义在空间有向光滑曲线段Γ上的第二型曲线积分

$$\int_\Gamma P(x,y,z)\mathrm{d}x+Q(x,y,z)\mathrm{d}y+R(x,y,z)\mathrm{d}z$$

$$=\lim_{\lambda\to 0}\sum_{i=1}^{n}[P(\xi_i,\eta_i,\zeta_i)\Delta x_i+Q(\xi_i,\eta_i,\zeta_i)\Delta y_i+R(\xi_i,\eta_i,\zeta_i)\Delta z_i].$$

2. 第二型曲线积分的深层含义：

第二型曲线积分可以表示力$\boldsymbol{F}$沿曲线Γ所做的功W.

设$\boldsymbol{F}=P(x,y,z)\mathbf{i}+Q(x,y,z)\mathbf{j}+R(x,y,z)\mathbf{k}$，质点在变力$\boldsymbol{F}$的作用下沿空间有向光滑曲线段$\Gamma$从点$A$移动到点$B$，$\boldsymbol{F}$所做的功为

$$\begin{aligned}W&=\int_\Gamma \boldsymbol{F}\cdot\mathrm{d}\boldsymbol{L}=\int_\Gamma(P,Q,R)\cdot(\mathrm{d}x,\mathrm{d}y,\mathrm{d}z)\\&=\int_\Gamma P(x,y,z)\mathrm{d}x+Q(x,y,z)\mathrm{d}y+R(x,y,z)\mathrm{d}z\\&=\int_A^B P(x,y,z)\mathrm{d}x+Q(x,y,z)\mathrm{d}y+R(x,y,z)\mathrm{d}z.\end{aligned}$$

平面曲线的情形类推之.

【举例】

设力$\boldsymbol{F}=\dfrac{-y\mathbf{i}+x\mathbf{j}}{y^2}$，证明力$\boldsymbol{F}$在上半平面内所做的功与路径无关，并求质点从点$A(1,2)$移动到点$B(2,1)$的过程中力$\boldsymbol{F}$所做的功.

【解析】

解：

先证明力$\boldsymbol{F}$在上半平面内所做的功与路径无关.

设 $P=-\frac{1}{y}$,$Q=\frac{x}{y^2}$,则二者在 $y>0$ 时有一阶连续偏导数,且

$$\frac{\partial P}{\partial y}=\frac{1}{y^2}=\frac{\partial Q}{\partial x},$$

故力 $\boldsymbol{F}$ 在上半平面内所做的功与路径无关.

再求质点从点 $A(1,2)$移动到点 $B(2,1)$的过程中力 $\boldsymbol{F}$ 所做的功.

方法一:折线路径法

取折线 ACB: $A(1,2)\to C(1,1)\to B(2,1)$,力 F 所做的功

$$\begin{aligned}W&=\int_{AB}\left(-\frac{1}{y}\right)\mathrm{d}x+\frac{x}{y^2}\mathrm{d}y\\&=\int_{AC}\left[\left(-\frac{1}{y}\right)\mathrm{d}x+\frac{x}{y^2}\mathrm{d}y\right]+\int_{CB}\left[\left(-\frac{1}{y}\right)\mathrm{d}x+\frac{x}{y^2}\mathrm{d}y\right]\\&=\int_2^1\frac{1}{y^2}\mathrm{d}y+\int_1^2-\mathrm{d}x=\left[-\frac{1}{y}\right]_2^1-[x]_1^2=-\frac{1}{2}-1=-\frac{3}{2}.\end{aligned}$$

方法二:直线路径法

取直线 L 为 $x=3-y$,y: $2\to 1$,力 F 所做的功

$$\begin{aligned}W&=\int_{AB}\left(-\frac{1}{y}\right)\mathrm{d}x+\frac{x}{y^2}\mathrm{d}y=\int_L\left[\left(-\frac{1}{y}\right)\mathrm{d}x+\frac{x}{y^2}\mathrm{d}y\right]\\&=\int_2^1\left[-\left(-\frac{y}{y^2}\right)+\frac{3-y}{y^2}\right]\mathrm{d}y=\int_2^1\frac{3}{y^2}\mathrm{d}y=-\frac{3}{2}.\end{aligned}$$

要点 2 第二型曲线积分的性质

以平面曲线 L 为例来讨论第二型曲线积分的性质,空间曲线的情形可类比之.

1. $\int_L P\mathrm{d}x+Q\mathrm{d}y=\int_L P\mathrm{d}x+\int_L Q\mathrm{d}y$.
2. $\int_{L_1+L_2}P\mathrm{d}x+Q\mathrm{d}y=\int_{L_1}P\mathrm{d}x+Q\mathrm{d}y+\int_{L_2}P\mathrm{d}x+Q\mathrm{d}y$.
3. $\int_{\overset{\frown}{AB}}P\mathrm{d}x+Q\mathrm{d}y=-\int_{\overset{\frown}{BA}}P\mathrm{d}x+Q\mathrm{d}y$.

注意:$P=P(x,y)$,$Q=Q(x,y)$.

【举例】

设曲线 L: $f(x,y)=1$($f(x,y)$具有一阶连续偏导数)过第二卦限内的点 M 和第四卦限内的点 N,Γ 为 L 上从点 M 到点 N 的一段弧,则下列积分小于零的是( ).

A. $\int_\Gamma f(x,y)\mathrm{d}x$ B. $\int_\Gamma f(x,y)\mathrm{d}y$

C. $\int_\Gamma f(x,y)\mathrm{d}s$ D. $\int_\Gamma f'_x(x,y)\mathrm{d}x+f'_y(x,y)\mathrm{d}y$

【解析】

解:

设 $M(m_x,m_y)$,$N(n_x,n_y)$,则 $m_x<0<n_x$,$n_y<0<m_y$.

因为 L: $f(x,y)=1$,所以 $f'_x(x,y)=f'_y(x,y)=0$. 因此,有如下结论:

$$\int_{\Gamma} f(x,y)\mathrm{d}x = \int_{\Gamma} \mathrm{d}x = \int_{M}^{N} \mathrm{d}x = n_x - m_x > 0,$$

$$\int_{\Gamma} f(x,y)\mathrm{d}y = \int_{\Gamma} \mathrm{d}y = \int_{M}^{N} \mathrm{d}y = n_y - m_y < 0,$$

$$\int_{\Gamma} f(x,y)\mathrm{d}s = \int_{\Gamma} \mathrm{d}s > 0,$$

$$\int_{\Gamma} f'_x(x,y)\mathrm{d}x + f'_y(x,y)\mathrm{d}y = 0.$$

可见四个选项中积分小于零的只有 $\int_{\Gamma} f(x,y)\mathrm{d}y$.

因此,应选 B.

要点 3　第一型曲线积分和第二型曲线积分的关系

如图 4.2 所示,根据投影关系,可得 $\cos\alpha\mathrm{d}s = \mathrm{d}x$,$\cos\beta\mathrm{d}s = \mathrm{d}y$,即

$$\int_{L} P\mathrm{d}x + Q\mathrm{d}y = \int_{L} (P\cos\alpha + Q\cos\beta)\mathrm{d}s,$$

其中,P,Q 是曲线段 L 上点(x,y)的函数;$\cos\alpha$,$\cos\beta$ 是曲线段 L 上点(x,y)处的切向量的方向余弦.

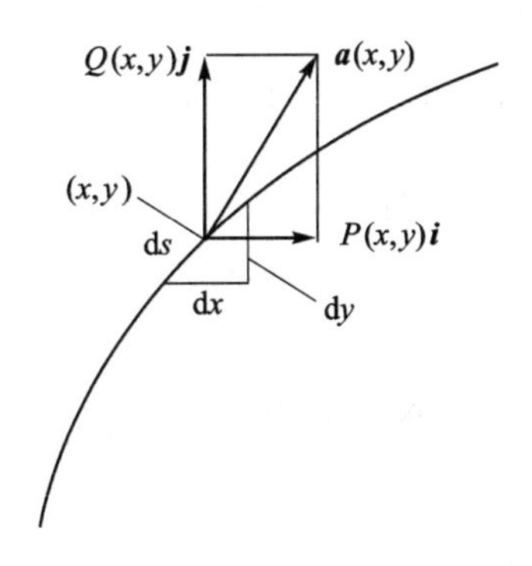

图 4.2

【举例】

1. 设曲线 Γ 为从原点到点(1,1,1)的线段,则将第二型曲线积分 $\int_{\Gamma} P(x,y,z)\mathrm{d}x + Q(x,y,z)\mathrm{d}y + R(x,y,z)\mathrm{d}z$ 化为第一型曲线积分为(　　).

A. $\int_{\Gamma} (P+Q+R)\mathrm{d}s$　　B. $\frac{1}{3}\int_{\Gamma} (P+Q+R)\mathrm{d}s$

C. $\sqrt{3}\int_{\Gamma} (P+Q+R)\mathrm{d}s$　　D. $\frac{1}{\sqrt{3}}\int_{\Gamma} (P+Q+R)\mathrm{d}s$

2. 设 L 为 $y = \int_{0}^{x} \tan t\,\mathrm{d}t$ 从 $x=0$ 到 $x=\frac{\pi}{4}$ 的一段弧,将$\int_{L} P(x,y)\mathrm{d}x + Q(x,y)\mathrm{d}y$ 化为第一型曲线积分为________.

3. 证明 $\left|\int_{\Gamma} P\mathrm{d}x + Q\mathrm{d}y + R\mathrm{d}z\right| \leqslant \int_{\Gamma} \sqrt{P^2+Q^2+R^2}\,\mathrm{d}s$,并由此估计$\oint_{\Gamma} z\mathrm{d}x + x\mathrm{d}y + y\mathrm{d}z$ 的上界.其中,Γ 为球面 $x^2+y^2+z^2=a^2$ 与平面 $x+y+z=0$ 的交线并已取定方向.

【解析】

1. 解：

依题意，Γ 的方向向量为 $\boldsymbol{s}=(1,1,1)$，其方向余弦为

$$\boldsymbol{e}=(\cos\alpha,\cos\beta,\cos\gamma)=\left(\frac{1}{\sqrt{3}},\frac{1}{\sqrt{3}},\frac{1}{\sqrt{3}}\right),$$

从而

$$\begin{aligned}\int_\Gamma P\,\mathrm{d}x+Q\,\mathrm{d}y+R\,\mathrm{d}z&=\int_\Gamma(P\cos\alpha+Q\cos\beta+R\cos\gamma)\,\mathrm{d}s\\&=\int_\Gamma\left(\frac{1}{\sqrt{3}}P+\frac{1}{\sqrt{3}}Q+\frac{1}{\sqrt{3}}R\right)\mathrm{d}s\\&=\frac{1}{\sqrt{3}}\int_\Gamma(P+Q+R)\,\mathrm{d}s.\end{aligned}$$

因此，应选 D.

2. 解：

依题意，$\mathrm{d}y=\mathrm{d}\int_0^x\tan t\,\mathrm{d}t=\tan x\,\mathrm{d}x$. 又

$$\mathrm{d}s=\sqrt{(\mathrm{d}x)^2+(\mathrm{d}y)^2}=\sqrt{1+\tan^2x}\,\mathrm{d}x=\sec x\,\mathrm{d}x,$$

故

$$\mathrm{d}x=\cos x\,\mathrm{d}s,\ \mathrm{d}y=\sin x\,\mathrm{d}s.$$

于是

$$\int_L P(x,y)\,\mathrm{d}x+Q(x,y)\,\mathrm{d}y=\int_L[P(x,y)\cos x+Q(x,y)\sin x]\,\mathrm{d}s.$$

因此，应填 $\int_L[P(x,y)\cos x+Q(x,y)\sin x]\,\mathrm{d}s$.

3. 解：

(1) 证明：

设曲线 Γ 的切线与三个坐标轴的夹角分别为 α,β,γ，向量 (P,Q,R) 与向量 $(\cos\alpha,\cos\beta,\cos\gamma)$ 的夹角为 θ. 从而

$$\begin{aligned}\left|\int_\Gamma P\,\mathrm{d}x+Q\,\mathrm{d}y+R\,\mathrm{d}z\right|&=\left|\int_\Gamma(P\cos\alpha+Q\cos\beta+R\cos r)\,\mathrm{d}s\right|\\&=\int_\Gamma|(P,Q,R)\cdot(\cos\alpha,\cos\beta,\cos\gamma)|\,\mathrm{d}s\\&=\int_\Gamma\sqrt{P^2+Q^2+R^2}\cdot1\cdot\cos\theta\,\mathrm{d}s\\&\leqslant\int_\Gamma\sqrt{P^2+Q^2+R^2}\,\mathrm{d}s.\end{aligned}$$

【证毕】

(2) 由(1)得 $\oint_\Gamma z\,\mathrm{d}x+x\,\mathrm{d}y+y\,\mathrm{d}z\leqslant\oint_\Gamma\sqrt{x^2+y^2+z^2}\,\mathrm{d}s$.

将 $\Gamma:\begin{cases}x^2+y^2+z^2=a^2\\x+y+z=0\end{cases}$ 代入得

$$\oint_\Gamma\sqrt{x^2+y^2+z^2}\,\mathrm{d}s=\oint_\Gamma|a|\,\mathrm{d}s=|a|\cdot2\pi|a|=2\pi a^2,$$

故 $\oint_\Gamma z\,\mathrm{d}x+x\,\mathrm{d}y+y\,\mathrm{d}z$ 的上界为 $2\pi a^2$.

4.1.2　第二型曲线积分的计算方法

要点 1　计算第二型曲线积分的基本思路

核心：将第二型曲线积分化为定积分.

1. 代入曲线表达式将被积函数 f 化为一元函数.
2. 代入曲线表达式将 dx,dy 统一为上述一元函数自变量的微分形式.
3. 将第二型曲线积分转化为定积分，曲线端点对应定积分上下限.

注意：上下限根据曲线方向确定.

要点 2　在一般式情形下计算第二型曲线积分

若有向光滑曲线段 L 为 $y=y(x)$，$x:a\to b$，则

$$\int_L P(x,y)dx+Q(x,y)dy=\int_a^b \{P[x,y(x)]+Q[x,y(x)]y'(x)\}dx.$$

若有向光滑曲线段 L 为 $x=x(y)$，$y:c\to d$，则

$$\int_L P(x,y)dx+Q(x,y)dy=\int_c^d \{P[x(y),y]x'(y)+Q[x(y),y]\}dy.$$

【举例】

1. 设 L 为以 $A(1,0)$，$B(0,1)$ 及 $C(-1,0)$ 为顶点的三角形的正向边界曲线，则 $\oint_L |y|dx+|x|dy=$________.

2. 计算 $\int_L y^2dx-xdy$，其中 L 是抛物线 $y=x^2$ 上从点 $A(1,1)$ 到 $B(-1,1)$，再沿直线到 $C(0,2)$ 的曲线.

【解析】

1. 解：

设 L_1 为 $y=1-x$，$x:1\to 0$，则 $dy=-dx$.

设 L_2 为 $y=x+1$，$x:0\to -1$，则 $dy=dx$.

设 L_3 为 $y=0$，$x:-1\to 1$，则 $dy=0dx$.

因此

$$\begin{aligned}\oint_L |y|dx+|x|dy&=\int_{L_1} ydx+xdy+\int_{L_2} ydx-xdy+0\\&=\int_1^0[1-x+x\cdot(-1)]dx+\int_0^{-1}[x+1-x]dx\\&=0-1=-1.\end{aligned}$$

2. 解：

如图 4.3 所示，设 L_1 为 $y=x^2$，$x:1\to -1$，则 $dy=2xdx$.

设 L_2 为 $y=x+2$，$x:-1\to 0$，则 $dy=dx$.

$$\int_L y^2dx-xdy=\int_{L_1} y^2dx-xdy+\int_{L_2} y^2dx-xdy$$

$$=\int_{1}^{-1}(x^4-x\cdot 2x)\mathrm{d}x+\int_{-1}^{0}[(x+2)^2-x]\mathrm{d}x$$

$$=\left[\frac{1}{5}x^5-\frac{2}{3}x^3\right]_{1}^{-1}+\left[\frac{1}{3}x^3+\frac{3}{2}x^2+4x\right]_{-1}^{0}$$

$$=\frac{14}{15}+\frac{17}{6}=\frac{113}{30}.$$

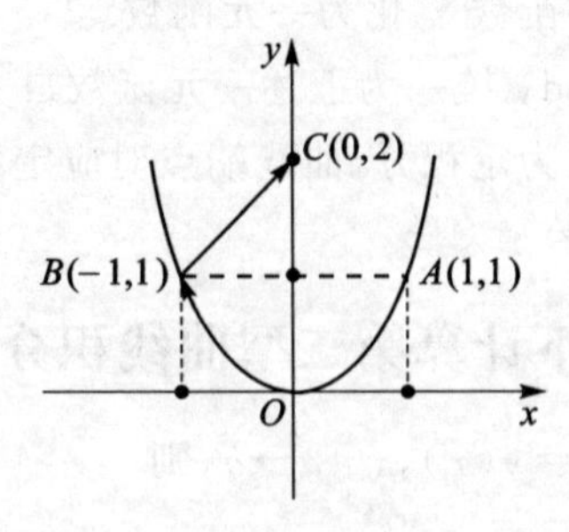

图 4.3

要点 3 在参数式情形下计算第二型曲线积分

若平面有向光滑曲线段 L 为 $x=x(t),y=y(t),t:\alpha\to\beta$,则

$$\int_L P(x,y)\mathrm{d}x+Q(x,y)\mathrm{d}y=\int_\alpha^\beta\{P[x(t),y(t)]x'(t)+Q[x(t),y(t)]y'(t)\}\mathrm{d}t.$$

若空间有向光滑曲线段 Γ 为 $x=x(t),y=y(t),z=x(t),t:\alpha\to\beta$,则

$$\int_\Gamma P(x,y,z)\mathrm{d}x+Q(x,y,z)\mathrm{d}y+R(x,y,z)\mathrm{d}z$$
$$=\int_\alpha^\beta\{P(t)x'(t)+Q(t)y'(t)+R(t)z'(t)\}\mathrm{d}t,$$

其中$\begin{cases}P(t)=P[x(t),y(t),z(t)]\\Q(t)=Q[x(t),y(t),z(t)].\\R(t)=R[x(t),y(t),z(t)]\end{cases}$

【举例】

1. 一质点在变力 $\boldsymbol{F}=\left(\frac{y}{3},-x,x+y+z\right)$ 的作用下,从 $A(1,0,0)$ 沿直线运动到 $B(3,3,4)$,则力 $\boldsymbol{F}$ 对质点所做的功为________.

2. 设 L 为圆周 $x^2+y^2=2$ 在第一象限中的部分,取逆时针方向,则 $\int_L x\mathrm{d}y-2y\mathrm{d}x=$________.

3. 计算 $\int_\Gamma(x^2-yz)\mathrm{d}x+(y^2-xz)\mathrm{d}y+(z^2-xy)\mathrm{d}z$,$\Gamma$ 为从点 $A(1,0,0)$ 沿圆柱螺旋线 $x=\cos\theta,y=\sin\theta,z=\theta$ 到点 $B(1,0,2\pi)$ 的弧段.

【解析】

1. 解:

依题意,$\boldsymbol{AB}=(2,3,4)$,从而有向线段 AB 的参数方程为 $x=2t+1,y=3t,z=4t,t:$

$0 \to 1$.

于是，力 $\boldsymbol{F}$ 对质点所做的功：

$$\begin{aligned}\int_{AB} \boldsymbol{F} \cdot \mathrm{d}\boldsymbol{s} &= \int_{AB} \frac{y}{3}\mathrm{d}x - x\mathrm{d}y + (x+y+z)\mathrm{d}z \\ &= \int_0^1 \frac{3t}{3}\mathrm{d}(2t+1) - (2t+1)\mathrm{d}(3t) + (2t+1+3t+4t)\mathrm{d}(4t) \\ &= \int_0^1 (32t+1)\mathrm{d}t = 17.\end{aligned}$$

因此，应填 17.

2. 解：

方法一：参数方程法

L 的参数方程为 $\begin{cases} x=\sqrt{2}\cos t \\ y=\sqrt{2}\sin t \end{cases}\left(t: 0 \to \dfrac{\pi}{2}\right)$，则 $\begin{cases} \mathrm{d}x=-\sqrt{2}\sin t\mathrm{d}t \\ \mathrm{d}y=\sqrt{2}\cos t\mathrm{d}t \end{cases}$. 于是

$$\begin{aligned}\int_L x\mathrm{d}y - 2y\mathrm{d}x &= \int_0^{\frac{\pi}{2}} [\sqrt{2}\cos t \cdot \sqrt{2}\cos t - 2\sqrt{2}\sin t(-\sqrt{2}\sin t)]\mathrm{d}t \\ &= \int_0^{\frac{\pi}{2}} (2\cos^2 t + 4\sin^2 t)\mathrm{d}t \\ &= 2 \times \frac{1}{2} \times \frac{\pi}{2} + 4 \times \frac{1}{2} \times \frac{\pi}{2} = \frac{3}{2}\pi.\end{aligned}$$

方法二：格林公式法

补充线段 L_1 为 $x=0, y: \sqrt{2} \to 0$，和线段 L_2 为 $y=0, x: 1 \to \sqrt{2}$.

设由 L, L_1, L_2 所围成的区域为 D，则由格林公式可得

$$\begin{aligned}I_0 &= \oint_{L+L_1+L_2} x\mathrm{d}y - 2y\mathrm{d}x = \iint_D [1-(-2)]\mathrm{d}\sigma \\ &= 3\iint_D \mathrm{d}\sigma = 3 \times \frac{1}{4}\pi \times 2 = \frac{3}{2}\pi.\end{aligned}$$

又 $I_1 = \int_{L_1} x\mathrm{d}y - 2y\mathrm{d}x = 0, I_2 = \int_{L_2} x\mathrm{d}y - 2y\mathrm{d}x = 0$，故

$$\int_L x\mathrm{d}y - 2y\mathrm{d}x = I_0 - I_1 - I_2 = \frac{3}{2}\pi.$$

因此，应填 $\dfrac{3}{2}\pi$.

3. 解：

针对 Γ：$\mathrm{d}x=-\sin\theta\mathrm{d}\theta, \mathrm{d}y=\cos\theta\mathrm{d}\theta, \mathrm{d}z=\mathrm{d}\theta$.

$$\int_\Gamma (x^2-yz)\mathrm{d}x + (y^2-xz)\mathrm{d}y + (z^2-xy)\mathrm{d}z =$$

$$\int_0^{2\pi} [(\cos^2\theta - \theta\sin\theta)(-\sin\theta) + (\sin^2\theta - \theta\cos\theta)\cos\theta +$$

$$(\theta^2 - \sin\theta\cos\theta)]\mathrm{d}\theta = \frac{8}{3}\pi^3.$$

要点 4 利用对称性计算第二型曲线积分

第二型曲线积分具有对称性(以 x 为例说明,y 和 z 可类推),具体如下:

1. 若函数 $P(x,y,z)$ 是关于 x 的偶函数,且曲线 L 关于 y 轴(或 Oyz 平面)对称,则第二型曲线积分 $\int_L P(x,y,z)\mathrm{d}x=0$(或$\int_L P(x,y)\mathrm{d}x=0$).

2. 若被积函数是关于 x 的奇函数,且积分曲线关于 y 轴(或 Oyz 平面)对称,则原第二型曲线积分为积分曲线针对 $x>0$ 部分的第二型积分曲线的 2 倍.

注意:第二型曲线积分也有轮换对称性,但用对称性和轮换对称性易出错.

【举例】

1. 设 L 为封闭折线 $|x|+|x+y|=1$ 正向一周,则$\oint_L x^2y^2\mathrm{d}x-\cos(x+y)\mathrm{d}y=$________.

2. 设 L 为封闭折线 $|x|+|y|=1$,取逆时针方向,则 $\int_L \dfrac{x\mathrm{d}y-y\mathrm{d}x}{|x|+|y|}=$________.

3. 设 L 为 $x^2+(y-1)^2=4$ 正向一周,则$\oint_L \dfrac{x\mathrm{d}y-y\mathrm{d}x}{x^2+(y-1)^2}=$________.

4. 设 L 为封闭折线 $|x|+|y|=1$,沿顺时针方向,则 $\int_L \dfrac{2xy\mathrm{d}x+x^2\mathrm{d}y}{|x|+|y|}=$________.

【解析】

1. 解:

如图 4.4 所示,设 L 围成的区域为 D,由格林公式可得

$$\begin{aligned}\oint_L x^2y^2\mathrm{d}x-\cos(x+y)\mathrm{d}y&=\iint_D[\sin(x+y)-2x^2y]\mathrm{d}\sigma\\&=\iint_D(\sin x\cos y-\sin y\cos x-2x^2y)\mathrm{d}\sigma\\&=\iint_D\sin x\cos y\mathrm{d}\sigma-\iint_D\sin y\cos x\mathrm{d}\sigma-\iint_D 2x^2y\mathrm{d}\sigma.\end{aligned}$$

又因为 $\sin x\cos y$ 是关于 x 的奇函数,$\sin y\cos x$,$2x^2y$ 也是关于 y 的奇函数,且 D 关于 x 轴和 y 轴对称,从而$\iint_D\sin x\cos y\mathrm{d}\sigma=\iint_D\sin y\cos x\mathrm{d}\sigma=0$,且$\iint_D 2x^2y\mathrm{d}\sigma=0$,从而

$$\oint_L x^2y^2\mathrm{d}x-\cos(x+y)\mathrm{d}y=0-0-0=0.$$

因此,应填 0.

2. 解:

将封闭折线 L:$|x|+|y|=1$ 代入得 $\int_L\dfrac{x\mathrm{d}y-y\mathrm{d}x}{|x|+|y|}=\int_L x\mathrm{d}y-y\mathrm{d}x$.

设 L 围成的区域为 D,则由格林公式得

$$\int_L x\mathrm{d}y-y\mathrm{d}x=\iint_D[1-(-1)]\mathrm{d}\sigma=2\iint_D\mathrm{d}\sigma=2\times2=4.$$

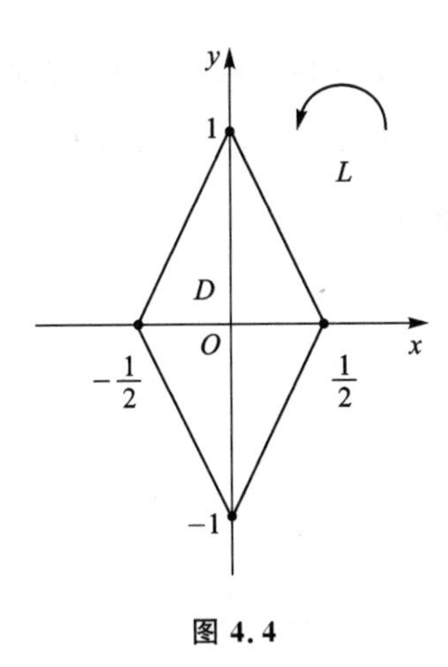

图 4.4

于是，$\int_L \frac{x\mathrm{d}y - y\mathrm{d}x}{|x|+|y|} = 4$.

因此，应填 4.

3. 解：

将 $L: x^2+(y-1)^2=4$ 代入得 $\oint_L \frac{x\mathrm{d}y - y\mathrm{d}x}{x^2+(y-1)^2} = \frac{1}{4}\oint_L x\mathrm{d}y - y\mathrm{d}x$.

设 L 围成的区域为 D，则由格林公式得

$$\frac{1}{4}\int_L x\mathrm{d}y - y\mathrm{d}x = \frac{1}{4}\iint_D [1-(-1)]\mathrm{d}\sigma = 2\iint_D \mathrm{d}\sigma = 2\cdot\pi\cdot 2^2 = 8\pi.$$

于是，$\oint_L \frac{x\mathrm{d}y - y\mathrm{d}x}{x^2+(y-1)^2} = 8\pi$.

因此，应填 8π.

4. 解：

将封闭折线 $L: |x|+|y|=1$ 代入得 $\int_L \frac{2xy\mathrm{d}x + x^2\mathrm{d}y}{|x|+|y|} = \int_L 2xy\mathrm{d}x + x^2\mathrm{d}y$.

设 L 围成的区域为 D，则由格林公式得

$$\int_L 2xy\mathrm{d}x + x^2\mathrm{d}y = \iint_D [2x-2x]\mathrm{d}\sigma = 0.$$

于是，$\int_L \frac{2xy\mathrm{d}x + x^2\mathrm{d}y}{|x|+|y|} = 0$.

因此，应填 0.

4.1.3 平面上曲线积分与路径无关的条件和格林公式

要点 1　平面上曲线积分与路径无关的条件

1. 设 G 是单连通区域，函数 $P=P(x,y)$，$Q=Q(x,y)$ 在 G 内有一阶连续偏导数，L 是 G 内任意分段光滑有向曲线，则如下四个等价条件：

(1) $\oint_L P(x,y)\mathrm{d}x + Q(x,y)\mathrm{d}y = 0$（此处要求 L 闭合）.

(2) 曲线积分$\int_L P\mathrm{d}x+Q\mathrm{d}y$在$G$内与路径无关(此处$L$可不闭合).

(3) $P(x,y)\mathrm{d}x+Q(x,y)\mathrm{d}y$是$G$内某个二元函数$u(x,y)$的全微分.

(4) $\dfrac{\partial P}{\partial y}=\dfrac{\partial Q}{\partial x}$在$G$内恒成立.

证明上述四个条件等价如下：

采用循环证法(1)⇒(2)⇒(3)⇒(4)⇒(1).

先证(1)⇒(2).

将闭合曲线L分成首尾相接的曲线L_1,L_2,其中L_1与L同向,L_2与L反向.

由(1)得：

$$\begin{aligned}0&=\oint_{L_1+(-L_2)}P\mathrm{d}x+Q\mathrm{d}y\\&=\int_{L_1}P\mathrm{d}x+Q\mathrm{d}y+\int_{-L_2}P\mathrm{d}x+Q\mathrm{d}y\\&=\int_{L_1}P\mathrm{d}x+Q\mathrm{d}y-\int_{L_2}P\mathrm{d}x+Q\mathrm{d}y,\end{aligned}$$

故有
$$\int_{L_1}P\mathrm{d}x+Q\mathrm{d}y=\int_{L_2}P\mathrm{d}x+Q\mathrm{d}y,$$

即曲线积分$\int_L P\mathrm{d}x+Q\mathrm{d}y$在$G$内与路径无关.

再证(2)⇒(3).

如图4.5所示,在G内:

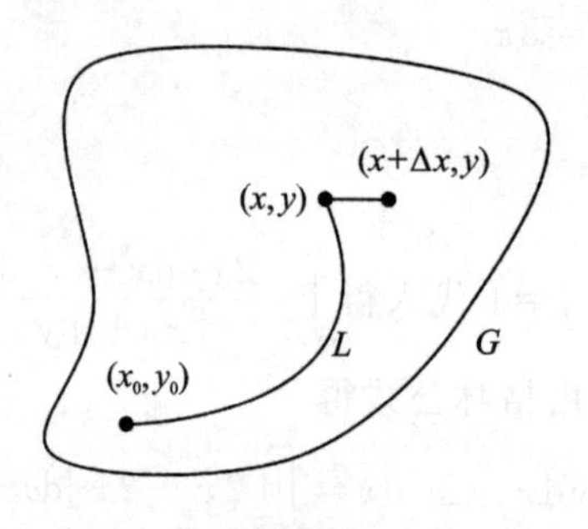

图 4.5

设$u(x,y)=\int_{(x_0,y_0)}^{(x,y)}P(x,y)\mathrm{d}x+Q(x,y)\mathrm{d}y$与路径无关.

$(x_0,y_0)\to(x+\Delta x,y)$的路径可选为$(x_0,y_0)\to(x,y)\xrightarrow{\text{直线}}(x+\Delta x,y)$,则

$$\begin{aligned}u(x+\Delta x,y)-u(x,y)&=\int_{(x_0,y_0)}^{(x+\Delta x,y)}P\mathrm{d}x+Q\mathrm{d}y-\int_{(x_0,y_0)}^{(x,y)}P\mathrm{d}x+Q\mathrm{d}y\\&=\int_{(x,y)}^{(x+\Delta x,y)}P\mathrm{d}x+Q\mathrm{d}y\\&=\int_{(x,y)}^{(x+\Delta x,y)}P(x,y)\mathrm{d}x\\&\xlongequal{\text{积分中值定理}}P(x+\theta\Delta x,y)\Delta x\ (0<\theta<1).\end{aligned}$$

于是
$$\frac{\partial u}{\partial x}=\lim_{\Delta x\to 0}\frac{\Delta u}{\Delta x}=\lim_{\Delta x\to 0}P(x+\theta\Delta x,y)=P(x,y).$$

同理,可证得$\frac{\partial u}{\partial y}=Q(x,y)$.

显然,$\frac{\partial u}{\partial x}$,$\frac{\partial u}{\partial y}$在 G 内连续,故 $u(x,y)$在 G 内可微,且
$$\mathrm{d}u(x,y)=P(x,y)\mathrm{d}x+Q(x,y)\mathrm{d}y.$$

再证(3)⇒(4).

在(2)⇒(3)的基础上,$\frac{\partial P}{\partial y}=\frac{\partial^2 u}{\partial x\partial y}$,$\frac{\partial Q}{\partial x}=\frac{\partial^2 u}{\partial y\partial x}$.

显然,$\frac{\partial^2 u}{\partial x\partial y}$,$\frac{\partial^2 u}{\partial y\partial x}$在 G 内连续,故$\frac{\partial^2 u}{\partial x\partial y}=\frac{\partial^2 u}{\partial y\partial x}$,即在 G 内每一点处都有$\frac{\partial P}{\partial y}=\frac{\partial Q}{\partial x}$.

再证(4)⇒(1).

将闭合曲线 L(取逆时针方向)分成首尾相接的曲线 L_1,L_2,其中 L_1 与 L 同向,L_2 与 L 反向.设分段光滑有向闭合曲线 L 围成的平面区域为 D,它既是 x 型域又是 y 型域的区域.

如图 4.6(a)所示,L_1 为 $y=y_1(x)(x:a\to b)$,L_2 为 $y=y_2(x)(x:b\to a)$.此时,
$$D:y_1(x)\leqslant y\leqslant y_2(x),a\leqslant x\leqslant b.$$

根据二重积分的计算公式,有
$$\iint_D\frac{\partial P}{\partial y}\mathrm{d}x\mathrm{d}y=\int_a^b\mathrm{d}x\int_{y_1(x)}^{y_2(x)}\frac{\partial P}{\partial y}\mathrm{d}y=\int_a^b\{P[x,y_2(x)]-P[x,y_1(x)]\}\mathrm{d}x.$$

再由第二型曲线积分的计算公式,又有
$$\begin{aligned}\oint_L P\mathrm{d}x&=\int_{L_1}P\mathrm{d}x+\int_{L_2}P\mathrm{d}x=\int_a^b P[x,y_1(x)]\mathrm{d}x+\int_b^a P[x,y_2(x)]\mathrm{d}x\\&=-\int_a^b\{P[x,y_2(x)]-P[x,y_1(x)]\}\mathrm{d}x.\end{aligned}$$

因此
$$-\iint_D\frac{\partial P}{\partial y}\mathrm{d}x\mathrm{d}y=\oint_L P\mathrm{d}x.$$

如图 4.6(b)所示,L_1 为 $x=x_1(y)(y:c\to d)$,L_2 为 $x=x_2(y)(y:d\to c)$.此时,
$$D:x_1(y)\leqslant x\leqslant x_2(y),c\leqslant y\leqslant d.$$

同理,可证得$\iint_D\frac{\partial Q}{\partial x}\mathrm{d}x\mathrm{d}y=\oint_L Q\mathrm{d}y$.

综上,可得$\iint_D\left(\frac{\partial Q}{\partial x}-\frac{\partial P}{\partial y}\right)\mathrm{d}x\mathrm{d}y=\oint_L P\mathrm{d}x+Q\mathrm{d}y$.

对于一般的区域,可添加几条辅助线将它分割成几个既是 x 型域又是 y 型域的区域.由于添加的辅助线上的第二型曲线积分最终可消为零,因此根据二重积分的区域可加性,可知上述结论恒成立.

若$\frac{\partial Q}{\partial x}=\frac{\partial P}{\partial y}$,则必有$\oint_L P\mathrm{d}x+Q\mathrm{d}y=0$.

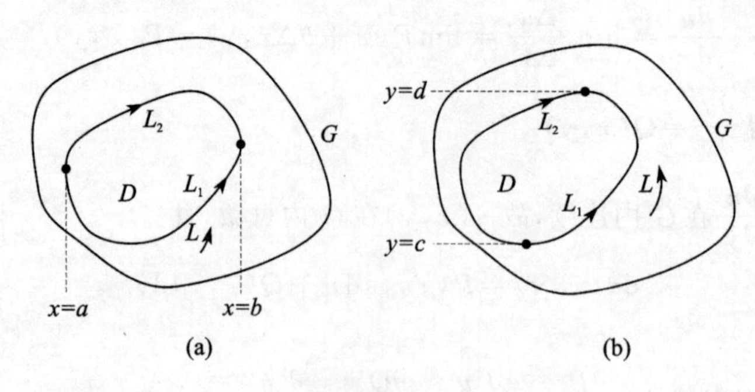

图 4.6

综上,上述四个条件等价.

2. 原函数$u(x,y)$的求法:

$$u(x,y)=\int_{(x_0,y_0)}^{(x,y)} P(x,y)\mathrm{d}x+Q(x,y)\mathrm{d}y+C,$$

其中定点$M_0(x_0,y_0)\in G$,C为任意常数.若积分路径取从$M_0(x_0,y_0)$经$M'(x,y_0)$到$M(x,y)$的有向折线段,则

$$u(x,y)=\int_{x_0}^{x} P(x,y_0)\mathrm{d}x+\int_{y_0}^{y} Q(x,y)\mathrm{d}y+C.$$

3. 条件应用:

设$L=\widehat{AB}$是一条分段光滑曲线,l与L始末点相同,也是一条分段光滑曲线,则有如下两条结论:

(1) 利用原函数计算第一型曲线积分:

若$P(x,y)\mathrm{d}x+Q(x,y)\mathrm{d}y$为$u(x,y)$的全微分,则

$$\int_{\widehat{AB}} P(x,y)\mathrm{d}x+Q(x,y)\mathrm{d}y=u(B)-u(A).$$

(2) 转换路径计算第一型曲线积分:

若曲线积分$\int_L P(x,y)\mathrm{d}x+Q(x,y)\mathrm{d}y$与路径无关,则

$$\int_L P(x,y)\mathrm{d}x+Q(x,y)\mathrm{d}y=\int_l P(x,y)\mathrm{d}x+Q(x,y)\mathrm{d}y.$$

【举例】

1. 设曲线积分$\int_L [f(x)-\mathrm{e}^x]\sin y\mathrm{d}x-f(x)\cos y\mathrm{d}y$与路径无关,其中$f(x)$具有一阶连续导数,且$f(0)=0$,则$f(x)$等于(　　).

A. $\dfrac{\mathrm{e}^{-x}-\mathrm{e}^{x}}{2}$　　B. $\dfrac{\mathrm{e}^{x}-\mathrm{e}^{-x}}{2}$

C. $\dfrac{\mathrm{e}^{-x}-\mathrm{e}^{x}}{2}-1$　　D. $1-\dfrac{\mathrm{e}^{x}-\mathrm{e}^{-x}}{2}$

2. 当$x>0,y>0$时,$\dfrac{(x+ay)\mathrm{d}y-y\mathrm{d}x}{x^2+y^2}$为某函数的全微分,则$a=$(　　).

A. -1　　B. 0　　C. 2　　D. 1

3. 计算 $\int_L (2xy+3x\sin x)\mathrm{d}x+(x^2-y\mathrm{e}^y)\mathrm{d}y$，其中 L 是沿摆线 $x=t-\sin t, y=1-\cos t$ 从点 $O(0,0)$ 到点 $A(\pi,2)$ 的一段.

4. 计算 $I=\int_{(0,0)}^{(1,1)}(1-2xy-y^2)\mathrm{d}x-(x+y)^2\mathrm{d}y$. 如果 $(1-2xy-y^2)\mathrm{d}x-(x+y)^2\mathrm{d}y$ 是某个函数 $u(x,y)$ 的全微分,求出一个这样的 $u(x,y)$.

5. 设曲线积分 $\int_L xy^2\mathrm{d}x+y\varphi(x)\mathrm{d}y$ 与路径无关,其中 $\varphi(x)$ 具有连续的导数,且 $\varphi(0)=0$,则 $\int_{(0,0)}^{(1,1)}xy^2\mathrm{d}x+y\varphi(x)\mathrm{d}y=(\quad)$.

A. 1　　B. $\frac{3}{4}$　　C. $\frac{1}{2}$　　D. $\frac{3}{8}$

6. 证明 $(2xy^3-y^2\cos x)\mathrm{d}x+(1-2y\sin x+3x^2y^2)\mathrm{d}y$ 是某二元函数 $u(x,y)$ 的全微分. 求一个 $u(x,y)$,并计算

$$\int_{(0,0)}^{(\frac{\pi}{2},1)}(2xy^3-y^2\cos x)\mathrm{d}x+(1-2y\sin x+3x^2y^2)\mathrm{d}y.$$

【解析】

1. 解:

设 $P=[f(x)-\mathrm{e}^x]\sin y, Q=-f(x)\cos y$.

因为题设曲线积分与路径无关,所以 $\frac{\partial P}{\partial y}=\frac{\partial Q}{\partial x}$,即

$$[f(x)-\mathrm{e}^x]\cos y=-f'(x)\cos y,$$

整理得 $f(x)+f'(x)=\mathrm{e}^x$,也即 $\mathrm{e}^xf(x)+\mathrm{e}^xf'(x)=\mathrm{e}^{2x}$,两边同时积分得

$$\mathrm{e}^xf(x)=\frac{1}{2}\mathrm{e}^{2x}+C,$$

从而 $f(x)=\frac{1}{2}\mathrm{e}^x+C\mathrm{e}^{-x}$. 又 $f(0)=0$,故 $C=-\frac{1}{2}$.

于是,$f(x)=\frac{\mathrm{e}^x-\mathrm{e}^{-x}}{2}$.

因此,应选 B.

2. 解:

注意: $\mathrm{d}x$ 和 $\mathrm{d}y$ 的位置.

设 $P=-\frac{y}{x^2+y^2}, Q=\frac{x+ay}{x^2+y^2}$,显然它们是初等函数,故它们可偏导.

又因为 $P\mathrm{d}x+Q\mathrm{d}y$ 为某函数的全微分,所以 $\frac{\partial P}{\partial y}=\frac{\partial Q}{\partial x}$,即

$$\frac{-(x^2+y^2)-2y\cdot(-y)}{(x^2+y^2)^2}=\frac{x^2+y^2-2x(x+ay)}{(x^2+y^2)^2},$$

也即 $2axy=0$. 因为 x,y 可以取任意值,所以 $a=0$.

因此,应选 B.

3. 解:

设 $P=2xy+3x\sin x, Q=x^2-ye^y$,则 $\frac{\partial P}{\partial y}=2x=\frac{\partial Q}{\partial x}$,题设曲线积分与路径无关.

取点 $B(\pi,0)$,则

$$\begin{aligned}&\int_L(2xy+3x\sin x)\mathrm{d}x+(x^2-ye^y)\mathrm{d}y\\=&\int_{OB}(2xy+3x\sin x)\mathrm{d}x+(x^2-ye^y)\mathrm{d}y+\\&\int_{BA}(2xy+3x\sin x)\mathrm{d}x+(x^2-ye^y)\mathrm{d}y\\=&\int_0^{\pi}3x\sin x\mathrm{d}x+\int_0^2(\pi^2-ye^y)\mathrm{d}y=3\pi+2\pi^2-e^2-1.\end{aligned}$$

4. 解:

设 $P=1-2xy-y^2, Q=-(x+y)^2$,则 $\frac{\partial P}{\partial y}=-2(x+y)=\frac{\partial Q}{\partial x}$,题设曲线积分与路径无关.取路径 L 为 $y=x, x:0\to 1$,则

$$I=\int_L=\int_0^1[1-2x^2-x^2-(x+x)^2]\mathrm{d}x=\int_0^1(1-7x^2)\mathrm{d}x=-\frac{4}{3}.$$

也可采用折线路径法:

取点 $O(0,0), A(1,0), B(1,1)$,则

$$I=\int_{OA}+\int_{AB}=\int_0^1\mathrm{d}x-\int_0^1(1+y)^2\mathrm{d}y=1-\frac{7}{3}=-\frac{4}{3}.$$

于是,所求 $u(x,y)=\int_{(0,0)}^{(x,y)}(1-2xy-x^2)\mathrm{d}x-(x+y)^2\mathrm{d}y$.

取点 $O(0,0), A'(x,0), B'(x,y)$,则

$$\begin{aligned}u(x,y)&=\int_{OA'}+\int_{A'B'}=\int_0^x\mathrm{d}x-\int_0^y(x+y)^2\mathrm{d}y\\&=x-x^2y-xy^2-\frac{1}{3}y^3.\end{aligned}$$

5. 解:

因为 $\int_L xy^2\mathrm{d}x+y\varphi(x)\mathrm{d}y$ 与路径无关,所以

$$\begin{aligned}&\int_{(0,0)}^{(1,1)}xy^2\mathrm{d}x+y\varphi(x)\mathrm{d}y\\=&\int_{(0,0)}^{(0,1)}xy^2\mathrm{d}x+y\varphi(x)\mathrm{d}y+\int_{(0,1)}^{(1,1)}xy^2\mathrm{d}x+y\varphi(x)\mathrm{d}y\\=&\int_{(0,0)}^{(0,1)}[0+y\varphi(0)\mathrm{d}y]+\int_{(0,1)}^{(1,1)}[x\mathrm{d}x+0]\\=&\int_0^1 y\varphi(0)\mathrm{d}y+\int_0^1 x\mathrm{d}x=\frac{1}{2}\varphi(0)+\frac{1}{2}=\frac{1}{2}.\end{aligned}$$

因此,应选 C.

6. 解：

(1) 证明：

设 $P=2xy^3-y^2\cos x, Q=1-2y\sin x+3x^2y^2$，则

$$\frac{\partial P}{\partial y}=6xy^2-2y\cos x, \frac{\partial Q}{\partial x}=-2y\cos x+6xy^2,$$

从而 $\frac{\partial P}{\partial y}=\frac{\partial Q}{\partial x}$，故 $P\mathrm{d}x+Q\mathrm{d}y$ 是某二元函数 $u(x,y)$ 的全微分.

【证毕】

(2) 显然，其中一个 $u(x,y)$ 可为

$$\begin{aligned}u(x,y)&=\int_{(0,0)}^{(x,y)}P\mathrm{d}x+Q\mathrm{d}y=\int_0^x P(x,0)\mathrm{d}x+\int_0^y Q(x,y)\mathrm{d}y\\&=\int_0^x 0\mathrm{d}x+\int_0^y(1-2y\sin x+3x^2y^2)\mathrm{d}y\\&=y-y^2\sin x+x^2y^3,\end{aligned}$$

从而所求曲线积分为

$$\int_{(0,0)}^{(\frac{\pi}{2},1)}(2xy^3-y^2\cos x)\mathrm{d}x+(1-2y\sin x+3x^2y^2)\mathrm{d}y=u\left(\frac{\pi}{2},1\right)=\frac{\pi^2}{4}.$$

要点 2　格林公式

1. 格林公式的定义：

根据要点 1 平面上曲线积分与路径无关的条件证明四个条件等价的结论：设平面闭区域 D 由分段光滑曲线 L（取正向）围成，函数 $P=P(x,y), Q=Q(x,y)\in C^{(1)}(D)$，则有

$$\oint_L P\mathrm{d}x+Q\mathrm{d}y=\iint_D\left(\frac{\partial Q}{\partial x}-\frac{\partial P}{\partial y}\right)\mathrm{d}x\mathrm{d}y.$$

这一公式被称为格林(Green)公式. 公式里的正向指沿闭曲线 L 的某个方向走，若 L 围成的区域在 L 右侧，则该方向为正向.

2. 格林公式的应用：

(1) 格林公式可以简化某些曲线积分的计算. 特别地，在格林公式中，令 $P=-y$，$Q=x$，则得到一个利用曲线积分计算平面区域 D 的面积的公式

$$S_D=\iint_D\mathrm{d}x\mathrm{d}y=\frac{1}{2}\oint_L x\mathrm{d}y-y\mathrm{d}x.$$

(2) 若光滑曲线 L 不封闭，补充光滑曲线 l 使它封闭，且所补曲线 l 的方向能与 L 的方向形成闭合回路. 设 L 和 l 所围成的区域为 D，则

$$\int_L=\oint_{L+l}-\int_l,$$

其中 $\oint_{L+l}$ 可按格林公式计算.

【举例】

1. 设 L 是圆周 $x^2+y^2=a^2(a>0)$ 负向一周，则曲线积分 $\oint_L(x^3-x^2y)\mathrm{d}x+(xy^2-$

$y^3)\mathrm{d}y=($　　$)$.

A. 0　　　B. $-\dfrac{\pi a^4}{2}$　　　C. $-\pi a^4$　　　D. πa^4

2. 设 L 是椭圆 $4x^2+y^2=8x$,沿逆时针方向,则曲线积分 $\oint_L \mathrm{e}^{y^2}\mathrm{d}x+x\mathrm{d}y=($　　$)$.

A. 2π　　　B. π　　　C. 1　　　D. 0

3. 计算 $I=\int_{AMB}[\varphi(y)\cos x-\pi y]\mathrm{d}x+[\varphi'(y)\sin x-\pi]\mathrm{d}y$,其中,$AMB$ 为在连接点 $A(\pi,2)$ 与 $B(3\pi,4)$ 的线段之下的任意路线,且该路线与 AB 所围成的面积为 2,$\varphi(y)$ 具有连续的导数.

4. 计算 $\int_L\left(y+\dfrac{\mathrm{e}^y}{x}\right)\mathrm{d}x+\mathrm{e}^y\ln x\mathrm{d}y$,$L$ 是半圆周 $x=1+\sqrt{2y-y^2}$ 上从点 $(1,0)$ 到点 $(2,1)$ 的一段弧.

5. 计算 $\oint_L\dfrac{x\mathrm{d}y-y\mathrm{d}x}{x^2+2y^2}$,$L$ 为 $(x-1)^2+y^2=4$ 的正向边界.

【解析】

1. 解:

设 L 围成的区域为 D,则在极坐标条件下 D:$0\leqslant r\leqslant a$,$0\leqslant\theta\leqslant 2\pi$. 由格林公式可得

$$\begin{aligned}&\oint_L(x^3-x^2y)\mathrm{d}x+(xy^2-y^3)\mathrm{d}y\\&=-\iint_D[y^2-(-x^2)]\mathrm{d}\sigma=-\iint_D(x^2+y^2)\mathrm{d}\sigma\\&=-\int_0^{2\pi}\mathrm{d}\theta\int_0^a r^2\cdot r\mathrm{d}r=-2\pi\cdot\frac{1}{4}a^4=-\frac{\pi a^4}{2}.\end{aligned}$$

因此,应选 B.

2. 解:

依题意,L 的方程可化为 $(x-1)^2+\dfrac{y^2}{4}=1$.

设 L 围成的区域为 D,则 D 关于 x 轴对称,由格林公式可得

$$\begin{aligned}\oint_L\mathrm{e}^{y^2}\mathrm{d}x+x\mathrm{d}y&=\iint_D\left(\frac{\partial x}{\partial x}-\frac{\partial\mathrm{e}^{y^2}}{\partial y}\right)\mathrm{d}\sigma\\&=\iint_D(1-2y\mathrm{e}^{y^2})\mathrm{d}\sigma=\iint_D\mathrm{d}\sigma-\iint_D 2y\mathrm{e}^{y^2}\mathrm{d}\sigma.\end{aligned}$$

因为 $2y\mathrm{e}^{y^2}$ 是关于 y 的奇函数,所以 $\iint_D 2y\mathrm{e}^{y^2}\mathrm{d}\sigma=0$. 于是,

$$\oint_L\mathrm{e}^{y^2}\mathrm{d}x+x\mathrm{d}y=\iint_D\mathrm{d}\sigma=\pi\times 1\times 2-0=2\pi.$$

注意:此处用到椭圆面积公式 $S=\pi ab$,a,b 分别为半长轴的长度和半短轴的长度.

因此,应选 A.

3. 解：

取点 $C(\pi,4)$，记 $L=AMB+BC+CA$. L 取正向，设它所围成的区域为 D.

设 $P=\varphi(y)\cos x-\pi y$，$Q=\varphi'(y)\sin x-\pi$，则

$$\frac{\partial P}{\partial y}=\varphi'(y)\cos x-\pi,\ \frac{\partial Q}{\partial x}=\varphi'(y)\cos x,$$

从而 $\frac{\partial Q}{\partial x}-\frac{\partial P}{\partial y}=\pi$.

由格林公式得

$$I_0=\oint_L P\,\mathrm{d}x+Q\,\mathrm{d}y=\iint_D\left(\frac{\partial Q}{\partial x}-\frac{\partial P}{\partial y}\right)\mathrm{d}x\,\mathrm{d}y$$

$$=\pi\iint_D\mathrm{d}x\,\mathrm{d}y=\pi(2+\frac{1}{2}\cdot 2\cdot 2\pi)=2\pi(1+\pi).$$

又

$$I_1=\int_{BC}P\,\mathrm{d}x+Q\,\mathrm{d}y=\int_{3\pi}^{\pi}[\varphi(4)\cos x-4\pi]\mathrm{d}x=8\pi^2,$$

$$I_2=\int_{CA}P\,\mathrm{d}x+Q\,\mathrm{d}y=\int_4^2(-\pi)\mathrm{d}x=2\pi,$$

于是

$$I=I_0-I_1-I_2=-6\pi^2.$$

4. 解：

L：$x=1+\sqrt{2y-y^2}$ (y：$0\to1$)，也即

$$L:(x-1)^2+(y-1)^2=1(y:0\to1,x\leqslant1).$$

如图 4.7 所示，设 $A(1,0)$，$B(2,1)$，$C(1,1)$，且 $\boldsymbol{AB},\boldsymbol{BC},\boldsymbol{CA}$ 围成的图形为 D.

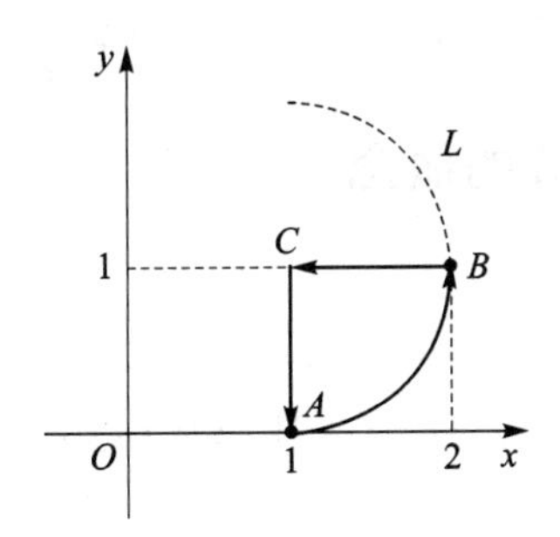

图 4.7

同时，设 $P(x,y)=y+\frac{\mathrm{e}^y}{x}$，$Q(x,y)=\frac{\mathrm{e}^y}{x}$，则 $\frac{\partial P}{\partial y}=1+\frac{\mathrm{e}^y}{x}$，$\frac{\partial Q}{\partial x}=\frac{\mathrm{e}^y}{x}$.

依题意，$\int_L=\int_{L+\boldsymbol{BC}+\boldsymbol{CA}}-\int_{\boldsymbol{BC}}-\int_{\boldsymbol{CA}}$. 由格林公式，可得

$$\int_{L+\boldsymbol{BC}+\boldsymbol{CA}}\left(y+\frac{\mathrm{e}^y}{x}\right)\mathrm{d}x+\mathrm{e}^y\ln x\,\mathrm{d}y=\iint_D\left(\frac{\partial Q}{\partial x}-\frac{\partial P}{\partial y}\right)\mathrm{d}\sigma=\iint_D(-1)\,\mathrm{d}\sigma=-\frac{\pi}{4}.$$

又因为

$$\int_{\boldsymbol{BC}}\left(y+\frac{\mathrm{e}^y}{x}\right)\mathrm{d}x+\mathrm{e}^y\ln x\,\mathrm{d}y=\int_2^1\left(1+\frac{e}{x}\right)\mathrm{d}x=-1-e\ln 2,$$

$$\int_{\boldsymbol{CA}}\left(y+\frac{\mathrm{e}^y}{x}\right)\mathrm{d}x+\mathrm{e}^y\ln x\,\mathrm{d}y=\int_2^1 0\mathrm{d}y=0,$$

所以 $\int_L \left(y+\frac{e^y}{x}\right)dx + e^y\ln x dy = -\frac{\pi}{4}-(-1-e\ln 2)-0 = 1+e\ln 2-\frac{\pi}{4}$.

5. 解:

设 $P=\frac{-y}{x^2+2y^2}$,$Q=\frac{x}{x^2+2y^2}$,则

$$\begin{cases}\frac{\partial P}{\partial y}=\frac{-(x^2+2y^2)-(-y)\cdot 4y}{(x^2+2y^2)^2}=\frac{2y^2-x^2}{(x^2+2y^2)^2}\\ \frac{\partial Q}{\partial x}=\frac{x^2+2y^2-x\cdot 2x}{(x^2+2y^2)^2}=\frac{2y^2-x^2}{(x^2+2y^2)^2}\end{cases},$$

故 $\frac{\partial P}{\partial y}=\frac{\partial Q}{\partial x}$. 因此,该曲线积分与积分路径无关.

取椭圆 L_1: $x^2+2y^2=\varepsilon(\varepsilon>0)$ 的正向边界,设它围成的区域为 D_1.

根据格林公式,可得

$$\oint_L \frac{x dy - y dx}{x^2+2y^2} = \oint_{L_1}\frac{x dy - y dx}{x^2+2y^2} = \frac{1}{\varepsilon}\oint_{L_1} x dy - y dx$$

$$=\frac{1}{\varepsilon}\iint_{D_1}[1-(-1)]d\sigma = \frac{2}{\varepsilon}\iint_{D_1}d\sigma = \frac{2}{\varepsilon}\cdot\pi\cdot\sqrt{\varepsilon}\cdot\sqrt{\frac{\varepsilon}{2}} = \sqrt{2}\pi.$$

4.2 第二型曲面积分

4.2.1 第二型曲面积分的概念与性质

要点 1 第二型曲面积分的概念

1. 第二型曲面积分的定义:

设函数 $P(x,y,z)$,$Q(x,y,z)$,$R(x,y,z)$ 是取定了侧的光滑有向曲面 Σ 上的有界函数,则向量值函数 $\boldsymbol{a}(x,y,z)=P(x,y,z)\mathbf{i}+Q(x,y,z)\mathbf{j}+R(x,y,z)\mathbf{k}$ 在 Σ 上的第二型曲面积分定义为

$$\iint_\Sigma P(x,y,z)dydz + Q(x,y,z)dzdx + R(x,y,z)dxdy$$

$$=\lim_{\lambda\to 0}\sum_{i=1}^n[P(\xi_i,\eta_i,\zeta_i)(\Delta y\Delta z)_i + Q(\xi_i,\eta_i,\zeta_i)(\Delta z\Delta x)_i +$$

$$R(\xi_i,\eta_i,\zeta_i)(\Delta x\Delta y)_i],$$

其中,$\Delta\Sigma_i$ 是 Σ 被任意分成的 n 块中的任一块小曲面,其面积为 ΔS_i;(ξ_i,η_i,ζ_i) 是 $\Delta\Sigma_i$ 上任一点的坐标;λ 是各个小块曲面的直径的最大值;$\Delta\Sigma_i$ 在 Oyz 平面、Ozx 平面、Oxy 平面的带符号的投影面积分别是 $(\Delta y\Delta z)_i$,$(\Delta z\Delta x)_i$,$(\Delta x\Delta y)_i$.

2. 第二型曲面积分的深层含义:

第二型曲面积分表示向量场通过指定侧向的曲面的通量.

对不同的向量场,通量具有不同的物理意义. 若向量场 $\boldsymbol{a}$ 是流体的流速 $\boldsymbol{v}$,则通量是

流体的流量；若 $\boldsymbol{a}$ 是电场强度 $\boldsymbol{E}$，则通量是电通量；若 $\boldsymbol{a}$ 是磁感应强度 $\boldsymbol{B}$，则通量是磁通量.

设向量场（强度）$\boldsymbol{a}=P(x,y,z)\mathbf{i}+Q(x,y,z)\mathbf{j}+R(x,y,z)\mathbf{k}$，向量场（场线）通过指定侧向的分片光滑曲面 Σ 的通量为

$$\Phi=\iint_{\Sigma}\boldsymbol{a}\cdot\mathrm{d}\boldsymbol{S}=\iint_{\Sigma}(P,Q,R)\cdot(\mathrm{d}y\mathrm{d}z,\mathrm{d}z\mathrm{d}x,\mathrm{d}x\mathrm{d}y)$$

$$=\iint_{\Sigma}P(x,y,z)\mathrm{d}y\mathrm{d}z+Q(x,y,z)\mathrm{d}z\mathrm{d}x+R(x,y,z)\mathrm{d}x\mathrm{d}y.$$

要点 2　第二型曲面积分的性质

1. $\iint_{\Sigma}P\mathrm{d}y\mathrm{d}z+Q\mathrm{d}z\mathrm{d}x+R\mathrm{d}x\mathrm{d}y=\iint_{\Sigma}P\mathrm{d}y\mathrm{d}z+\iint_{\Sigma}Q\mathrm{d}z\mathrm{d}x+\iint_{\Sigma}R\mathrm{d}x\mathrm{d}y.$

注意：$P=P(x,y,z),Q=Q(x,y,z),R=R(x,y,z)$.

2. $\iint_{\Sigma_1+\Sigma_2}=\iint_{\Sigma_1}+\iint_{\Sigma_2}.$

3. $\iint_{\Sigma}=-\iint_{-\Sigma}$，其中 $-\Sigma$ 表示与 Σ 取相反侧的有向曲面；

4. 若 Σ 是垂直于 Oxy 平面的柱面，则 $\iint_{\Sigma}R(x,y,z)\mathrm{d}x\mathrm{d}y=0.$

若 Σ 是垂直于其他坐标平面的柱面，则以此类推.

【举例】

1. 设 Σ 是 Oxy 平面上的圆域 $x^2+y^2\leqslant1$，取上侧，则 $\iint_{\Sigma}(x^2+y^2+z^2)\mathrm{d}z\mathrm{d}x=$（　　）.

A. $\dfrac{2\pi}{3}$　　B. $\dfrac{\pi}{2}$　　C. 0　　D. $-\dfrac{\pi}{2}$

2. 设 Σ 是曲面 $\begin{cases}z=a\\x^2+y^2\leqslant b^2\end{cases}(a>0,b>0)$ 的上侧，则 $\iint_{\Sigma}\mathrm{d}y\mathrm{d}z+\mathrm{d}z\mathrm{d}x+\mathrm{d}x\mathrm{d}y=$ ________.

【解析】

1. 解：

因为 Oxz 平面与 Oxy 平面上的圆域 Σ：$x^2+y^2\leqslant1,z=0$（取上侧）垂直，所以

$$\iint_{\Sigma}(x^2+y^2+z^2)\mathrm{d}z\mathrm{d}x=0.$$

因此，应选 C.

2. 解：

设曲面 Σ 在 Oxy 平面的投影区域为 D，则 $D=\{(x,y)\mid x^2+y^2\leqslant b^2\}$. 于是

$$\iint_{\Sigma}\mathrm{d}y\mathrm{d}z+\mathrm{d}z\mathrm{d}x+\mathrm{d}x\mathrm{d}y=\iint_{\Sigma}\mathrm{d}x\mathrm{d}y=\iint_{D}\mathrm{d}x\mathrm{d}y=\pi b^2.$$

因此，应填 πb^2.

要点3　第一型曲面积分和第二型曲面积分的关系

如图4.8所示，根据投影关系，易得 $\cos\alpha \mathrm{d}S=\mathrm{d}y\mathrm{d}z$，$\cos\beta \mathrm{d}S=\mathrm{d}z\mathrm{d}x$，$\cos\gamma \mathrm{d}S=\mathrm{d}x\mathrm{d}y$，故

$$\iint_{\Sigma} P\mathrm{d}y\mathrm{d}z+Q\mathrm{d}z\mathrm{d}x+R\mathrm{d}x\mathrm{d}y=\iint_{\Sigma}(P\cos\alpha+Q\cos\beta+R\cos\gamma)\mathrm{d}S,$$

其中 $\cos\alpha,\cos\beta,\cos\gamma$ 是曲面 Σ 在点 (x,y,z) 处的法向量的方向余弦.

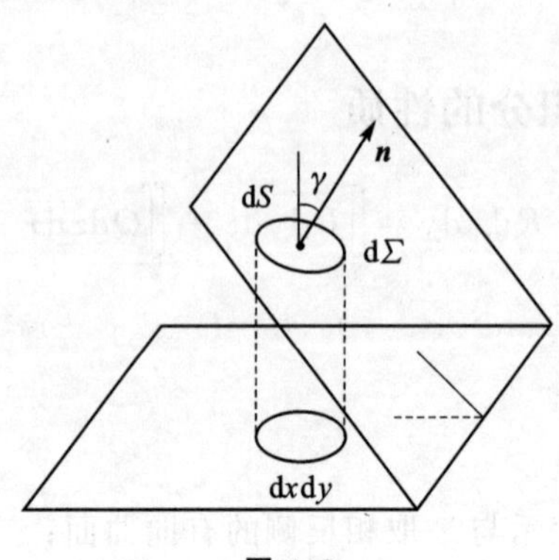

图 4.8

【举例】

1. 设 Σ 是平面 $3x+2y+2\sqrt{3}z=6$ 在第一卦限部分的上侧，则 $I=\iint_{\Sigma} P\mathrm{d}y\mathrm{d}z+Q\mathrm{d}z\mathrm{d}x+R\mathrm{d}x\mathrm{d}y$ 化为第一型曲面积分为________.

2. 计算 $I=\iint_{\Sigma} x^2 y\cos\gamma \mathrm{d}S$，其中 Σ 是球面 $x^2+y^2+z^2=a^2$ 的下半球面，法线朝上，γ 是法线正向与 z 轴正向的夹角.

【解析】

1. 解：

依题意，Σ 的法向量为 $\boldsymbol{n}=(3,2,2\sqrt{3})$，其方向余弦为

$$\boldsymbol{e}=(\cos\alpha,\cos\beta,\cos\gamma)=\frac{1}{5}(3,2,2\sqrt{3}),$$

从而

$$\iint_{\Sigma} P\mathrm{d}x+Q\mathrm{d}y+R\mathrm{d}z=\iint_{\Sigma}(P\cos\alpha+Q\cos\beta+R\cos\gamma)\mathrm{d}S$$

$$=\frac{1}{5}\iint_{\Sigma}(3P+2Q+2\sqrt{3}R)\mathrm{d}S.$$

因此，应填 $\frac{1}{5}\iint_{\Sigma}(3P+2Q+2\sqrt{3}R)\mathrm{d}S$.

2. 解：

因为 $\mathrm{d}x\mathrm{d}y$ 是 $\mathrm{d}S$ 在 Oxy 平面上的投影，所以 $\cos\gamma \mathrm{d}S=\mathrm{d}x\mathrm{d}y$，从而

$$\iint_{\Sigma} x^2 y\cos\gamma \mathrm{d}S=\iint_{\Sigma} x^2 y\mathrm{d}x\mathrm{d}y.$$

设 D 是 Σ 在 Oxy 平面上的投影，则 $D=\{(x,y)\mid x^2+y^2\leqslant a^2\}$，且

$$\iint_{\Sigma} x^2 y\,\mathrm{d}x\,\mathrm{d}y=\iint_{D} x^2 y\,\mathrm{d}x\,\mathrm{d}y.$$

因为 D 关于 x 轴对称，且 x^2y 是关于 y 的奇函数，所以 $\iint\limits_{D} x^2 y\,\mathrm{d}x\,\mathrm{d}y=0$.

因此，

$$\iint_{\Sigma} x^2 y\cos\gamma\,\mathrm{d}S=0.$$

4.2.2　第二型曲面积分的计算方法

要点 1　计算第二型曲面积分的基本思路

核心：将第二型曲面积分化为二重积分.

1. 代入曲面表达式将被积函数 f 化为关于 x,y 的二元函数.
2. 将曲面投影到某一个坐标平面上，建立转换关系式.
3. 将第二型曲面积分转化为二重积分，积分区域为曲面在对应坐标平面上的投影区域.

注意：曲面方向和投影方向.

要点 2　分面投影法

设 Σ 为光滑的有向曲面，$P(x,y,z),Q(x,y,z),R(x,y,z)\in C^{(1)}(\Sigma)$.

若 Σ 的方程为 $z=z(x,y)$，Σ 在 Oxy 平面上的投影区域为 D_{xy}，则

$$\iint_{\Sigma} R(x,y,z)\,\mathrm{d}x\,\mathrm{d}y=\pm\iint_{D_{xy}} R[x,y,z(x,y)]\,\mathrm{d}x\,\mathrm{d}y,$$

当 Σ 取上侧时右端积分取正号，当 Σ 取下侧时右端积分取负号.

类似地，当 Σ 可表示为 $x=x(y,z),(y,z)\in D_{yz}$ 或 $y=y(z,x),(z,x)\in D_{zx}$ 时，可类推之.

【举例】

1. 设曲面 Σ 为 $x+y+z=1$ 在第一卦限部分的下侧，则 $\iint\limits_{\Sigma} z\,\mathrm{d}x\,\mathrm{d}y=($　　$)$.

A. $-\dfrac{1}{6}$　　B. $\dfrac{1}{6}$　　C. $-\dfrac{1}{3}$　　D. $\dfrac{1}{3}$

2. 设 Σ 是锥面 $z^2=x^2+y^2(0\leqslant z\leqslant 1)$ 的下侧，则 $\iint\limits_{\Sigma} |xyz|\,\mathrm{d}x\,\mathrm{d}y=$________.

3. 计算 $I=\iint\limits_{\Sigma}(x^2+y^2)\,\mathrm{d}x\,\mathrm{d}y$，其中 Σ 是 $z=0,x^2+y^2\leqslant R^2$ 的下侧.

【解析】

1. 解：

Σ 在 Oxy 平面上的投影区域为 D：$0\leqslant y\leqslant 1-x,0\leqslant x\leqslant 1$，从而

$$\iint_{\Sigma} z\,\mathrm{d}x\,\mathrm{d}y=-\iint_{D}(1-x-y)\,\mathrm{d}x\,\mathrm{d}y=-\int_0^1\mathrm{d}x\int_0^{1-x}(1-x-y)\,\mathrm{d}y$$

$$=-\int_0^1 \frac{1}{2}(1-x)^2 \mathrm{d}x=-\frac{1}{6}.$$

因此,应选 A.

2. 解:

设曲面 Σ 在 Oxy 平面上的投影区域为 D,则 $D=\{(x,y)\mid x^2+y^2\leqslant 1\}$,从而

$$I=\iint_{\Sigma}|xyz|\mathrm{d}x\mathrm{d}y=-\iint_{D}\left|xy\sqrt{x^2+y^2}\right|\mathrm{d}x\mathrm{d}y=-\iint_{D}|xy|\sqrt{x^2+y^2}\,\mathrm{d}x\mathrm{d}y.$$

设 D_1 是 D 在第一象限的部分.因为 D 关于 x,y 轴都对称,所以

$$I=4\iint_{D_1}xy\sqrt{x^2+y^2}\,\mathrm{d}x\mathrm{d}y.$$

在极坐标条件下,$D_1=\{(r,\theta)\mid 0\leqslant r\leqslant 1,0\leqslant\theta\leqslant\frac{\pi}{2}\}$.于是,

$$I=-4\iint_{D_1}xy\sqrt{x^2+y^2}\,\mathrm{d}x\mathrm{d}y=-4\iint_{D_1}r\cos\theta\cdot r\sin\theta\cdot r\cdot r\mathrm{d}r\mathrm{d}\theta$$

$$=-4\int_0^{\frac{\pi}{2}}\sin\theta\cos\theta\mathrm{d}\theta\int_0^1 r^4\mathrm{d}r=-4\times\frac{1}{2}\times\frac{1}{5}=-\frac{2}{5}.$$

因此,应填 $-\frac{2}{5}$.

3. 解:

设 Σ 在 Oxy 平面上的投影区域为 D,则在极坐标条件下

$$D=\{(r,\theta)\mid 0\leqslant r\leqslant R,0\leqslant\theta\leqslant 2\pi\}.$$

于是

$$I=\iint_{\Sigma}(x^2+y^2)\mathrm{d}x\mathrm{d}y=-\iint_{D}(x^2+y^2)\mathrm{d}x\mathrm{d}y=-\iint_{D}r^2\cdot r\mathrm{d}r\mathrm{d}\theta$$

$$=-\int_0^{2\pi}\mathrm{d}\theta\int_0^R r^3\mathrm{d}r=-2\pi\cdot\frac{1}{4}R^4=-\frac{\pi}{2}R^4.$$

要点 3 合一投影法

若 Σ:$z=z(x,y),(x,y)\in D_{xy},P,Q,R\in C^{(1)}(\Sigma)$,则

$$\iint_{\Sigma}P(x,y,z)\mathrm{d}y\mathrm{d}z+Q(x,y,z)\mathrm{d}z\mathrm{d}x+R(x,y,z)\mathrm{d}x\mathrm{d}y$$

$$=\pm\iint_{D_{xy}}[P(x,y),Q(x,y),R(x,y)]\cdot[-z_x,-z_y,1]\mathrm{d}x\mathrm{d}y,$$

其中,$\begin{cases}P(x,y)=P[x,y,z(x,y)]\\Q(x,y)=Q[x,y,z(x,y)]\\R(x,y)=R[x,y,z(x,y)]\end{cases}$.当 Σ 取上侧时,右端积分取正号;当 Σ 取下侧时,右端积分取负号.

若将 Σ 投影到 Oyz,Oxz 平面,则有类似公式.

【举例】

求 $I=\iint\limits_{\Sigma}[f(x,y,z)+x]\mathrm{d}y\mathrm{d}z+[2f(x,y,z)+y]\mathrm{d}z\mathrm{d}x+[f(x,y,z)+z]\mathrm{d}x\mathrm{d}y$，其中，$f(x,y,z)$为连续函数，$\Sigma$ 为平面 $x-y+z=1$ 在第四卦限部分的上侧.

【解析】

解：

方法一：合一投影法

由 Σ 为 $x-y+z=1(x\leqslant 0,y\leqslant 0,z\leqslant 0)$得$\Sigma$：$z=1+y-x$，故

$$z_x=-1,z_y=1.$$

显然，Σ：$x-y+z=1(x\leqslant 0,y\leqslant 0,z\leqslant 0)$在第四卦限与三个坐标轴的交点分别为$(1,0,0),(0,0,1),(0,-1,0)$.

设曲面 Σ 在 Oxy 平面上的投影区域为 D，则 $D=\{(x,y)\mid x-1\leqslant y\leqslant 0,0\leqslant x\leqslant 1\}$.

由合一投影法可得

$$I=\iint\limits_{D}[f(x,y,z)+x,2f(x,y,z)+y,f(x,y,z)+z]\cdot(-z_x,-z_y,1)\mathrm{d}x\mathrm{d}y$$

$$=\iint\limits_{D}(x-y+z)\mathrm{d}x\mathrm{d}y=\iint\limits_{D}(x-y+1+y-x)\mathrm{d}x\mathrm{d}y=\iint\limits_{D}\mathrm{d}x\mathrm{d}y=\frac{1}{2}.$$

方法二：两类曲面积分的关系法

依题意，Σ：$x-y+z=1(x\leqslant 0,y\leqslant 0,z\leqslant 0)$的法向量可设为 $\boldsymbol{n}=(1,-1,1)$，其方向余弦为 $\cos\alpha=\frac{1}{\sqrt{3}},\cos\beta=-\frac{1}{\sqrt{3}},\cos\gamma=\frac{1}{\sqrt{3}}$.

根据两类曲面积分的关系，有

$$I=\iint\limits_{\Sigma}\frac{1}{\sqrt{3}}\{[f(x,y,z)+x]-[2f(x,y,z)+y]+[f(x,y,z)+z]\}\mathrm{d}S$$

$$=\frac{1}{\sqrt{3}}\iint\limits_{\Sigma}(x-y+z)\mathrm{d}S=\frac{1}{\sqrt{3}}\iint\limits_{\Sigma}\mathrm{d}S.$$

显然，Σ：$x-y+z=1(x\leqslant 0,y\leqslant 0,z\leqslant 0)$在第四卦限与三个坐标轴的交点分别为$(1,0,0),(0,0,1),(0,-1,0)$，这三点所构成的三角形是等边三角形，其面积为$\frac{\sqrt{3}}{2}$，从而$\iint\limits_{\Sigma}\mathrm{d}S=\frac{\sqrt{3}}{2}$.

综上，$I=\frac{1}{2}$.

要点 4　利用对称性计算第二型曲面积分

第二型曲面积分具有对称性(以 x 为例说明，y 和 z 可类推)，具体如下：

1. 若函数 $P(x,y,z)$是关于 x 的偶函数，且曲面 Σ 关于 Oyz 平面对称，则第二型曲面积分 $\iint\limits_{\Sigma}P(x,y,z)\mathrm{d}y\mathrm{d}z=0$.

2. 若被积函数是关于 x 的奇函数,且积分曲面关于 Oyz 平面对称,则原第二型曲面积分为积分曲面针对 $x>0$ 部分的第二型曲面积分的 2 倍.

注意:第二型曲面积分也有轮换对称性,但用对称性和轮换对称性易出错.

【举例】

1. 设 Σ 为球面 $x^2+y^2+z^2=R^2$ 上半部分的上侧,则下列结论不正确的是(　　).

A. $\iint\limits_{\Sigma} x^2 \mathrm{d}y\mathrm{d}z=0$　　　B. $\iint\limits_{\Sigma} x\mathrm{d}y\mathrm{d}z=0$

C. $\iint\limits_{\Sigma} y^2 \mathrm{d}y\mathrm{d}z=0$　　　D. $\iint\limits_{\Sigma} y\mathrm{d}y\mathrm{d}z=0$

2. 设 Σ 是球面 $x^2+y^2+z^2=a^2(a>0)$ 的外侧,则曲面积分 $\iint\limits_{\Sigma}(x^2+y^2+z^2)\mathrm{d}x\mathrm{d}y=$ ______.

A. 0　　B. $4\pi a^2$　　C. πa^2　　D. $\dfrac{4\pi a^2}{3}$

3. 设 $\iint\limits_{\Sigma} x^2\mathrm{d}y\mathrm{d}z+y^2\mathrm{d}z\mathrm{d}x+z^2\mathrm{d}x\mathrm{d}y$,其中,$\Sigma$ 为锥面 $x^2+y^2=z^2$ 介于平面 $z=0$ 及 $z=h$ 之间部分的下侧,则 $I=$(　　).

A. $-\dfrac{1}{2}\pi h^4$　　B. $-\pi h^4$　　C. $\dfrac{1}{2}\pi h^4$　　D. πh^4.

4. 计算 $I=\iint\limits_{\Sigma} y\mathrm{d}z\mathrm{d}x+(z^2+1)\mathrm{d}x\mathrm{d}y$,其中,$\Sigma$ 是圆柱面 $x^2+y^2=4$ 被平面 $x+z=2$ 和 $z=0$ 所截出部分的外侧.

5. 已知 Σ 为空间曲面 $x^2+y^2+z^4=1(z\leqslant 0)$ 的上侧,$f(x)$ 连续.计算曲面积分 $I=\iint\limits_{\Sigma}[x^2+yzf(x^2-y^2)]\mathrm{d}y\mathrm{d}z+[y^2+xzf(x^2-y^2)]\mathrm{d}z\mathrm{d}x+[z^2+xyf(x^2-y^2)]\mathrm{d}x\mathrm{d}y$.

6. 计算 $I=\iint\limits_{\Sigma}\dfrac{2\mathrm{d}y\mathrm{d}z}{x\cos^2 x}+\dfrac{\mathrm{d}z\mathrm{d}x}{\cos^2 y}-\dfrac{\mathrm{d}x\mathrm{d}y}{z\cos^2 z}$,其中,$\Sigma$ 是球面 $x^2+y^2+z^2=1$ 的外侧.

【解析】

1. 解:

因为 x^2,y^2,y 是关于 x 的偶函数,且 Σ 关于 Oyz 平面对称,所以

$$\iint\limits_{\Sigma} x^2\mathrm{d}y\mathrm{d}z=\iint\limits_{\Sigma} y^2\mathrm{d}y\mathrm{d}z=\iint\limits_{\Sigma} y\mathrm{d}y\mathrm{d}z=0,$$

故 A、C、D 三个选项都正确.

设 Σ_1 为 Σ 在 Oyz 平面前侧的部分,因为 x 是关于 x 的奇函数,且 Σ 关于 Oyz 平面对称,所以 $\iint\limits_{\Sigma} x\mathrm{d}y\mathrm{d}z=2\iint\limits_{\Sigma_1} x\mathrm{d}y\mathrm{d}z$.

依题意,Σ_1: $x=\sqrt{R^2-y^2-z^2}$,$z\leqslant 0$,设 Σ_1 在 Oyz 平面上的投影区域为 D_1,则

$$\iint\limits_{\Sigma_1} x\mathrm{d}y\mathrm{d}z=\iint\limits_{D_1}\sqrt{R^2-y^2-z^2}\,\mathrm{d}y\mathrm{d}z>0,$$

即 $\iint\limits_{\Sigma} x\,\mathrm{d}y\mathrm{d}z > 0$.

可见只有 B 选项错误.

因此,应选 B.

2. 解:

设 Ω 为 Σ 所围成的区域. 由高斯公式得

$$\text{原式} = \oiint\limits_{\Sigma}(x^2+y^2+z^2)\mathrm{d}x\mathrm{d}y = \iiint\limits_{\Omega}\frac{\partial(x^2+y^2+z^2)}{\partial z}\mathrm{d}V = \iiint\limits_{\Omega}2z\,\mathrm{d}V.$$

因为 Ω 关于 Oxy 平面对称,且 $2z$ 是关于 z 的奇函数,所以 $\iiint\limits_{\Omega}2z\,\mathrm{d}V=0$, 故

$$\oiint\limits_{\Sigma}(x^2+y^2+z^2)\mathrm{d}x\mathrm{d}y=0.$$

因此,应选 A.

3. 解:

补充平面 Σ_1: $z=h, x^2+y^2\leqslant h^2$,取上侧. 设 Σ,Σ_1 所围成的区域为 Ω. 由高斯公式得

$$I_0=\iint\limits_{\Sigma+\Sigma_1}x^2\mathrm{d}y\mathrm{d}z+y^2\mathrm{d}z\mathrm{d}x+z^2\mathrm{d}x\mathrm{d}y=\iiint\limits_{\Omega}2(x+y+z)\mathrm{d}V.$$

因为 x,y 分别是关于 x,y 的奇函数,而积分区域关于 Oyz 平面和 Oxz 平面对称,所以 $\iiint\limits_{\Omega}2x\,\mathrm{d}V=\iiint\limits_{\Omega}2y\,\mathrm{d}V=0$. 因此, $I_0=2\iiint\limits_{\Omega}z\,\mathrm{d}x\mathrm{d}y\mathrm{d}z$.

在柱面坐标条件下, $\Omega=\{(r,\theta,z)\mid r\leqslant z\leqslant h, 0\leqslant r\leqslant h, 0\leqslant\theta\leqslant 2\pi\}$. 于是,

$$I_0=2\iiint\limits_{\Omega}z\,\mathrm{d}x\mathrm{d}y\mathrm{d}z=2\iiint\limits_{\Omega}zr\,\mathrm{d}r\mathrm{d}\theta\mathrm{d}z$$

$$=\int_0^{2\pi}\mathrm{d}\theta\int_0^h r\,\mathrm{d}r\int_r^h z\,\mathrm{d}z=2\pi\cdot\frac{1}{4}h^4=\frac{1}{2}\pi h^4.$$

依题意, $I_1=\iint\limits_{\Sigma_1}x^2\mathrm{d}y\mathrm{d}z+y^2\mathrm{d}z\mathrm{d}x+z^2\mathrm{d}x\mathrm{d}y=\iint\limits_{\Sigma_1}h^2\mathrm{d}x\mathrm{d}y$.

设 Σ_1 在 Oxy 平面上的投影区域为 D,则

$$I_1=\iint\limits_{\Sigma_1}h^2\mathrm{d}x\mathrm{d}y=\iint\limits_{D}h^2\mathrm{d}x\mathrm{d}y=h^2\cdot\pi h^2=\pi h^4.$$

于是
$$I=I_0-I_1=\frac{\pi h^4}{2}-\pi h^4=-\frac{\pi h^4}{2}.$$

综上,应选 A.

4. 解:

方法一:分面投影法

如图 4.9 所示,因为 Σ 垂直于 Oxy 平面,所以 $\iint\limits_{\Sigma}(z^2+1)\,\mathrm{d}x\mathrm{d}y=0$.

设 Σ 在 Oxz 平面右侧的部分为 Σ_1,则 Σ_1: $y=\sqrt{4-x^2}$.

因为 Σ 关于 Oxz 平面对称,且 y 是关于 y 的奇函数,所以

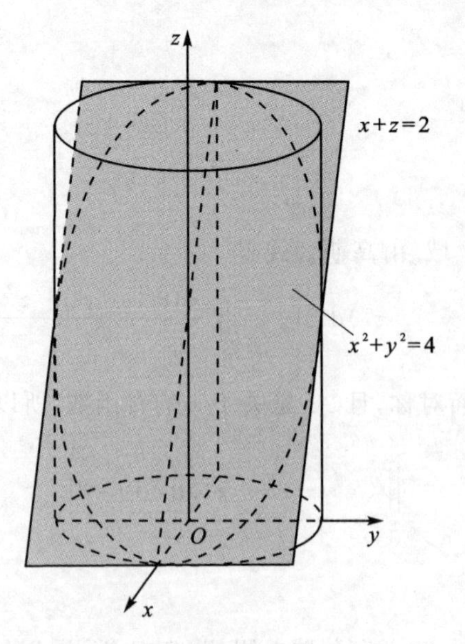

图 4.9

$$\iint_{\Sigma} y\,\mathrm{d}z\,\mathrm{d}x = 2\iint_{\Sigma_1} y\,\mathrm{d}z\,\mathrm{d}x.$$

设 Σ_1 在 Oxz 平面上的投影区域为 D，则

$$D=\{(x,z)\mid 0\leqslant z\leqslant 2-x,\ -2\leqslant x\leqslant 2\}.$$

$$I=\iint_{\Sigma} y\,\mathrm{d}z\,\mathrm{d}x+(z^2+1)\,\mathrm{d}x\,\mathrm{d}y=2\iint_{\Sigma_1} y\,\mathrm{d}z\,\mathrm{d}x+0$$

$$=2\iint_{D}\sqrt{4-x^2}\,\mathrm{d}z\,\mathrm{d}x=2\int_{-2}^{2}\sqrt{4-x^2}\,\mathrm{d}x\int_{0}^{2-x}\mathrm{d}z=2\int_{-2}^{2}(2-x)\sqrt{4-x^2}\,\mathrm{d}x$$

$$=4\int_{-2}^{2}\sqrt{4-x^2}\,\mathrm{d}x-2\int_{-2}^{2}x\sqrt{4-x^2}\,\mathrm{d}x=4\times\frac{1}{2}\pi\times 2^2-0=8\pi.$$

方法二：高斯公式法

设平面 $x+z=2$ 被 Σ 截得的部分为 Σ_1，取上侧；Oxy 平面被 Σ 截得的部分为 Σ_2，取下侧；并设 Σ,Σ_1,Σ_2 围成的区域为 Ω.

因为 Σ 垂直于 Oxy 平面，所以 $\iint_{\Sigma}(z^2+1)\,\mathrm{d}x\,\mathrm{d}y=0$，故

$$I=\iint_{\Sigma} y\,\mathrm{d}z\,\mathrm{d}x+(z^2+1)\,\mathrm{d}x\,\mathrm{d}y=\iint_{\Sigma} y\,\mathrm{d}z\,\mathrm{d}x.$$

因为 Σ_1,Σ_2 垂直于 Oxz 平面，所以 $\iint_{\Sigma_1} y\,\mathrm{d}z\,\mathrm{d}x=\iint_{\Sigma_2} y\,\mathrm{d}z\,\mathrm{d}x=0$，故

$$I=\oiint_{\Sigma+\Sigma_1+\Sigma_2} y\,\mathrm{d}z\,\mathrm{d}x.$$

由高斯公式得 $I=\oiint_{\Sigma+\Sigma_1+\Sigma_2} y\,\mathrm{d}z\,\mathrm{d}x=\iiint_{\Omega}\mathrm{d}V.$

因为 Ω 是圆柱 $x^2+y^2\leqslant 4,0\leqslant z\leqslant 4$ 的一半，所以

$$I=\iiint_{\Omega}\mathrm{d}V=\frac{1}{2}\times\pi\times2^2\times4=8\pi.$$

5. 解：

设$\begin{cases}P=x^2+yzf(x^2-y^2)\\Q=y^2+xzf(x^2-y^2)\\R=z^2+xyf(x^2-y^2)\end{cases}$.

方法一：高斯公式法

$$P_x=2x+2xyzf'(x^2-y^2),Q_y=2y-2xyzf'(x^2-y^2),R_z=2z.$$

补充平面Σ_1：$z=0,x^2+y^2\leqslant1$,取下侧.设围成的区域为Ω,则在柱面坐标条件下，

$\Omega=\{(r,\theta,z)\mid0\leqslant z\leqslant(1-r^2)^{\frac{1}{4}},0\leqslant r\leqslant1,0\leqslant\theta\leqslant2\pi\}$.

根据高斯公式,有

$$\begin{aligned}I_0&=\oiint_{\Sigma+\Sigma_1}P\mathrm{d}y\mathrm{d}z+Q\mathrm{d}z\mathrm{d}x+R\mathrm{d}x\mathrm{d}y=\iiint_{\Omega}(P_x+Q_y+R_z)\mathrm{d}V\\&=\iiint_{\Omega}2(x+y+z)\mathrm{d}V=0+0+\iiint_{\Omega}2z\mathrm{d}V\\&=\iiint_{\Omega}2z\cdot r\mathrm{d}r\mathrm{d}\theta\mathrm{d}z=\int_0^{2\pi}\mathrm{d}\theta\int_0^1\mathrm{d}r\int_0^{(1-r^2)^{\frac{1}{4}}}2rz\mathrm{d}z\\&=2\pi\int_0^1r\sqrt{1-r^2}\mathrm{d}r=2\pi\left[-\frac{1}{3}(1-r^2)^{\frac{3}{2}}\right]_0^1=\frac{2}{3}\pi.\end{aligned}$$

根据对称性,有

$$I_1=\iint_{\Sigma_1}P\mathrm{d}y\mathrm{d}z+Q\mathrm{d}z\mathrm{d}x+R\mathrm{d}x\mathrm{d}y=\iint_{\Sigma_1}xyf(x^2-y^2)\mathrm{d}x\mathrm{d}y=0,$$

故

$$I=I_0-I_1=\frac{2}{3}\pi.$$

方法二：对称性法

因为Σ关于Oyz平面和Oxz平面对称,且P是关于x的偶函数,Q是关于y的偶函数,所以

$$\iint_{\Sigma}[x^2+yzf(x^2-y^2)]\mathrm{d}y\mathrm{d}z=0,\quad\iint_{\Sigma}[y^2+xzf(x^2-y^2)]\mathrm{d}z\mathrm{d}x=0,$$

故

$$I=\iint_{\Sigma}[z^2+xyf(x^2-y^2)]\mathrm{d}x\mathrm{d}y.$$

因为$xyf(x^2-y^2)$是关于x的奇函数,所以$\iint_{\Sigma}xyf(x^2-y^2)\mathrm{d}x\mathrm{d}y=0$.

$$\begin{aligned}I&=\iint_{\Sigma}z^2\mathrm{d}x\mathrm{d}y=\iint_{x^2+y^2\leqslant1}\sqrt{1-x^2-y^2}\mathrm{d}x\mathrm{d}y\\&=\iint_{r\leqslant1}r\sqrt{1-r^2}\mathrm{d}r\mathrm{d}\theta=\int_0^{2\pi}\mathrm{d}\theta\int_0^1r\sqrt{1-r^2}\mathrm{d}r=\frac{2}{3}\pi.\end{aligned}$$

6. 解：

根据轮换对称性：$\iint_{\Sigma}\frac{\mathrm{d}y\mathrm{d}z}{x\cos^2x}=\iint_{\Sigma}\frac{\mathrm{d}x\mathrm{d}y}{z\cos^2z}$.

根据对称性：$\iint\limits_{\Sigma}\frac{dz\,dx}{\cos^2 y}=0$. 因此，

$$I=\iint\limits_{\Sigma}\frac{2dy\,dz}{x\cos^2 x}+\frac{dz\,dx}{\cos^2 y}-\frac{dx\,dy}{z\cos^2 z}$$

$$=\iint\limits_{\Sigma}\frac{2dx\,dy}{z\cos^2 z}+0-\iint\limits_{\Sigma}\frac{dx\,dy}{z\cos^2 z}=\iint\limits_{\Sigma}\frac{dx\,dy}{z\cos^2 z}.$$

Σ 的法向量的方向余弦$(\cos\alpha,\cos\beta,\cos\gamma)=(x,y,z)$.

方法一：一般法

根据两类曲面积分的关系可得

$$I=\iint\limits_{\Sigma}\frac{dS}{\cos^2 z}=2\iint\limits_{y^2+z^2\leqslant 1}\frac{dy\,dz}{x\cos^2 z}$$

$$=2\iint\limits_{y^2+z^2\leqslant 1}\frac{\sec^2 z}{\sqrt{1-y^2-z^2}}dy\,dz$$

$$=2\int_{-1}^{1}\sec^2 z\,dz\int_{-\sqrt{1-z^2}}^{\sqrt{1-z^2}}\frac{dy}{\sqrt{1-y^2-z^2}}$$

$$=2\left[\tan z\right]_{-1}^{1}\left[\arcsin\frac{y}{\sqrt{1-z^2}}\right]_{-\sqrt{1-z^2}}^{\sqrt{1-z^2}}$$

$$=4\tan 1\times\left[\frac{\pi}{2}-\left(-\frac{\pi}{2}\right)\right]=4\pi\tan 1.$$

方法二：几何意义法

如图 4.10 所示，根据两类曲面积分的关系可得

$$I=\iint\limits_{\Sigma}\frac{dx\,dy}{z\cos^2 z}=\iint\limits_{\Sigma}\frac{dS}{\cos^2 z}=\int_{-1}^{1}\frac{2\pi\sqrt{1-z^2}\cdot\frac{dz}{\sqrt{1-z^2}}}{\cos^2 z}$$

$$=2\pi\int_{-1}^{1}\sec^2 z\,dz=2\pi\left[\tan z\right]_{-1}^{1}=4\pi\tan 1.$$

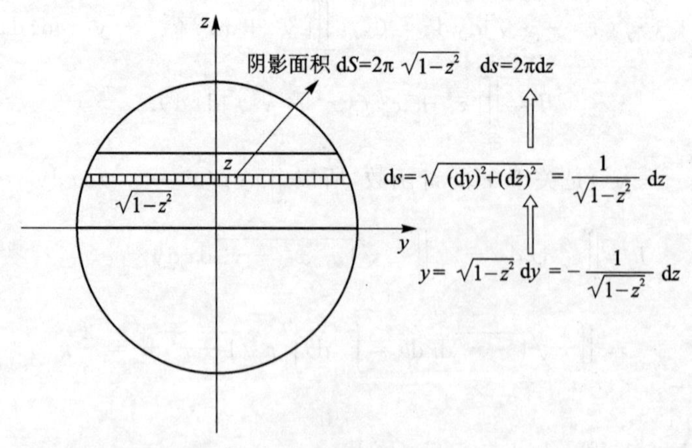

图 4.10

4.2.3　高斯公式、斯托克斯公式与向量场的散度和旋度

要点 1　高斯公式

1. 高斯(Gauss)公式的定义：

设空间闭区域 Ω 由分片光滑曲面 Σ 所围成，且

$$P=P(x,y,z),Q=Q(x,y,z),R=R(x,y,z)\in C^{(1)}(\Omega),$$

则
$$\oiint_{\Sigma} P\mathrm{d}y\mathrm{d}z+Q\mathrm{d}z\mathrm{d}x+R\mathrm{d}x\mathrm{d}y=\iiint_{\Omega}\left(\frac{\partial P}{\partial x}+\frac{\partial Q}{\partial y}+\frac{\partial R}{\partial z}\right)\mathrm{d}V, \tag{4.1}$$

或
$$\oiint_{\Sigma}(P\cos\alpha+Q\cos\beta+R\cos\gamma)\mathrm{d}S=\iiint_{\Omega}\left(\frac{\partial P}{\partial x}+\frac{\partial Q}{\partial y}+\frac{\partial R}{\partial z}\right)\mathrm{d}V, \tag{4.2}$$

其中，Σ 是 Ω 的整个边界曲面的外侧；$\cos\alpha,\cos\beta,\cos\gamma$ 是 Σ 上点 (x,y,z) 处的法向量的方向余弦.

注意：若 Σ 是 Ω 的整个边界曲面的内侧，则式(4.1)与式(4.2)的右边要加负号.

证明高斯公式如下：

根据两类曲面积分的关系可知式(4.1)与式(4.2)等价，故只证明式(4.1)成立即可.

先证明 $\oiint_{\Sigma}R(x,y,z)\mathrm{d}x\mathrm{d}y=\iiint_{\Omega}\frac{\partial R}{\partial z}\mathrm{d}V.$

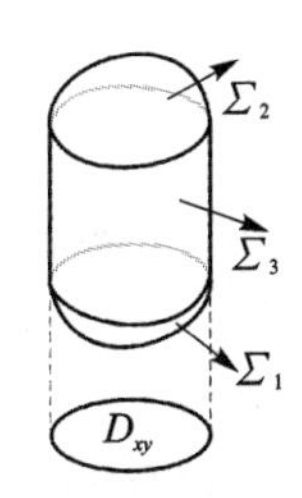

图 4.11

如图 4.11 所示，设闭区域 Ω 在 Oxy 平面上的投影区域为 D_{xy}，穿过 Ω 内部且平行于 z 轴的直线与 Ω 的边界曲面 Σ 的交点不多于两个. 又设 Σ 由 $\Sigma_1,\Sigma_2,\Sigma_3$ 组成. Σ_1 为 $z=z_1(x,y)$，取下侧；Σ_2 为 $z=z_1(x,y)$，取上侧；Σ_3 是以 D_{xy} 的边界曲线为准线、母线平行于 z 轴的柱面，取外侧；且有 $z_1(x,y)\leqslant z_2(x,y)$.

由三重积分的计算公式，有

$$\iiint_{\Omega}\frac{\partial R}{\partial z}\mathrm{d}V=\iint_{D_{xy}}\mathrm{d}x\mathrm{d}y\int_{z_1(x,y)}^{z_2(x,y)}\frac{\partial R}{\partial z}\mathrm{d}z$$
$$=\iint_{D_{xy}}\{R[x,y,z_2(x,y)]-R[x,y,z_1(x,y)]\}\mathrm{d}x\mathrm{d}y.$$

因为 Σ_3 垂直 Oxy 平面，所以 $\iint_{\Sigma_3}R(x,y,z)\mathrm{d}x\mathrm{d}y=0.$

由曲面积分的计算公式，有

$$\oiint_{\Sigma}R\mathrm{d}x\mathrm{d}y=\iint_{\Sigma_1}R\mathrm{d}x\mathrm{d}y+\iint_{\Sigma_2}R\mathrm{d}x\mathrm{d}y+\iint_{\Sigma_3}R\mathrm{d}x\mathrm{d}y$$
$$=-\iint_{-\Sigma_1}R\mathrm{d}x\mathrm{d}y+\iint_{\Sigma_2}R\mathrm{d}x\mathrm{d}y+0$$
$$=\iint_{D_{xy}}\{R[x,y,z_2(x,y)]-R[x,y,z_1(x,y)]\}\mathrm{d}x\mathrm{d}y.$$

因此
$$\oiint_{\Sigma} R\mathrm{d}x\mathrm{d}y=\iiint_{\Omega}\frac{\partial R}{\partial z}\mathrm{d}V. \tag{4.3}$$

如果穿过 Ω 内部且平行于 x 轴的直线以及平行于 y 轴的直线与 Ω 的边界曲面 Σ 的交点不多于两个，则同理可证

$$\iiint_{\Omega}\frac{\partial P}{\partial x}\mathrm{d}V=\oiint_{\Sigma} P\mathrm{d}y\mathrm{d}z, \tag{4.4}$$

$$\iiint_{\Omega}\frac{\partial Q}{\partial y}\mathrm{d}V=\oiint_{\Sigma} Q\mathrm{d}z\mathrm{d}x. \tag{4.5}$$

式(4.3)、式(4.4)、式(4.5)相加可得式(4.1)成立.

在上述证明中，我们对闭区域 Ω 作了限制：穿过 Ω 内部且平行于坐标轴的直线与 Ω 的边界曲面 Σ 的交点不多于两个. 如果闭区域 Ω 不满足这样的条件，则可以引进几张辅助曲面把 Ω 分为有限个满足上述条件的闭区域，然后在各个区域上应用高斯公式，再把各个结果相加. 因为沿辅助曲面两侧的正负曲面积分值相抵消，故高斯公式仍成立.

2. 高斯公式的应用：

若光滑曲面 Σ 不封闭，则补充光滑曲面 Σ_1 使它封闭，且所补曲面 Σ_1 的侧向要保证与 Σ 所围成的封闭曲面整体取外侧或内侧. 设 Σ 和 Σ_1 所围成的区域为 Ω，则

$$\iint_{\Sigma}=\oiint_{\Sigma+\Sigma_1}-\iint_{\Sigma_1},$$

其中 $\oiint_{\Sigma+\Sigma_1}$ 可按高斯公式计算.

【举例】

1. 已知封闭曲面 Σ 取外侧，若 Σ 所围立体的体积为 V，则 $V=$(　　).

A. $\iint_{\Sigma} x\mathrm{d}y\mathrm{d}z+y\mathrm{d}z\mathrm{d}x+z\mathrm{d}x\mathrm{d}y$

B. $\iint_{\Sigma}(x+y)\mathrm{d}y\mathrm{d}z+(y+z)\mathrm{d}z\mathrm{d}x+(z+x)\mathrm{d}x\mathrm{d}y$

C. $\iint_{\Sigma}(x+y+z)\mathrm{d}y\mathrm{d}z+(x+y+z)\mathrm{d}z\mathrm{d}x+(x+y+z)\mathrm{d}x\mathrm{d}y$

D. $\iint_{\Sigma}\frac{1}{3}(x+y+z)(\mathrm{d}y\mathrm{d}z+\mathrm{d}z\mathrm{d}x+\mathrm{d}x\mathrm{d}y)$

2. 设 Σ 是球面 $x^2+y^2+z^2=a^2$ 的外侧，则曲面积分 $\oiint_{\Sigma}\frac{x\mathrm{d}y\mathrm{d}z+y\mathrm{d}z\mathrm{d}x+z\mathrm{d}x\mathrm{d}y}{(x^2+y^2+z^2)^{\frac{3}{2}}}$ =(　　).

A. 0　　B. 1　　C. 2π　　D. 4π

3. 设 Σ 为球面 $x^2+y^2+z^2=9$，法向量向外，则 $\iint_{\Sigma} z\mathrm{d}x\mathrm{d}y=$________.

4. 设 Ω 是由锥面 $z=\sqrt{x^2+y^2}$ 与半球面 $z=\sqrt{R^2-x^2-y^2}$ 围成的空间区域，Σ 是 Ω 的整个边界的外侧，则 $\iint_{\Sigma} x\mathrm{d}y\mathrm{d}z+y\mathrm{d}z\mathrm{d}x+z\mathrm{d}x\mathrm{d}y=$________.

5. 计算曲面积分 $I=\iint\limits_{\Sigma}\frac{x}{r^3}\mathrm{d}y\mathrm{d}z+\frac{y}{r^3}\mathrm{d}z\mathrm{d}x+\frac{z}{r^3}\mathrm{d}x\mathrm{d}y$，其中，$r=\sqrt{x^2+y^2+z^2}$，$\Sigma$ 为 $\frac{x^2}{4}+\frac{y^2}{9}+z^2=1$ 的外侧.

6. 设 Σ 是锥面 $z=\sqrt{x^2+y^2}\ (0\leqslant z\leqslant 1)$ 的下侧，则 $\iint\limits_{\Sigma}x\mathrm{d}y\mathrm{d}z+y\mathrm{d}z\mathrm{d}x+(z-1)\mathrm{d}x\mathrm{d}y=$ ________.

【解析】

1. 解：

设 Ω 为 Σ 所围成的区域，则 $V=\iiint\limits_{\Omega}\mathrm{d}V$. 由高斯公式得

$$V=\iiint\limits_{\Omega}\mathrm{d}V=\oint\!\!\!\oint\limits_{\Sigma}\frac{1}{3}(x\mathrm{d}y\mathrm{d}z+y\mathrm{d}z\mathrm{d}x+z\mathrm{d}x\mathrm{d}y)$$

$$=\oint\!\!\!\oint\limits_{\Sigma}\frac{1}{3}(x+y+z)(\mathrm{d}y\mathrm{d}z+\mathrm{d}z\mathrm{d}x+\mathrm{d}x\mathrm{d}y).$$

因此，应选 D.

2. 解：

由 Σ：$x^2+y^2+z^2=a^2$ 得

$$\oint\!\!\!\oint\limits_{\Sigma}\frac{x\mathrm{d}y\mathrm{d}z+y\mathrm{d}z\mathrm{d}x+z\mathrm{d}x\mathrm{d}y}{(x^2+y^2+z^2)^{\frac{3}{2}}}=\oint\!\!\!\oint\limits_{\Sigma}\frac{x\mathrm{d}y\mathrm{d}z+y\mathrm{d}z\mathrm{d}x+z\mathrm{d}x\mathrm{d}y}{a^3}.$$

设 Ω 为 Σ 所围成的区域. 由高斯公式得

$$\oint\!\!\!\oint\limits_{\Sigma}x\mathrm{d}y\mathrm{d}z+y\mathrm{d}z\mathrm{d}x+z\mathrm{d}x\mathrm{d}y=\iiint\limits_{\Omega}(1+1+1)\mathrm{d}V=3\cdot\frac{4}{3}\pi a^3=4\pi a^3.$$

于是，$\oint\!\!\!\oint\limits_{\Sigma}\frac{x\mathrm{d}y\mathrm{d}z+y\mathrm{d}z\mathrm{d}x+z\mathrm{d}x\mathrm{d}y}{(x^2+y^2+z^2)^{\frac{3}{2}}}=\frac{1}{a^3}\cdot 4\pi a^3=4\pi.$

因此，应选 D.

3. 解：

设球面 Σ 所围成的空间区域为 Ω.

由高斯公式可得 $\oint\!\!\!\oint\limits_{\Sigma}z\mathrm{d}x\mathrm{d}y=\iiint\limits_{\Omega}\mathrm{d}V=\frac{4}{3}\pi\cdot 3^3=36\pi.$

因此，应填 36π.

4. 解：

由高斯公式可得

$$\oint\!\!\!\oint\limits_{\Sigma}x\mathrm{d}y\mathrm{d}z+y\mathrm{d}z\mathrm{d}x+z\mathrm{d}x\mathrm{d}y=\iiint\limits_{\Omega}(1+1+1)\mathrm{d}V=3\iiint\limits_{\Omega}\mathrm{d}V.$$

在球面坐标下，$\Omega=\{(r,\theta,\varphi)\mid 0\leqslant r\leqslant R,0\leqslant\varphi\leqslant\frac{\pi}{4},0\leqslant\theta\leqslant 2\pi\}$. 从而

$$\iiint\limits_{\Omega}\mathrm{d}V=\iiint\limits_{\Omega}r^2\sin\varphi\mathrm{d}r\mathrm{d}\theta\mathrm{d}\varphi=\int_0^{2\pi}\mathrm{d}\theta\int_0^{\frac{\pi}{4}}\sin\varphi\mathrm{d}\varphi\int_0^R r^2\mathrm{d}r$$

$$=2\pi\cdot\left(1-\frac{\sqrt{2}}{2}\right)\cdot\frac{1}{3}R^3=\frac{2-\sqrt{2}}{3}\pi R^3.$$

于是，$\oiint\limits_{\Sigma}x\mathrm{d}y\mathrm{d}z+y\mathrm{d}z\mathrm{d}x+z\mathrm{d}x\mathrm{d}y=(2-\sqrt{2})\pi R^3$.

因此，应填$(2-\sqrt{2})\pi R^3$.

5．解：

补充球面Σ_1：$x^2+y^2+z^2=\varepsilon^2(\varepsilon<1)$，取内侧．设$\Sigma,\Sigma_1$所围成的区域为$\Omega$，$\Sigma_1$所围成的区域为$\Omega_1$.

依题意，$r_x=\frac{x}{r},r_y=\frac{y}{r},r_z=\frac{z}{r}$.由高斯公式得

$$\begin{aligned}I_0&=\oiint\limits_{\Sigma+\Sigma_1}\frac{x}{r^3}\mathrm{d}y\mathrm{d}z+\frac{y}{r^3}\mathrm{d}z\mathrm{d}x+\frac{z}{r^3}\mathrm{d}x\mathrm{d}y\\&=\iiint\limits_{\Omega}\left(\frac{1}{r^3}-\frac{3x^2}{r^5}+\frac{1}{r^3}-\frac{3y^2}{r^5}+\frac{1}{r^3}-\frac{3z^2}{r^5}\right)\mathrm{d}V\\&=\iiint\limits_{\Omega}\left(\frac{3}{r^3}-\frac{3r^2}{r^5}\right)\mathrm{d}V=0;\end{aligned}$$

$$\begin{aligned}I_1&=\oiint\limits_{\Sigma_1}\frac{x}{r^3}\mathrm{d}y\mathrm{d}z+\frac{y}{r^3}\mathrm{d}z\mathrm{d}x+\frac{z}{r^3}\mathrm{d}x\mathrm{d}y\\&=\frac{1}{\varepsilon^3}\oiint\limits_{\Sigma_1}x\mathrm{d}y\mathrm{d}z+y\mathrm{d}z\mathrm{d}x+z\mathrm{d}x\mathrm{d}y\\&=-\frac{1}{\varepsilon^3}\iiint\limits_{\Omega_1}(1+1+1)\mathrm{d}V=-\frac{3}{\varepsilon^3}\cdot\frac{4}{3}\pi\varepsilon^3=-4\pi.\end{aligned}$$

于是，$I=I_0-I_1=4\pi$.

6．解：

补充Σ_1：$x^2+y^2\leqslant1,z=1$，取上侧，设Σ和Σ_1所围区域为Ω，由高斯公式得

$$\begin{aligned}\iint\limits_{\Sigma+\Sigma_1}x\mathrm{d}y\mathrm{d}z+y\mathrm{d}z\mathrm{d}x+(z-1)\,\mathrm{d}x\mathrm{d}y&=\iiint\limits_{\Omega}(1+1+1)\,\mathrm{d}V\\&=3\iiint\limits_{\Omega}\mathrm{d}V=3\times\frac{1}{3}\times\pi\times1^2=\pi.\end{aligned}$$

又因为$\iint\limits_{\Sigma_1}x\mathrm{d}y\mathrm{d}z+y\mathrm{d}z\mathrm{d}x+(z-1)\,\mathrm{d}x\mathrm{d}y=0$，所以

$$\begin{aligned}\iint\limits_{\Sigma}x\mathrm{d}y\mathrm{d}z+y\mathrm{d}z\mathrm{d}x+(z-1)\,\mathrm{d}x\mathrm{d}y&=\iint\limits_{\Sigma+\Sigma_1}x\mathrm{d}y\mathrm{d}z+y\mathrm{d}z\mathrm{d}x+(z-1)\,\mathrm{d}x\mathrm{d}y-\\&\quad\iint\limits_{\Sigma_1}x\mathrm{d}y\mathrm{d}z+y\mathrm{d}z\mathrm{d}x+(z-1)\,\mathrm{d}x\mathrm{d}y\\&=\pi-0=\pi.\end{aligned}$$

因此，应填π.

要点 2　斯托克斯公式

1. 斯托克斯(Stokes)公式的定义：

设 Γ 为分段光滑的空间有向闭曲线，Σ 是以 Γ 为边界的分片光滑的任意有向闭曲面，Γ 的正向与 Σ 所取的侧符合右手螺旋定则，函数

$$P=P(x,y,z),Q=Q(x,y,z),R=R(x,y,z)$$

在包含曲面 Σ 的空间区域内具有一阶连续偏导数，则

$$\begin{aligned}&\oint_{\Gamma} P\,\mathrm{d}x+Q\,\mathrm{d}y+R\,\mathrm{d}z\\&=\iint_{\Sigma}\left(\frac{\partial R}{\partial y}-\frac{\partial Q}{\partial z}\right)\mathrm{d}y\,\mathrm{d}z+\left(\frac{\partial P}{\partial z}-\frac{\partial R}{\partial x}\right)\mathrm{d}z\,\mathrm{d}x+\left(\frac{\partial Q}{\partial x}-\frac{\partial P}{\partial y}\right)\mathrm{d}x\,\mathrm{d}y\\&=\iint_{\Sigma}\begin{vmatrix}\mathrm{d}y\,\mathrm{d}z & \mathrm{d}z\,\mathrm{d}x & \mathrm{d}x\,\mathrm{d}y\\ \dfrac{\partial}{\partial x} & \dfrac{\partial}{\partial y} & \dfrac{\partial}{\partial z}\\ P & Q & R\end{vmatrix}=\iint_{\Sigma}\begin{vmatrix}\cos\alpha & \cos\beta & \cos\gamma\\ \dfrac{\partial}{\partial x} & \dfrac{\partial}{\partial y} & \dfrac{\partial}{\partial z}\\ P & Q & R\end{vmatrix}\mathrm{d}S,\end{aligned}$$

其中 $\cos\alpha,\cos\beta,\cos\gamma$ 是 Σ 上点 (x,y,z) 处的法向量的方向余弦.

证明斯托克斯公式如下：

先证明 $\oint_{\Gamma} P\,\mathrm{d}x=\iint_{\Sigma}\frac{\partial P}{\partial z}\mathrm{d}z\,\mathrm{d}x-\iint_{\Sigma}\frac{\partial P}{\partial y}\mathrm{d}x\,\mathrm{d}y$.

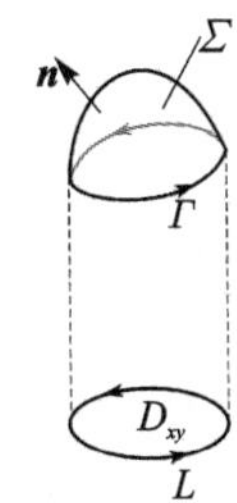

图 4.12

设曲面 Σ：$z=z(x,y)$，不妨设 Σ 取上侧，Σ 与平行于 z 轴的直线的交点不多于一个，Σ 的正向边界曲线 Γ 在 Oxy 平面上的投影为平面有向曲线 L，L 所围成的闭区域为 D_{xy}，如图 4.12 所示. 由计算第二类曲面积分的合一投影法，有

$$\begin{aligned}\iint_{\Sigma}\frac{\partial P}{\partial z}\mathrm{d}z\,\mathrm{d}x-\iint_{\Sigma}\frac{\partial P}{\partial y}\mathrm{d}x\,\mathrm{d}y&=\iint_{D_{xy}}\left[\frac{\partial P}{\partial z}\left(-\frac{\partial z}{\partial y}\right)-\frac{\partial P}{\partial y}\right]\mathrm{d}x\,\mathrm{d}y\\&=-\iint_{D_{xy}}\frac{\partial}{\partial y}[P(x,y,z(x,y))]\mathrm{d}x\,\mathrm{d}y\\&\xlongequal{\text{格林公式}}\oint_{L}P(x,y,z(x,y))\mathrm{d}x\\&\xlongequal{\text{投影关系}}\oint_{\Gamma}P(x,y,z)\mathrm{d}x.\end{aligned}\tag{4.6}$$

同理可证明：

当 Σ 的方程为 $x=x(y,z)$ 时，有

$$\oint_{\Gamma}Q\,\mathrm{d}y=\iint_{\Sigma}\frac{\partial Q}{\partial x}\mathrm{d}x\,\mathrm{d}y-\iint_{\Sigma}\frac{\partial Q}{\partial z}\mathrm{d}y\,\mathrm{d}z.\tag{4.7}$$

当 Σ 的方程为 $y=y(x,z)$ 时，有

$$\oint_{\Gamma}R\,\mathrm{d}z=\iint_{\Sigma}\frac{\partial R}{\partial y}\mathrm{d}y\,\mathrm{d}z-\iint_{\Sigma}\frac{\partial R}{\partial x}\mathrm{d}z\,\mathrm{d}x.\tag{4.8}$$

将式(4.6)、式(4.7)、式(4.8)相加可得斯托克斯公式成立.

对于一般的定向曲面，通常是用几条辅助曲线(每个小曲面的正向边界曲线)将 Σ 分

成有限个形如上述的简单定向曲面(可用显示方程表示),在每个小曲面上斯托克斯公式成立,而针对各个小曲面的加和,斯托克斯公式仍然成立.这是因为沿辅助线一个来回的曲线积分互相抵消.

2. 斯托克斯公式的关键:

(1) Σ 一般可取以 Γ 为边界的平面,这样计算方便.

(2) 右手螺旋定则:四指弯曲方向为 Γ 的正向,拇指垂直四指指向 Σ 的正向.

(3) 特别地,如果 L 是平面上的闭曲线,Σ 为 L 所围成的平面区域,并取上侧,$R(x,y,z)\equiv 0$,则斯托克斯公式化为格林公式,即

$$\oint_{\Gamma} P\mathrm{d}x+Q\mathrm{d}y=\iint_{\Sigma}\left(\frac{\partial Q}{\partial x}-\frac{\partial P}{\partial y}\right)\mathrm{d}x\mathrm{d}y.$$

【举例】

1. 计算 $I=\int_{\Gamma}-y^2\mathrm{d}x+x\mathrm{d}y+z^2\mathrm{d}z$,其中 Γ 是平面 $y+z=2$ 与柱面 $x^2+y^2=1$ 的交线,从 z 轴正向看去,Γ 取逆时针方向.

2. 利用斯托克斯公式计算曲线积分

$$\oint_{\Gamma}(y^2-z^2)\mathrm{d}x+(2z^2-x^2)\mathrm{d}y+(3x^2-y^2)\mathrm{d}z,$$

其中,Γ 是平面 $x+y+z=2$ 与柱面 $|x|+|y|=1$ 的交线,从 z 轴正向看,Γ 为逆时针方向.

【解析】

1. 解:

设包含曲线 Γ 的曲面 Σ: $y+z=2,x^2+y^2\leqslant 1$,取上侧.

设 Σ 在 Oxy 平面上的投影区域为 D,则 $D=\{x,y)\mid x^2+y^2\leqslant R^2\}$.由斯托克斯公式可得

$$I=\oint_{\Gamma}-y^2\mathrm{d}x+x\mathrm{d}y+z^2\mathrm{d}z=\iint_{\Sigma}\begin{vmatrix}\mathrm{d}y\mathrm{d}z & \mathrm{d}z\mathrm{d}x & \mathrm{d}x\mathrm{d}y\\ \dfrac{\partial}{\partial x} & \dfrac{\partial}{\partial y} & \dfrac{\partial}{\partial z}\\ -y^2 & x & z^2\end{vmatrix}$$

$$=\iint_{\Sigma}(1+2y)\mathrm{d}x\mathrm{d}y=\iint_{D}(1+2y)\mathrm{d}x\mathrm{d}y$$

$$=\iint_{D}\mathrm{d}x\mathrm{d}y+2\iint_{D}y\mathrm{d}x\mathrm{d}y=\pi\cdot 1^2+2\iint_{D}y\mathrm{d}x\mathrm{d}y.$$

因为 D 关于 x 轴对称,y 是关于 y 的奇函数,所以 $\iint_{D}y\mathrm{d}x\mathrm{d}y=0$.

于是,$I=\pi$.

2. 解:

设 Σ 为平面 $x+y+z=2$ 上 Γ 所围成的部分,其法向量与 z 轴正向的夹角为锐角,其法向量的方向余弦为 $\cos\alpha=\cos\beta=\cos\gamma=\dfrac{1}{\sqrt{3}}$.

Σ 在 Oxy 平面上的投影区域为 $D=\{(x,y)\mid |x|+|y|\leqslant 1\}$. 根据斯托克斯公式可得

$$\oint_{\Gamma}(y^2-z^2)\mathrm{d}x+(2z^2-x^2)\mathrm{d}y+(3x^2-y^2)\mathrm{d}z$$

$$=\iint_{\Sigma}\begin{vmatrix}\frac{1}{\sqrt{3}} & \frac{1}{\sqrt{3}} & \frac{1}{\sqrt{3}}\\ \frac{\partial}{\partial x} & \frac{\partial}{\partial y} & \frac{\partial}{\partial z}\\ y^2-z^2 & 2z^2-x^2 & 3x^2-y^2\end{vmatrix}\mathrm{d}S$$

$$=-\frac{2}{\sqrt{3}}\iint_{\Sigma}(4x+2y+3z)\mathrm{d}S=-2\iint_{D}(x-y+6)\mathrm{d}x\mathrm{d}y$$

$$=-12\iint_{D}\mathrm{d}x\mathrm{d}y=-24.$$

因为 x,y 分别是关于 x,y 的奇函数,所以

$$\iint_{D}(x-y+6)\mathrm{d}x\mathrm{d}y=\iint_{D}x\mathrm{d}x\mathrm{d}y-\iint_{D}y\mathrm{d}x\mathrm{d}y+6\iint_{D}\mathrm{d}x\mathrm{d}y$$

$$=0-0+6\iint_{D}\mathrm{d}x\mathrm{d}y=6\iint_{D}\mathrm{d}x\mathrm{d}y.$$

要点3　向量场的散度和旋度

1. 向量场的散度：

(1) 概念：

设向量场 $\boldsymbol{a}(x,y,z)=P(x,y,z)\mathbf{i}+Q(x,y,z)\mathbf{j}+R(x,y,z)\mathbf{k}$,其中 $P,Q,R\in C^{(1)}(\Omega)$,则称数量 $\mathrm{div}\boldsymbol{a}=\frac{\partial P}{\partial x}+\frac{\partial Q}{\partial y}+\frac{\partial R}{\partial z}$ 为向量场 $\boldsymbol{a}$ 的散度.

注意：散度是偏导和,是一个标量.

(2) 应用：梯度的散度.

设 $f(x,y,z)$ 二阶可偏导,则它在点 (x,y,z) 的梯度 $(\mathbf{grad}\ f)|_{(x,y,z)}=(f_x,f_y,f_z)|_{(x,y,z)}$ 的散度为

$$\mathrm{div}(\mathbf{grad}\ f)]|_{(x,y,z)}=(f_{xx}+f_{yy}+f_{zz})|_{(x,y,z)}.$$

2. 向量场的旋度：

(1) 概念：

设向量场 $\boldsymbol{a}(x,y,z)=P(x,y,z)\mathbf{i}+Q(x,y,z)\mathbf{j}+R(x,y,z)\mathbf{k}$,其中 $P,Q,R\in C^{(1)}$,则称向量

$$\mathbf{rot}\boldsymbol{a}=\left(\frac{\partial R}{\partial y}-\frac{\partial Q}{\partial z}\right)\mathbf{i}+\left(\frac{\partial P}{\partial z}-\frac{\partial R}{\partial x}\right)\mathbf{j}+\left(\frac{\partial Q}{\partial x}-\frac{\partial P}{\partial y}\right)\mathbf{k}$$

为向量场 $\boldsymbol{a}$ 的旋度.

简写：$\mathbf{rot}\boldsymbol{a}=\begin{vmatrix}\mathbf{i} & \mathbf{j} & \mathbf{k}\\ \frac{\partial}{\partial x} & \frac{\partial}{\partial y} & \frac{\partial}{\partial z}\\ P & Q & R\end{vmatrix}$.

注意：旋度是偏导差构成的向量.

(2) 应用：梯度的旋度、旋度的散度.

梯度的旋度：

设 $f(x,y,z)\in C^{(2)}$，则它在点 (x,y,z) 的梯度 $(\mathbf{grad}\ f)|_{(x,y,z)}=(f_x,f_y,f_z)|_{(x,y,z)}$ 的旋度为

$$[\mathbf{rot}(\mathbf{grad}\ f)]|_{(x,y,z)}=(f_{zy}-f_{yz},f_{xz}-f_{zx},f_{yx}-f_{xy})|_{(x,y,z)}=\mathbf{0}.$$

旋度的散度：

设向量场 $\boldsymbol{a}(x,y,z)=P(x,y,z)\mathbf{i}+Q(x,y,z)\mathbf{j}+R(x,y,z)\mathbf{k}$，其中 $P,Q,R\in C^{(2)}$，则

$$\mathrm{div}(\mathbf{rot}\boldsymbol{a})=R_{yx}-Q_{zx}+P_{zy}-R_{xy}+Q_{xz}-P_{yz}=0.$$

【举例】

1. 设数量场 $u=\ln\sqrt{x^2+y^2+z^2}$，则 $\mathrm{div}(\mathbf{grad}\ u)=$________.

2. 已知三元函数 $u=u(x,y,z)=x^2+y^2+z^2$，则 $\mathrm{div}(\mathbf{grad}\ u)=$________.

3. 已知向量场 $\mathbf{A}(M)=(xz,y^4,z^2)$，则 $\mathbf{rotA}(M)=$________.

4. 已知向量场 $\mathbf{A}=(z+\sin y)\mathbf{i}-(z-x\cos y)\mathbf{j}$，，则 $\mathbf{rotA}=$________.

【解析】

1. 解：

$u=\ln\sqrt{x^2+y^2+z^2}=\dfrac{1}{2}\ln(x^2+y^2+z^2)$，若设 $r=x^2+y^2+z^2$，则由梯度定义可得 $\mathbf{grad}\ u=(u_x,u_y,u_z)=\left(\dfrac{x}{r},\dfrac{y}{r},\dfrac{z}{r}\right)$.

由散度定义可得

$$\mathrm{div}(\mathbf{grad}\ u)=u_{xx}+u_{yy}+u_{zz}=\frac{r-2x^2}{r^2}+\frac{r-2y^2}{r^2}+\frac{r-2z^2}{r^2}=\frac{1}{r}$$

$$=\frac{1}{x^2+y^2+z^2}.$$

因此，应填 $\dfrac{1}{x^2+y^2+z^2}$.

2. 解：

依题意，$\mathbf{grad}\ u=(u_x,u_y,u_z)=(2x,2y,2z)$，从而

$$\mathrm{div}(\mathbf{grad}\ u)=\frac{\partial u_x}{\partial x}+\frac{\partial u_y}{\partial y}+\frac{\partial u_z}{\partial z}=2+2+2=6.$$

因此，应填 6.

3. 解：

设 $\begin{cases}P=xz\\Q=y^4\\R=z^2\end{cases}$，则 $\begin{cases}P_x=z,P_y=0,P_z=x\\Q_x=0,Q_y=4y^3,Q_z=0.\\R_x=0,R_y=0,R_z=2z\end{cases}$ 于是

$$\mathbf{rot}\boldsymbol{A}=\begin{vmatrix}\mathbf{i} & \mathbf{j} & \mathbf{k}\\ \dfrac{\partial}{\partial x} & \dfrac{\partial}{\partial y} & \dfrac{\partial}{\partial z}\\ P & Q & R\end{vmatrix}=(R_y-Q_z)\mathbf{i}+(P_z-R_x)\mathbf{j}+(Q_x-P_y)\mathbf{k}$$

$$=(0-0)\mathbf{i}+(x-0)\mathbf{j}+(0-4y^3)\mathbf{k}=x\mathbf{j}-4y^3\mathbf{k}=(0,x,-4y^3).$$

因此,应填 $x\mathbf{j}-4y^3\mathbf{k}$ 或$(0,x,-4y^3)$.

4. 解:

设$\begin{cases}P=z+\sin y\\ Q=x\cos y-z\\ R=0\end{cases}$,则$\begin{cases}P_x=0,P_y=\cos y,P_z=1\\ Q_x=\cos y,Q_y=-x\sin y,Q_z=-1\\ R_x=R_y=R_z=0\end{cases}$. 于是,

$$\mathbf{rot}\boldsymbol{A}=\begin{vmatrix}\mathbf{i} & \mathbf{j} & \mathbf{k}\\ \dfrac{\partial}{\partial x} & \dfrac{\partial}{\partial y} & \dfrac{\partial}{\partial z}\\ P & Q & R\end{vmatrix}=(R_y-Q_z)\mathbf{i}+(P_z-R_x)\mathbf{j}+(Q_x-P_y)\mathbf{k}$$

$$=\mathbf{i}+\mathbf{j}=(1,1,0).$$

因此,应填 $\mathbf{i}+\mathbf{j}$ 或$(1,1,0)$.

第 5 章　无穷级数

知识扫描

无穷级数是全书的重点，考点众多、难度较大．读者在复习时，可借助思维导图和列举的要点着重掌握．

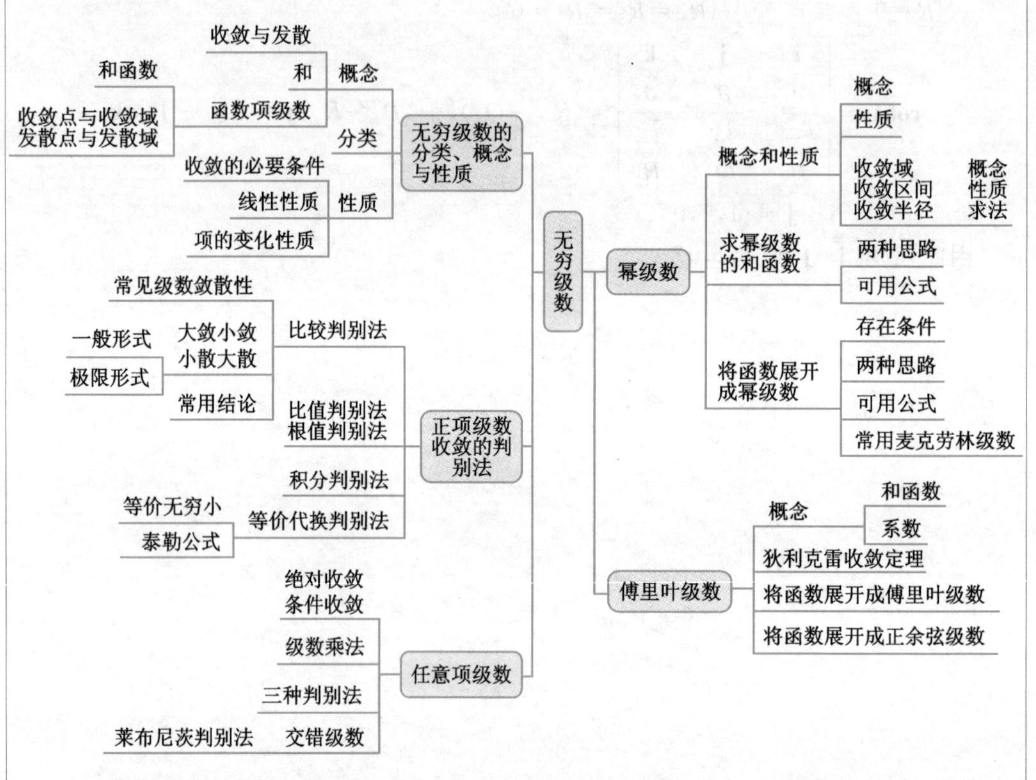

1．理解(常)数项级数收敛、发散以及收敛级数的和的概念，掌握级数的基本性质及收敛的必要条件．

2．掌握几何级数与 p -级数的收敛与发散的条件．

3．掌握判别正项级数收敛性的比较判别法、比值判别法和根值判别法，并会用积分判别法判别正项级数的敛散性．

4．掌握交错级数的莱布尼茨判别法．

5．了解任意项级数绝对收敛与条件收敛的概念以及绝对收敛与收敛的关系．

6．了解函数项级数的收敛域及和函数的概念．

7．理解幂级数的收敛半径的概念，并掌握幂级数的收敛半径、收敛区间及收敛域的求法．

8. 了解幂级数在其收敛区间内的基本性质(和函数的连续性、逐项求导和逐项积分),会求一些幂级数在收敛区间内的和函数,并会由此求出某些数项级数的和.

9. 了解函数展开成泰勒级数的充分必要条件.

10. 掌握泰勒级数的麦克劳林展开式,会用它们将一些简单函数间接展开成幂级数.

11. 了解傅里叶级数的概念和狄利克雷收敛定理,会将定义在$[-l,l]$的函数展开成傅里叶级数,会将定义在$[0,l]$的函数展开成正弦级数与余弦级数,能写出傅里叶级数的和函数的表达式.

5.1　无穷级数的分类、概念与性质

要点1　无穷级数的分类

无穷级数的分类如图5.1所示.

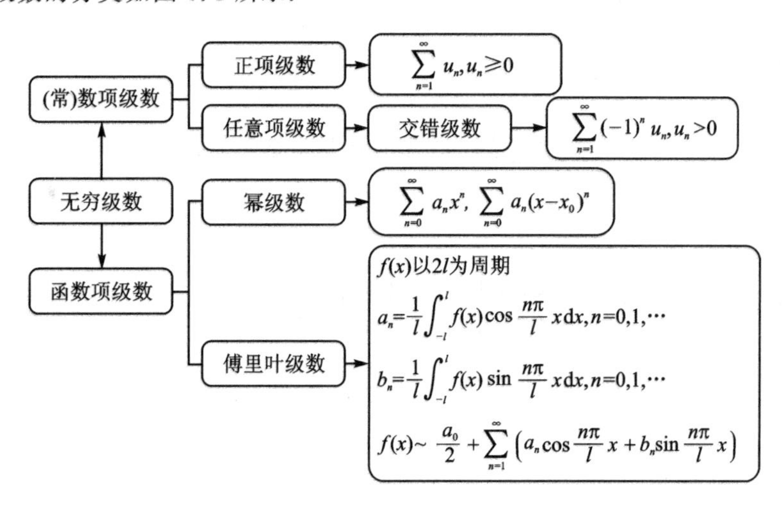

图5.1

要点2　数项级数的概念

1. 称$\sum_{n=1}^{\infty} u_n = u_1 + u_2 + \cdots + u_n + \cdots$为(常)数项级数.

2. 数项级数的收敛与和:

记前n项部分和$S_n = u_1 + u_2 + \cdots + u_n$.

若$\lim\limits_{n\to\infty} S_n$存在,则称$\sum_{n=1}^{\infty} u_n$收敛;否则,称$\sum_{n=1}^{\infty} u_n$发散.

若$\sum_{n=1}^{\infty} u_n$收敛,则称$S = \lim\limits_{n\to\infty} S_n$为$\sum_{n=1}^{\infty} u_n$的**和**,记作$S = \sum_{n=1}^{\infty} u_n$.

【举例】

1. 设数项级数 $\sum\limits_{n=1}^{\infty} u_n$ 的前 n 项部分和数列为 $S_n=\sum\limits_{k=1}^{n} u_k$，则数列 $\{S_n\}$ 有界是级数 $\sum\limits_{n=1}^{\infty} u_n$ 收敛的(　　).

A. 充分必要条件　　B. 必要非充分条件

C. 充要条件　　D. 既非充分也非必要条件

2. 级数 $\sum\limits_{n=1}^{\infty} \dfrac{1}{n(n+1)}$ 的和为________.

【解析】

1. 解：

必要性：级数 $\sum\limits_{n=1}^{\infty} u_n$ 收敛等价于数列 $\{S_n\}$ 有极限，从而数列 S_n 有界.

充分性：数列 $\{S_n\}$ 有极限等价于级数 $\sum\limits_{n=1}^{\infty} u_n$ 收敛，数列 $\{S_n\}$ 有界但未必有极限，从而无法推出级数 $\sum\limits_{n=1}^{\infty} u_n$ 收敛.

于是，数列 $\{S_n\}$ 有界是级数 $\sum\limits_{n=1}^{\infty} u_n$ 收敛的必要非充分条件.

因此，应选 B.

2. 解：

$$\begin{aligned}\sum_{n=1}^{\infty} \frac{1}{n(n+1)} &= \sum_{n=1}^{\infty}\left(\frac{1}{n}-\frac{1}{n+1}\right)\\ &= \lim_{n\to\infty}\left(1-\frac{1}{2}+\frac{1}{2}-\frac{1}{3}+\cdots+\frac{1}{n}-\frac{1}{n+1}\right)\\ &= \lim_{n\to\infty}\left(1-\frac{1}{n+1}\right)=1.\end{aligned}$$

因此，应填 1.

要点 3　函数项级数的概念

1. 若数项级数的每一项都是一个函数，即

$$\sum_{n=1}^{\infty} u_n(x)=u_1(x)+u_2(x)+\cdots+u_n(x)+\cdots,$$

则称它为函数项级数.

2. 收敛域与和函数：

(1) 使 $\sum\limits_{n=1}^{\infty} u_n(x)$ 收敛的 x 称为 $\sum\limits_{n=1}^{\infty} u_n(x)$ 的收敛点，$\sum\limits_{n=1}^{\infty} u_n(x)$ 的全体收敛点的集合称为 $\sum\limits_{n=1}^{\infty} u_n(x)$ 的收敛域.

反之，有发散点和发散域.

(2) 与数项级数收敛时的和对应,当函数项级数收敛时有和函数

$$S(x)=\sum_{n=1}^{\infty}u_n(x).$$

要点4 数项级数的性质

1. 级数收敛的必要条件:

(1) 若 $\sum_{n=1}^{\infty}u_n$ 收敛,则有 $\lim_{n\to\infty}u_n=0$,反之不成立.

若 $\lim_{n\to\infty}u_n\neq 0$,则有 $\sum_{n=1}^{\infty}u_n$ 发散,反之不成立.

(2) 正项级数收敛的充要条件是部分和数列有界.

2. 收敛级数的运算性质:

(1) 若 $\sum_{n=1}^{\infty}u_n=u$,则 $\sum_{n=1}^{\infty}ku_n=k\sum_{n=1}^{\infty}u_n=ku$($k$ 为常数).

但 $\sum_{n=1}^{\infty}ku_n$ 收敛,$\sum_{n=1}^{\infty}u_n$ 未必收敛(k 可能为零).

(2) 若 $\sum_{n=1}^{\infty}u_n=u$,$\sum_{n=1}^{\infty}v_n=v$,则 $\sum_{n=1}^{\infty}(u_n\pm v_n)=u\pm v$($u$,$v$ 为常数).

(3) 增加、减少或更替有限项,级数的敛散性不变.

(4) 收敛级数可以任意加括号,其和不变.但发散级数加括号后可能收敛.如 $1-1+1-1+1-1+\cdots$ 发散;而 $(1-1)+(1-1)+(1-1)+\cdots$ 收敛.

【举例】

设 $\sum_{n=1}^{\infty}(u_{2n-1}+u_n)$ 收敛且 $\lim_{n\to\infty}u_n=0$,证明 $\sum_{n=1}^{\infty}u_n$ 收敛.

【解析】

证明:

因为 $\sum_{n=1}^{\infty}(u_{2n-1}+u_{2n})$ 收敛,所以 $\lim_{n\to\infty}S_{2n}$ 存在.

又 $\lim_{n\to\infty}S_{2n}=\lim_{n\to\infty}(S_{2n-1}+u_{2n})$,且 $\lim_{n\to\infty}u_n=\lim_{n\to\infty}u_{2n}=0$,故

$$\lim_{n\to\infty}S_{2n}=\lim_{n\to\infty}S_{2n-1}.$$

于是,$\lim_{n\to\infty}S_n$ 存在,从而 $\sum_{n=1}^{\infty}u_n$ 收敛.

【证毕】

5.2 正项级数收敛的判别法

要点1 比较判别法

设 $\sum_{n=1}^{\infty}u_n$,$\sum_{n=1}^{\infty}v_n$($v_n>0$)是正项级数,且 $\sum_{n=1}^{\infty}v_n$($v_n>0$)的敛散性已知.

比较判别法的核心：大敛小敛，小散大散.

1. 一般形式：

大敛小敛：当 $k>0$ 时，若 $ku_n\leqslant v_n$，且 $\sum_{n=1}^{\infty}v_n$ 收敛，则 $\sum_{n=1}^{\infty}u_n$ 收敛.

小散大散：当 $k>0$ 时，若 $ku_n\leqslant v_n$，且 $\sum_{n=1}^{\infty}v_n$ 发散，则 $\sum_{n=1}^{\infty}u_n$ 发散.

2. 极限形式：$\lim\limits_{n\to\infty}\dfrac{u_n}{v_n}=\begin{cases}0\Rightarrow \text{若}\sum_{n=1}^{\infty}v_n\text{ 收敛，则}\sum_{n=1}^{\infty}u_n\text{ 收敛}\\ l\neq 0\Rightarrow \sum_{n=1}^{\infty}v_n,\sum_{n=1}^{\infty}u_n\text{ 敛散性相同}\\ +\infty\Rightarrow \text{若}\sum_{n=1}^{\infty}v_n\text{ 发散，则}\sum_{n=1}^{\infty}u_n\text{ 发散}\end{cases}$.

3. 常用级数：

(1) 几何级数(等比级数)：$\sum_{n=0}^{\infty}q^n=\begin{cases}\dfrac{1}{1-q}, & |q|<1\\ \text{发散}, & |q|\leqslant 1\end{cases}$.

比如 $\sum_{n=0}^{\infty}x_n=\dfrac{1}{1-x},x\in(-1,1)$.

(2) p-级数：$\sum_{n=1}^{\infty}\dfrac{1}{n^p}\begin{cases}\text{收敛}, p>1\\ \text{发散}, p\leqslant 1\end{cases}$.

比如，$\sum_{n=1}^{\infty}\dfrac{1}{n}$ 发散，$\sum_{n=1}^{\infty}\dfrac{1}{n^2}$ 收敛.

令 $v_n=\dfrac{1}{n^p}$，有如下结论：

$$\lim_{n\to\infty}\frac{u_n}{\frac{1}{n^p}}=\lim_{n\to\infty}n^pu_n=l\begin{cases}0\leqslant l<+\infty\Rightarrow \text{若 } p>1,\text{则}\sum_{n=1}^{\infty}u_n\text{ 收敛}\\ 0<l\leqslant+\infty\Rightarrow \text{若 } p\leqslant 1,\text{则}\sum_{n=1}^{\infty}u_n\text{ 发散}\end{cases}.$$

要点 2 比值判别法与根值判别法

设 $\sum_{n=1}^{\infty}u_n$，$\sum_{n=1}^{\infty}v_n(v_n>0)$ 是正项级数，且 $\sum_{n=1}^{\infty}v_n(v_n>0)$ 的敛散性已知.

1. 比值判别法(达朗贝尔判别法)：

$$\lim_{n\to\infty}\frac{u_{n+1}}{u_n}=\rho\begin{cases}<1\Rightarrow \sum_{n=1}^{\infty}u_n\text{ 收敛}\\ =1\Rightarrow \sum_{n=1}^{\infty}u_n\text{ 敛散性不确定.}\\ >1\Rightarrow \sum_{n=1}^{\infty}u_n\text{ 发散}\end{cases}$$

2. 根值判别法(柯西判别法)：

$$\lim_{n\to\infty}\sqrt[n]{u_n}=\rho\begin{cases}<1\Rightarrow\sum\limits_{n=1}^{\infty}u_n\text{ 收敛}\\=1\Rightarrow\sum\limits_{n=1}^{\infty}u_n\text{ 敛散性不确定.}\\>1\Rightarrow\sum\limits_{n=1}^{\infty}u_n\text{ 发散}\end{cases}$$

注意：当用比值判别法或根值判别法求得 $\rho=1$ 时，可用 u_n 的单调性和极限是否为 0 来判定 $\sum\limits_{n=1}^{\infty}u_n$ 是否收敛. 若 u_n 单调递增或其极限不为 0，则 $\sum\limits_{n=1}^{\infty}u_n$ 发散.

【举例】

1. 下列命题中，正确的个数为(　　).

(1) 设正项级数 $\sum\limits_{n=1}^{\infty}u_n$，若 $\dfrac{u_{n+1}}{u_n}<1$，则 $\sum\limits_{n=1}^{\infty}u_n$ 收敛.

(2) 收敛的级数重新排列其各项的前后顺序不改变其敛散性.

(3) 级数 $\sum\limits_{n=1}^{\infty}u_n$ 收敛的充要条件是 $\lim\limits_{n\to\infty}u_n=0$.

(4) 若级数加括号后发散，则原级数未必发散.

A. 一个　　B. 两个　　C. 三个　　D. 以上都不对

2. 判断级数 $\sum\limits_{n=1}^{\infty}\int_0^{\frac{1}{n}}\dfrac{\sin\pi x}{1+x^2}\mathrm{d}x$ 的敛散性.

3. 判别级数 $\sum\limits_{n=2}^{\infty}\dfrac{2^n}{n^2 3^n}$ 的敛散性.

4. 证明：级数 $\sum\limits_{n=1}^{\infty}\dfrac{\mathrm{e}^n n!}{n^n}$ 发散.

5. 设 $a_n=\int_0^{\frac{\pi}{4}}\tan^n x\,\mathrm{d}x$.

(1) 求 $\sum\limits_{n=1}^{\infty}\dfrac{1}{n}(a_n+a_{n+2})$ 的值.

(2) 证明：对任意的常数 $\lambda>0$，$\sum\limits_{n=1}^{\infty}\dfrac{a_n}{n\lambda}$ 收敛.

【解析】

1. 解：

(1) 根据比值判别法，应为 $\lim\limits_{n\to\infty}\dfrac{u_{n+1}}{u_n}<1$，而非 $\dfrac{u_{n+1}}{u_n}<1$，故该命题错误. 比如 $\sum\limits_{n=1}^{\infty}\dfrac{1}{n}$ 发散，而 $\dfrac{1}{n+1}<\dfrac{1}{n}$.

(2) 根据级数收敛的性质，应为重新排列有限项的前后顺序，故该命题错误.

(3) 级数收敛的必要条件是一般项极限为 0，故该命题错误. 比如 $\sum\limits_{n=1}^{\infty}\dfrac{1}{n}$ 发散，而

$\lim\limits_{n\to\infty}\dfrac{1}{n}=0$.

(4) 加括号不改变级数的收敛性,故该命题错误.实际上,在收敛级数中任意加括号后级数依旧收敛等价于若加括号所成的级数发散,那么原级数也必定发散.

因此,应选 D.

2. 解:

显然 $\int_0^{\frac{1}{n}}\dfrac{\sin\pi x}{1+x^2}dx>0$,故该级数是正项级数.依题意,

$$\int_0^{\frac{1}{n}}\frac{\sin\pi x}{1+x^2}dx<\int_0^{\frac{1}{n}}\sin\pi x\,dx=\frac{1}{\pi}\left(1-\cos\frac{\pi}{n}\right).$$

因为 $\lim\limits_{n\to\infty}\dfrac{\frac{1}{\pi}\left(1-\cos\frac{\pi}{n}\right)}{\frac{1}{n^2}}=\lim\limits_{n\to\infty}\dfrac{\frac{1}{\pi}\cdot\frac{1}{2}\cdot\frac{\pi^2}{n^2}}{\frac{1}{n^2}}=\dfrac{\pi}{2}$,且 $\sum\limits_{n=1}^{\infty}\dfrac{1}{n^2}$ 收敛,所以 $\sum\limits_{n=1}^{\infty}\dfrac{1}{\pi}\left(1-\cos\dfrac{\pi}{n}\right)$ 收敛,从而由比较判别法得 $\sum\limits_{n=1}^{\infty}\int_0^{\frac{1}{n}}\dfrac{\sin\pi x}{1+x^2}dx$ 收敛.

3. 解:

方法一:比值判别法

根据比值判别法 $\lim\limits_{n\to\infty}\dfrac{\frac{2^{n+1}}{(n+1)^2 3^{n+1}}}{\frac{2^n}{n^2 3^n}}=\dfrac{2}{3}<1$,故原级数收敛.

方法二:根值判别法

根据根值判别法 $\lim\limits_{n\to\infty}\left(\dfrac{2^n}{n^2 3^n}\right)^{\frac{1}{n}}=\lim\limits_{n\to\infty}\dfrac{2}{3n^{\frac{2}{n}}}=\dfrac{2}{3}<1$,故原级数收敛.

方法三:比较判别法

因为 $\dfrac{2^n}{n^2 3^n}\leqslant\left(\dfrac{2}{3}\right)^n$,且 $\sum\limits_{n=2}^{\infty}\left(\dfrac{2}{3}\right)^n$ 收敛,故原级数收敛.

4. 证明:

设 $u_n=\dfrac{e^n n!}{n^n}$,则 $\dfrac{u_{n+1}}{u_n}=\dfrac{\frac{e^{n+1}(n+1)!}{(n+1)^{n+1}}}{\frac{e^n n!}{n^n}}=\dfrac{e}{\left(1+\frac{1}{n}\right)^n}$.

因为 $\left(1+\dfrac{1}{n}\right)^n$ 单调增加且趋近于 e,所以 $\dfrac{u_{n+1}}{u_n}=\dfrac{e}{\left(1+\frac{1}{n}\right)^n}>1$.

又 $u_1=e$,故 $\lim\limits_{n\to\infty}u_n\neq0$,不满足级数收敛的必要条件,因此级数发散.

【证毕】

5. 解:

(1) 计算得

$$\int_0^{\frac{\pi}{4}} \tan^n x \mathrm{d}x + \int_0^{\frac{\pi}{4}} \tan^{n+2} x \mathrm{d}x = \int_0^{\frac{\pi}{4}} \tan^n x(1+\tan^2 x)\mathrm{d}x$$
$$= \int_0^{\frac{\pi}{4}} \tan^n x \mathrm{d}\tan x = \left[\frac{\tan^{n+1} x}{n+1}\right]_0^{\frac{\pi}{4}} = \frac{1}{n+1},$$

故
$$\sum_{n=1}^{\infty} \frac{1}{n}(a_n + a_{n+2}) = \sum_{n=1}^{\infty}\left(\frac{1}{n}\cdot\frac{1}{n+1}\right) = \sum_{n=1}^{\infty}\left(\frac{1}{n}-\frac{1}{n+1}\right)$$
$$= \lim_{n\to\infty}\left(1-\frac{1}{2}+\frac{1}{3}-\frac{1}{4}+\cdots\frac{1}{n}-\frac{1}{n+1}\right)=1.$$

(2) 证明：

因为 $0<\frac{a_n}{n}<\frac{a_n+a_{n+2}}{n}$，且 $\sum_{n=1}^{\infty}\frac{1}{n}(a_n+a_{n+2})$ 收敛，所以 $\sum_{n=1}^{\infty}\frac{a_n}{n}$ 收敛，从而对任意的 $\lambda>0$，$\sum_{n=1}^{\infty}\frac{a_n}{n\lambda}$ 收敛.

【证毕】

要点 3 积分判别法

1. 定理：$\sum_{n=1}^{\infty} f(n)$ 与 $\int_1^{+\infty} f(x)\mathrm{d}x$（$f(x)$ 非负递减）具有相同的敛散性.

比如，$\sum_{n=1}^{\infty}\frac{1}{n}$ 发散，而 $\int_1^{+\infty}\frac{1}{x}\mathrm{d}x$ 也发散.

2. 结论：$\sum_{n=1}^{\infty}\frac{1}{n(\ln n)^p}\begin{cases}\text{收敛}, p>1\\ \text{发散}, p\leqslant 1\end{cases}$.

要点 4 等价无穷小代换与泰勒公式代换

1. 若 u_n 通过等价无穷小或泰勒公式代换为 v_n，则正向级数 $\sum_{n=1}^{\infty}u_n$，$\sum_{n=1}^{\infty}v_n$ 具有相同的敛散性.

2. 常见 $x\to 0$ 时的等价无穷小和泰勒公式：

$x\to 0$ 时，常见等价无穷小和泰勒公式的“十二”型秘诀如图 5.2 所示. $\arcsin x$，$\sin x$，x，$\tan x$，$\arctan x$ 五者中任两者作差都可以得到一对等价无穷小；e^x-1，x，$\ln(1+x)$ 三者中任两者作差都可以得到一对等价无穷小.

【举例】

1. 判断 $\sum_{n=1}^{\infty}\left(1-\cos\frac{x}{n}\right)$ 和 $\sum_{n=1}^{\infty}\left(\frac{1}{n}-\ln\frac{n+1}{n}\right)$ 的敛散性.

2. 级数 $\sum_{n=0}^{\infty}\frac{\sqrt{2n+1}}{n^{\alpha}}$ 收敛的充分必要条件是 α 满足不等式________.

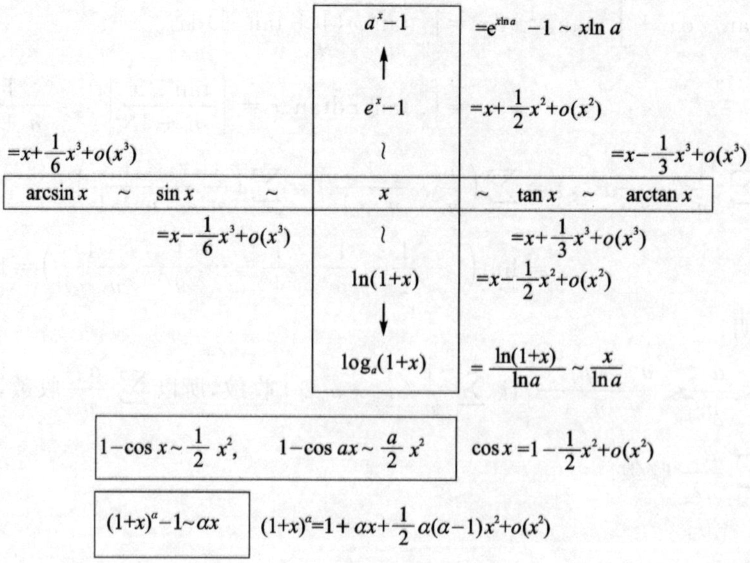

$a^x-1 = e^{x\ln a}-1 \sim x\ln a$

$\uparrow$

$e^x-1 = x+\frac{1}{2}x^2+o(x^2)$

$\wr$

$\arcsin x = x+\frac{1}{6}x^3+o(x^3)$ $\quad$ $\arctan x = x-\frac{1}{3}x^3+o(x^3)$

$\arcsin x \sim \sin x \sim x \sim \tan x \sim \arctan x$

$\sin x = x-\frac{1}{6}x^3+o(x^3)$ $\quad$ $\tan x = x+\frac{1}{3}x^3+o(x^3)$

$\wr$

$\ln(1+x) = x-\frac{1}{2}x^2+o(x^2)$

$\downarrow$

$\log_a(1+x) = \frac{\ln(1+x)}{\ln a} \sim \frac{x}{\ln a}$

$1-\cos x \sim \frac{1}{2}x^2,\quad 1-\cos ax \sim \frac{a}{2}x^2 \qquad \cos x = 1-\frac{1}{2}x^2+o(x^2)$

$(1+x)^\alpha-1 \sim \alpha x \qquad (1+x)^\alpha = 1+\alpha x+\frac{1}{2}\alpha(\alpha-1)x^2+o(x^2)$

图 5.2

【解析】

1. 解：

因为 $1-\cos\frac{x}{n}\sim\frac{x^2}{2n^2}(n\to\infty)$，且 $\sum\limits_{n=1}^{\infty}\frac{x^2}{2n^2}$ 收敛，故 $\sum\limits_{n=1}^{\infty}\left(1-\cos\frac{x}{n}\right)$ 收敛.

因为 $\frac{1}{n}-\ln\left(1+\frac{1}{n}\right)=\frac{1}{n}-\left[\frac{1}{n}-\frac{1}{2n^2}+o\left(\frac{1}{n^2}\right)\right]=\frac{1}{2n^2}+o\left(\frac{1}{n^2}\right)(n\to\infty)$，且 $\sum\limits_{n=1}^{\infty}\frac{1}{2n^2}$ 收敛，故 $\sum\limits_{n=1}^{\infty}\left(\frac{1}{n}-\ln\frac{n+1}{n}\right)$ 收敛.

2. 解：

因为 $\frac{\sqrt{2n+1}}{n^\alpha}\sim\sqrt{2}\frac{1}{n^{\alpha-\frac{1}{2}}}(n\to\infty)$，且 $\sum\limits_{n=0}^{\infty}\frac{\sqrt{2}}{n^{\alpha-\frac{1}{2}}}$ 收敛等价于 $\alpha-\frac{1}{2}>1$，即 $\alpha>\frac{3}{2}$，所以 $\sum\limits_{n=0}^{\infty}\frac{\sqrt{2n+1}}{n^\alpha}$ 收敛等价于 $\alpha>\frac{3}{2}$.

因此，应填 $\alpha>\frac{3}{2}$.

说明：以上五种判别法都建立在正项级数的基础上，未必适用于任意项级数.

5.3 任意项级数

要点 1 任意项级数的敛散性判定

1. 绝对收敛和条件收敛：

(1) $\sum\limits_{n=1}^{\infty}u_n$ 绝对收敛：$\sum\limits_{n=1}^{\infty}u_n$ 收敛且 $\sum\limits_{n=1}^{\infty}|u_n|$ 收敛.

$\sum\limits_{n=1}^{\infty} u_n$ 条件收敛：$\sum\limits_{n=1}^{\infty} u_n$ 收敛且 $\sum\limits_{n=1}^{\infty} |u_n|$ 发散.

若 $\sum\limits_{n=1}^{\infty} |u_n|$ 收敛,则 $\sum\limits_{n=1}^{\infty} u_n$ 收敛. 证明如下：

因为 $\dfrac{|u_n|+u_n}{2} \leqslant |u_n|$，$\dfrac{|u_n|-u_n}{2} \leqslant |u_n|$，且 $\sum\limits_{n=1}^{\infty} |u_n|$ 收敛，所以 $\sum\limits_{n=1}^{\infty} \dfrac{|u_n|+u_n}{2}$, $\sum\limits_{n=1}^{\infty} \dfrac{|u_n|-u_n}{2}$ 均收敛.

而 $u_n = \dfrac{|u_n|+u_n}{2} - \dfrac{|u_n|-u_n}{2}$,故 $\sum\limits_{n=1}^{\infty} u_n$ 收敛.

(2) 若 $\sum\limits_{n=1}^{\infty} u_n$, $\sum\limits_{n=1}^{\infty} v_n$ 都绝对收敛,且和分别为 u,v,则 $\left(\sum\limits_{n=1}^{\infty} u_n\right)\left(\sum\limits_{n=1}^{\infty} v_n\right)$ 也绝对收敛,和为 uv(u,v 为常数).

注意：仅仅是 $\sum\limits_{n=1}^{\infty} u_n$, $\sum\limits_{n=1}^{\infty} v_n$ 都收敛,无法得出 $\left(\sum\limits_{n=1}^{\infty} u_n\right)\left(\sum\limits_{n=1}^{\infty} v_n\right)$ 收敛.

这是因为新级数每一项的排列方式有多种形式. 常见的有下面两种(见图 5.3)：

$$\left(\sum_{n=1}^{\infty} u_n\right)\left(\sum_{n=1}^{\infty} v_n\right) = u_1v_1 + (u_1v_2 + u_2v_2 + u_2v_1) + \cdots + (u_1v_n + \cdots + u_nv_n + \cdots + u_nv_1) + \cdots$$

$$\left(\sum_{n=1}^{\infty} u_n\right)\left(\sum_{n=1}^{\infty} v_n\right) = u_1v_1 + (u_1v_2 + u_2v_1) + \cdots + (u_1v_n + u_2v_{n-1} + \cdots + u_nv_1) + \cdots$$

这一条性质了解即可.

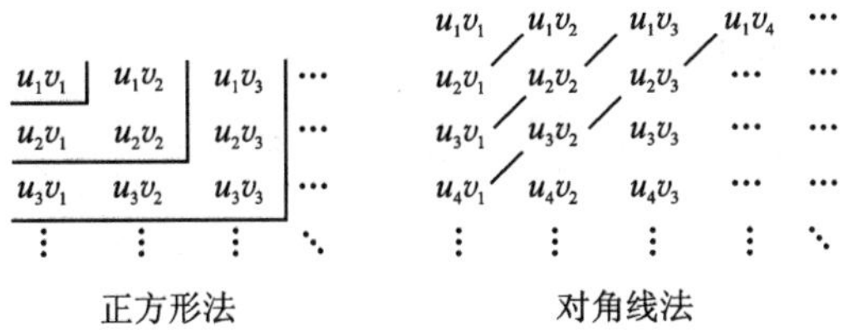

$$\begin{array}{cccc} u_1v_1 & u_1v_2 & u_1v_3 & \cdots \\ u_2v_1 & u_2v_2 & u_2v_3 & \cdots \\ u_3v_1 & u_3v_2 & u_3v_3 & \cdots \\ \vdots & \vdots & \vdots & \ddots \end{array} \qquad \begin{array}{cccccc} u_1v_1 & u_1v_2 & u_1v_3 & u_1v_4 & \cdots \\ u_2v_1 & u_2v_2 & u_2v_3 & \cdots & \cdots \\ u_3v_1 & u_3v_2 & u_3v_3 & \cdots & \cdots \\ u_4v_1 & u_4v_2 & u_4v_3 & \cdots & \cdots \\ \vdots & \vdots & \vdots & \vdots & \ddots \end{array}$$

正方形法　　　　对角线法

图 5.3

2. 比值判别法与根值判别法：

(1) 比值判别法：$\lim\limits_{n\to\infty}\left|\dfrac{u_{n+1}}{u_n}\right| = \rho \begin{cases} < 1 \Rightarrow \sum\limits_{n=1}^{\infty} u_n \text{ 收敛} \\ = 1 \Rightarrow \sum\limits_{n=1}^{\infty} u_n \text{ 敛散性不确定.} \\ > 1 \Rightarrow \sum\limits_{n=1}^{\infty} u_n \text{ 发散} \end{cases}$

证明如下：

若 $\lim\limits_{n\to\infty}\left|\dfrac{u_{n+1}}{u_n}\right| = \rho < 1$,则 $\sum\limits_{n=1}^{\infty} |u_n|$ 收敛,从而 $\sum\limits_{n=1}^{\infty} u_n$ 收敛.

若$\lim\limits_{n\to\infty}\left|\dfrac{u_{n+1}}{u_n}\right|=\rho>1$,则$\lim\limits_{n\to\infty}|u_n|\neq 0$,从而$\lim\limits_{n\to\infty}u_n\neq 0$,故$\sum\limits_{n=1}^{\infty}u_n$发散.

(2) 根值判别法:$\lim\limits_{n\to\infty}\sqrt[n]{|u_n|}=\rho\begin{cases}<1\Rightarrow\sum\limits_{n=1}^{\infty}u_n\text{ 收敛}\\=1\Rightarrow\sum\limits_{n=1}^{\infty}u_n\text{ 敛散性不确定.}\\>1\Rightarrow\sum\limits_{n=1}^{\infty}u_n\text{ 发散}\end{cases}$

证明方法与(1)类似.

【举例】

1. 设有级数$\sum\limits_{n=1}^{\infty}u_n$,则下列命题成立的是(　　).

A. 若$\sum\limits_{n=1}^{\infty}|u_n|$收敛,则$\sum\limits_{n=1}^{\infty}u_n$收敛

B. 若$\sum\limits_{n=1}^{\infty}u_n$收敛,则$\sum\limits_{n=1}^{\infty}|u_n|$收敛

C. 若$\sum\limits_{n=1}^{\infty}|u_n|$发散,则$\sum\limits_{n=1}^{\infty}u_n$发散

D. 以上三个命题均错误

2. 下列无穷级数绝对收敛的是(　　).

A. $\sum\limits_{n=1}^{\infty}\dfrac{(-1)^n}{\sqrt{n}}$

B. $\sum\limits_{n=1}^{\infty}\dfrac{(-1)^n}{\ln(n+1)}$

C. $\sum\limits_{n=1}^{\infty}\dfrac{1}{\sqrt[n]{n}}$

D. $\sum\limits_{n=1}^{\infty}\dfrac{(-2)^n n!}{n^n}$

3. 级数$\sum\limits_{n=1}^{\infty}\left(\dfrac{\sin\alpha x}{n^2}-\dfrac{1}{\sqrt{n}}\right)$(　　).

A. 发散　　B. 条件收敛　　C. 绝对收敛　　D. 敛散性不定

4. 设$a_n>0(n=1,2,\cdots)$,且$\sum\limits_{n=1}^{\infty}a_n$收敛,常数$\lambda\in\left(0,\dfrac{\pi}{2}\right)$,判别级数$\sum\limits_{n=1}^{\infty}(-1)^n\left(n\tan\dfrac{\lambda}{n}\right)a_{2n}$的敛散性.

5. 设常数$\lambda>0$,且级数$\sum\limits_{n=1}^{\infty}a_n^2$收敛,判别级数$\sum\limits_{n=1}^{\infty}(-1)^n\dfrac{|a_n|}{\sqrt{n^2+\lambda}}$的敛散性.

【解析】

1. 解:

显然,A 选项正确. 取$\sum\limits_{n=1}^{\infty}u_n=\sum\limits_{n=1}^{\infty}\dfrac{(-1)^n}{n}$,则$\sum\limits_{n=1}^{\infty}u_n$收敛,且$\sum\limits_{n=1}^{\infty}|u_n|=\sum\limits_{n=1}^{\infty}\dfrac{1}{n}$发散,故 B、C 选项错误. 而 D 选项明显错误.

因此,应选 A.

2. 解:

因为$\dfrac{1}{\sqrt{n}}$单调递减,且$\lim\limits_{n\to\infty}\dfrac{1}{\sqrt{n}}=0$,所以根据莱布尼茨判别法,得$\sum\limits_{n=1}^{\infty}\dfrac{(-1)^n}{\sqrt{n}}$收敛.

又 $\sum_{n=1}^{\infty}\frac{1}{\sqrt{n}}$ 是 p -级数，且 $p=\frac{1}{2}<1$，故 $\sum_{n=1}^{\infty}\frac{1}{\sqrt{n}}$ 发散，即 $\sum_{n=1}^{\infty}\frac{(-1)^n}{\sqrt{n}}$ 条件收敛. 故A错误.

因为 $\frac{1}{\ln(n+1)}$ 单调递减，且 $\lim\limits_{n\to\infty}\frac{1}{\ln(n+1)}=0$，所以根据莱布尼茨判别法，得 $\sum_{n=1}^{\infty}\frac{(-1)^n}{\ln(n+1)}$ 收敛. 而 $\frac{1}{\ln(n+1)}<\frac{1}{n}$，且 $\sum_{n=1}^{\infty}\frac{1}{n}$ 发散，故根据比较判别法，得 $\sum_{n=1}^{\infty}\frac{1}{\ln(n+1)}$ 发散，即 $\sum_{n=1}^{\infty}\frac{(-1)^n}{\ln(n+1)}$ 条件收敛. 故 B 错误.

因为 $\lim\limits_{n\to\infty}\frac{1}{\sqrt[n]{n}}=1\neq 0$，所以 $\sum_{n=1}^{\infty}\frac{1}{\sqrt[n]{n}}$ 发散. 故 C 错误.

根据比值判别法得

$$\lim_{n\to\infty}\left|\frac{\frac{(-2)^{n+1}(n+1)!}{(n+1)^{n+1}}}{\frac{(-2)^n n!}{n^n}}\right|=\lim_{n\to\infty}2\cdot\left(\frac{n}{n+1}\right)^n=2\lim_{n\to\infty}\frac{1}{\left(1+\frac{1}{n}\right)^n}=\frac{2}{e}<1,$$

故 $\sum_{n=1}^{\infty}\left|\frac{(-2)^n n!}{n^n}\right|$ 收敛，因此 $\sum_{n=1}^{\infty}\frac{(-2)^n n!}{n^n}$ 绝对收敛. 故 D 正确.

因此，应选 D.

3. 解：

因为 $\left|\frac{\sin\alpha x}{n^2}\right|\leqslant\frac{1}{n^2}$，且 $\sum_{n=1}^{\infty}\frac{1}{n^2}$ 收敛，所以 $\sum_{n=1}^{\infty}\left|\frac{\sin\alpha x}{n^2}\right|$ 收敛，从而 $\sum_{n=1}^{\infty}\frac{\sin\alpha x}{n^2}$ 收敛. 又 $\sum_{n=1}^{\infty}\frac{1}{\sqrt{n}}$ 发散，从而 $\sum_{n=1}^{\infty}\left(\frac{\sin\alpha x}{n^2}-\frac{1}{\sqrt{n}}\right)$ 发散.

因此，应选 A.

4. 解：

对任意的常数 $\lambda\in\left(0,\frac{\pi}{2}\right)$，$\lim\limits_{n\to\infty}n\tan\frac{\lambda}{n}=\lim\limits_{n\to\infty}n\cdot\frac{\lambda}{n}=\lambda$，所以存在正整数 N，使得当 $n>N$ 时，$\left|n\tan\frac{\lambda}{n}-\lambda\right|<1$，即当 $n>N$ 时，$n\tan\frac{\lambda}{n}<\lambda+1$. 所以当 $n>N$ 时，

$$\left|(-1)^n\left(n\tan\frac{\lambda}{n}\right)a_{2n}\right|\leqslant(\lambda+1)a_{2n},$$

由于 $\sum_{n=1}^{\infty}a_n$ 收敛，从而级数 $\sum_{n=N+1}^{\infty}\left|(-1)^n\left(n\tan\frac{\lambda}{n}\right)a_{2n}\right|$ 收敛，进而原级数绝对收敛.

5. 解：

根据均值不等式，有 $\left|(-1)^n\frac{a_n}{\sqrt{n^2+\lambda}}\right|\leqslant\frac{|a_n|}{n}\leqslant\frac{1}{2}a_n^2+\frac{1}{2n^2}$.

因为级数 $\sum_{n=1}^{\infty}a_n^2$ 收敛，所以级数 $\sum_{n=1}^{\infty}\frac{1}{2}a_n^2$ 收敛.

又因为 $\sum_{n=1}^{\infty}\frac{1}{2n^2}$ 收敛，所以 $\sum_{n=1}^{\infty}\left(\frac{1}{2}a_n^2+\frac{1}{2n^2}\right)$ 收敛.

从而根据比较判别法得级数$\sum_{n=1}^{\infty}\left|(-1)^n \frac{a_n}{\sqrt{n^2+\lambda}}\right|$收敛,即原级数绝对收敛.

要点 2　交错级数

1. 定义:正负项交替出现的级数.
2. 莱布尼茨(Leibniz)判别法:

若交错级数$\sum_{n=1}^{\infty}(-1)^{n+1}u_n(u_n>0)$满足$u_n \leqslant u_{n+1}(n=1,2,3,\cdots)$且$\lim_{n\to\infty}u_n=0$,则交错级数$\sum_{n=1}^{\infty}(-1)^{n+1}u_n$收敛.

【举例】

1. 若$a,b\in \mathbf{R}$,则$\sum_{n=1}^{\infty}\sin\left(an\pi+\frac{b}{n}\right)$(　　).

A. 绝对收敛　　B. 发散
C. 条件收敛　　D. 敛散性不确定

2. 已知级数$\sum_{n=1}^{\infty}(-1)^n\sqrt{n}\sin\frac{1}{n^{\alpha}}$绝对收敛,级数$\sum_{n=1}^{\infty}\frac{(-1)^n}{n^{2-\alpha}}$条件收敛,则(　　).

A. $0<\alpha\leqslant\frac{1}{2}$　　B. $\frac{1}{2}<\alpha\leqslant 1$
C. $1<\alpha\leqslant\frac{3}{2}$　　D. $\frac{3}{2}<\alpha<2$

3. 设$u_n\neq 0(n=1,2,3,\cdots)$单调,且$\lim_{n\to\infty}\frac{n}{u_n}=1$,则级数$\sum_{n=1}^{\infty}(-1)^{n+1}\left(\frac{1}{u_n}+\frac{1}{u_{n+1}}\right)$(　　).

A. 发散　　B. 条件收敛
C. 绝对发散　　D. 收敛性根据条件不能确定

4. 下列选项中正确的是(　　).

A. 若数项级数$\sum_{n=1}^{\infty}a_n$收敛,则$\sum_{n=1}^{\infty}(-1)^n\frac{a_n}{n}$收敛

B. 若数项级数$\sum_{n=1}^{\infty}a_n$与$\sum_{n=1}^{\infty}c_n$皆收敛且$a_n<b_n<c_n$,则$\sum_{n=1}^{\infty}b_n$收敛

C. 若数项级数$\sum_{n=1}^{\infty}a_n$收敛,则$\sum_{n=1}^{\infty}(a_{2n-1}-a_{2n})$收敛

D. 若数项级数$\sum_{n=1}^{\infty}a_n$条件收敛,则$\sum_{n=1}^{\infty}\frac{a_n+|a_n|}{2}$收敛

5. 以下正确的是(　　).

A. 若$\sum_{n=1}^{\infty}a_n$收敛且$\sum_{n=1}^{\infty}b_n$收敛,则$\sum_{n=1}^{\infty}a_nb_n$收敛

B. 若$\sum_{n=1}^{\infty}a_n$收敛且$\sum_{n=1}^{\infty}b_n$发散,则$\sum_{n=1}^{\infty}a_nb_n$发散

C. 若$\sum_{n=1}^{\infty}a_n$收敛且$\sum_{n=1}^{\infty}b_n$绝对收敛,则$\sum_{n=1}^{\infty}a_nb_n$绝对收敛

D. 若 $\sum_{n=1}^{\infty} a_n$ 条件收敛且 $\sum_{n=1}^{\infty} b_n$ 绝对收敛，则 $\sum_{n=1}^{\infty} a_n b_n$ 条件收敛

6. 已知数项级数 $\sum_{n=1}^{\infty} a_n$ 收敛，则下列级数必定收敛的是(　　).

A. $\sum_{n=1}^{\infty} (-1)^n a_n$　　　　B. $\sum_{n=1}^{\infty} a_n^2$

C. $\sum_{n=1}^{\infty} (a_{2n-1} - a_{2n})$　　　　D. $\sum_{n=1}^{\infty} (a_n + a_{n+1})$

7. 下列选项中正确的是(　　).

A. 若数项级数 $\sum_{n=1}^{\infty} a_n$ 收敛，则 $\sum_{n=1}^{\infty} (-1)^n \frac{a_n}{n}$ 收敛

B. 若数项级数 $\sum_{n=1}^{\infty} a_n$ 收敛，则 $\sum_{n=1}^{\infty} (a_n + a_{n+1})$ 可能发散

C. 若数项级数 $\sum_{n=1}^{\infty} a_n$ 与 $\sum_{n=1}^{\infty} b_n$ 都发散，则 $\sum_{n=1}^{\infty} (a_n - b_n)$ 也发散

D. 若数项级数 $\sum_{n=1}^{\infty} a_n$ 与 $\sum_{n=1}^{\infty} b_n$ 都发散，则 $\sum_{n=1}^{\infty} (|a_n| + |b_n|)$ 发散

8. 设正项数列 $\{a_n\}$ 单调减少，且 $\sum_{n=1}^{\infty} (-1)^n a_n$ 发散，试证 $\sum_{n=1}^{\infty} \left(\frac{1}{1+a_n}\right)^n$ 收敛.

【解析】

1. 解：

若 $a \in \mathbf{Z}$，则 $\sin\left(an\pi + \frac{b}{n}\right) = (-1)^{an} \sin \frac{b}{n} \sim (-1)^{an} \frac{b}{n} (n \to \infty)$.

当 a 为偶数且 $b \neq 0$ 时，因为级数 $\sum_{n=1}^{\infty} \frac{b}{n}$ 发散，所以原级数发散；当 a 为奇数且 $b \neq 0$ 时，因为级数 $\sum_{n=1}^{\infty} (-1)^n \frac{b}{n}$ 收敛(根据莱布尼茨判别法)，所以原级数条件收敛. 若 $b=0$，则原级数绝对收敛.

若 $a \notin \mathbf{Z}$，则 $\lim\limits_{n\to\infty} \sin\left(an\pi + \frac{b}{n}\right) = \lim\limits_{n\to\infty} \sin an\pi \neq 0$，从而原级数发散.

综上所述，原级数敛散性不确定，但有如下结论：

若 $a \notin \mathbf{Z}$，则原级数发散；若 $a \in \mathbf{Z}$ 且 $b=0$，则原级数绝对收敛；若 a 为偶数且 $b \neq 0$，则原级数发散；若 a 为奇数且 $b \neq 0$，则原级数条件收敛.

因此，应选 D.

2. 解：

因为 $\sum_{n=1}^{\infty} (-1)^n \sqrt{n} \sin \frac{1}{n^\alpha}$ 绝对收敛，所以 $\sum_{n=1}^{\infty} \sqrt{n} \sin \frac{1}{n^\alpha}$ 收敛，从而 $\lim\limits_{n\to\infty} \sqrt{n} \sin \frac{1}{n^\alpha} = 0$，故 $\lim\limits_{n\to\infty} \sin \frac{1}{n^\alpha} = 0$，即 $\lim\limits_{n\to\infty} \frac{1}{n^\alpha} = 0$，也即 $\alpha > 0$.

由 $\sin \frac{1}{n^\alpha} \sim \frac{1}{n^\alpha} (\alpha > 0, n \to \infty)$ 得

$$\lim_{n\to\infty}\left(\sqrt{n}\sin\frac{1}{n^{\alpha}}\right)=\lim_{n\to\infty}\left(\sqrt{n}\cdot\frac{1}{n^{\alpha}}\right)=\lim_{n\to\infty}\frac{1}{n^{\alpha-\frac{1}{2}}}=0,$$

从而 $\alpha-\frac{1}{2}>1$，即 $\alpha>\frac{3}{2}$.

又因为 $\sum\limits_{n=1}^{\infty}\frac{(-1)^n}{n^{2-\alpha}}$ 条件收敛，所以根据定义有 $\sum\limits_{n=1}^{\infty}\frac{(-1)^n}{n^{2-\alpha}}$ 收敛，$\sum\limits_{n=1}^{\infty}\frac{1}{n^{2-\alpha}}$ 发散.

对于 $\sum\limits_{n=1}^{\infty}\frac{(-1)^n}{n^{2-\alpha}}$ 收敛，由交错级数收敛的判定条件得 $2-\alpha>0$，即 $\alpha<2$；对于 $\sum\limits_{n=1}^{\infty}\frac{1}{n^{2-\alpha}}$ 发散，由调和级数发散的条件得 $2-\alpha\leqslant 1$，即 $\alpha\leqslant 1$.

综上所述，$\frac{3}{2}<\alpha<2$.

因此，应选 D.

3. 解：

因为 $\lim\limits_{n\to\infty}\frac{n}{u_n}=\lim\limits_{n\to\infty}\frac{\frac{1}{u_n}}{\frac{1}{n}}=1$，且 $\sum\limits_{n=1}^{\infty}\frac{1}{n}$ 发散，所以 $\sum\limits_{n=1}^{\infty}\frac{1}{u_n}$ 发散. 依题意，存在 $n_0\in\mathbf{N}_+$，当 $n>n_0$ 时，$\frac{1}{u_n}>0$，$\frac{1}{u_{n+1}}>0$，故 $\sum\limits_{n=1}^{\infty}\left(\frac{1}{u_n}+\frac{1}{u_{n+1}}\right)$ 发散.

而由莱布尼茨判别法可得 $\sum\limits_{n=1}^{\infty}(-1)^{n+1}\left(\frac{1}{n}+\frac{1}{n+1}\right)$ 收敛，从而 $\sum\limits_{n=1}^{\infty}(-1)^{n+1}\left(\frac{1}{u_n}+\frac{1}{u_{n+1}}\right)$ 收敛，故 $\sum\limits_{n=1}^{\infty}(-1)^{n+1}\left(\frac{1}{u_n}+\frac{1}{u_{n+1}}\right)$ 条件收敛.

因此，应选 B.

4. 解：

取 $a_n=\frac{(-1)^n}{\ln n}$，则 $\sum\limits_{n=1}^{\infty}a_n$ 收敛(由交错级数的莱布尼茨判别法得到)，而 $\sum\limits_{n=1}^{\infty}(-1)^n\frac{a_n}{n}=\sum\limits_{n=1}^{\infty}\frac{1}{n\ln n}$ 发散(由积分判别法得到)，故选项 A 错误.

由 $a_n<b_n<c_n$ 得 $0\leqslant b_n-a_n\leqslant c_n-a_n$. 又因为 $\sum\limits_{n=1}^{\infty}a_n$ 与 $\sum\limits_{n=1}^{\infty}c_n$ 皆收敛，所以 $\sum\limits_{n=1}^{\infty}(c_n-a_n)$ 收敛，从而 $\sum\limits_{n=1}^{\infty}(b_n-a_n)$ 收敛. 由 $\sum\limits_{n=1}^{\infty}a_n$ 与 $\sum\limits_{n=1}^{\infty}(b_n-a_n)$ 收敛得 $\sum\limits_{n=1}^{\infty}b_n$ 收敛，故选项 B 正确.

令 $\sum\limits_{n=1}^{\infty}b_n=\sum\limits_{n=1}^{\infty}(a_{2n-1}-a_{2n})$，则 $\sum\limits_{n=1}^{\infty}b_n=\sum\limits_{n=1}^{\infty}(-1)^n a_n$，取 $a_n=\frac{(-1)^n}{n}$，则 $\sum\limits_{n=1}^{\infty}a_n$ 收敛(由交错级数的莱布尼茨判别法得到)，但 $\sum\limits_{n=1}^{\infty}(a_{2n-1}-a_{2n})=-\sum\limits_{n=1}^{\infty}\left(\frac{1}{2n-1}+\frac{1}{2n}\right)$ 发散，故选项 C 错误.

因为 $\sum\limits_{n=1}^{\infty}|a_n|$ 条件收敛，所以 $\sum\limits_{n=1}^{\infty}|a_n|$ 发散，从而 $\sum\limits_{n=1}^{\infty}\frac{a_n+|a_n|}{2}$ 发散，故选项 D

错误.

因此,应选 B.

5. 解:

选项 A 不成立. 反例: $a_n = b_n = \frac{(-1)^n}{\sqrt{n}}$.

选项 B 不成立. 反例: $a_n = \frac{1}{n}, b_n = (-1)^n$.

选项 C 成立. 因为 $\sum_{n=1}^{\infty} a_n$ 收敛, 所以 a_n 有界. 不妨设 $|a_n| < M(M > 0)$, 从而 $|a_n b_n| < M|b_n|$. 因为 $\sum_{n=1}^{\infty} b_n$ 绝对收敛, 故 $\sum_{n=1}^{\infty} Mb_n$ 绝对收敛, 从而 $\sum_{n=1}^{\infty} a_n b_n$ 绝对收敛.

选项 D 不成立. 反例: $a_n = (-1)^n \frac{1}{n}, b_n = \frac{1}{n^2}$.

因此,应选 C.

6. 解:

取 $a_n = (-1)^n \frac{1}{\sqrt{n}}$, 由莱布尼茨判别法可知 $\sum_{n=2}^{\infty} a_n$ 收敛. 此时,

$$\sum_{n=1}^{\infty} (-1)^n a_n = \sum_{n=1}^{\infty} \frac{1}{\sqrt{n}} \text{ 和 } \sum_{n=1}^{\infty} a_n^2 = \sum_{n=1}^{\infty} \frac{1}{n}$$

均发散,故排除 A、B 选项.

而
$$\sum_{n=1}^{\infty} (a_{2n-1} - a_{2n}) = \sum_{n=1}^{\infty} \left[\frac{(-1)^{2n-1}}{\sqrt{2n-1}} - \frac{(-1)^{2n}}{\sqrt{2n}} \right] = -\sum_{n=1}^{\infty} \left(\frac{1}{\sqrt{2n-1}} + \frac{1}{\sqrt{2n}} \right)$$

也发散,故排除 C 选项.

因为 $\sum_{n=1}^{\infty} a_n$ 收敛, 所以 $\sum_{n=1}^{\infty} a_{n+1}$ 也收敛, 从而 $\sum_{n=1}^{\infty} (a_n + a_{n+1})$ 也收敛.

因此,应选 D.

7. 解:

取 $a_n = \frac{(-1)^n}{\ln n}$, 则 $\sum_{n=1}^{\infty} a_n$ 收敛, 但 $\sum_{n=1}^{\infty} (-1)^n \frac{a_n}{n} = \sum_{n=1}^{\infty} \frac{1}{n \ln n}$ 发散(由积分判别法确定), 故 A 选项错误.

由收敛级数加括号后仍收敛可知 $\sum_{n=1}^{\infty} (a_n + a_{n+1})$ 必收敛, 故 B 选项错误. 若 $a_n = b_n$, 则 $\sum_{n=1}^{\infty} (a_n - b_n)$ 收敛, 故 C 选项错误.

若 $\sum_{n=1}^{\infty} a_n$ 发散, 则 $\sum_{n=1}^{\infty} |a_n|$ 必发散, 否则 $\sum_{n=1}^{\infty} a_n$ 收敛. 同理, $\sum_{n=1}^{\infty} |b_n|$ 也发散. 从而 $\sum_{n=1}^{\infty} (|a_n| + |b_n|)$ 发散, 故 D 选项正确.

因此,应选 D.

8. 证明:

因为正项数列$\{a_n\}$单调减少且有下界 0,所以$\{a_n\}$收敛.设$\lim\limits_{n\to\infty}a_n=a$,则根据极限的保号性,$a\leqslant 0$.

若$a=0$,则由莱布尼茨判别法可知交错级数$\sum\limits_{n=1}^{\infty}(-1)^n a_n$收敛,与题设矛盾,故$a>0$.

因为$\lim\limits_{n\to\infty}\sqrt[n]{\left(\dfrac{1}{1+a_n}\right)^n}=\lim\limits_{n\to\infty}\dfrac{1}{1+a_n}=\dfrac{1}{1+a}<1$,所以由正项级数的根值判别法得$\sum\limits_{n=1}^{\infty}\left(\dfrac{1}{1+a_n}\right)^n$收敛.

【证毕】

5.4 幂级数

5.4.1 幂级数的概念与性质

要点 1 幂级数的概念

1. 称$\sum\limits_{n=0}^{\infty}a_n(x-x_0)^n$为$(x-x_0)$或$x=x_0$的幂级数.当$x_0=0$时,有$\sum\limits_{n=0}^{\infty}a_n x^n$.

2. 阿贝尔(Abel)定理:

若$\sum\limits_{n=0}^{\infty}a_n x^n$在$x=x_0(x\neq 0)$处收敛,则当$|x|<|x_0|$时,幂级数绝对收敛.

若$\sum\limits_{n=0}^{\infty}a_n x^n$在$x=x_0$处发散,则当$|x|>|x_0|$时,幂级数发散.

3. 收敛域、收敛区间和收敛半径:

(1) 收敛域:

根据阿贝尔定理,幂级数$\sum\limits_{n=0}^{\infty}a_n x^n$的收敛域只能是$(-\infty,+\infty)$,$(-R,R)$,$(-R,R]$,$[-R,R)$,$[-R,R]$和单点集$x=0$等几种情形.而$\sum\limits_{n=0}^{\infty}a_n(x-x_0)^n$的收敛域是$\sum\limits_{n=0}^{\infty}a_n x^n$的收敛域向右平移$x_0$个单位的结果.

(2) 收敛区间:去掉端点后的区间关于$x=x_0$对称.

(3) 收敛半径及其求法:

收敛区间长度的一半称为收敛半径,记为R.

对于$\sum\limits_{n=0}^{\infty}a_n x^n$,若有$\lim\limits_{n\to\infty}\left|\dfrac{a_{n+1}}{a_n}\right|=\rho$(或$\lim\limits_{n\to\infty}\sqrt[n]{|a_n|}=\rho$),则收敛半径

$$R=\begin{cases}0,\rho=+\infty\\ \dfrac{1}{\rho},0<\rho<+\infty,\\ +\infty,\rho=0\end{cases}$$

收敛区间为$(-R,R)$.

如果幂级数缺项,则应用比值判别法求出收敛区间和收敛半径.

【举例】

1. 如果幂级数 $\sum\limits_{n=1}^{\infty}a_n(x-1)^n$ 在 $x=3$ 处收敛,则级数 $\sum\limits_{n=0}^{\infty}a_nx^n$ 在 $x=1$ 处(　　).

A. 绝对收敛　　B. 条件收敛　　C. 发散　　D. 不能确定

2. 设幂级数 $\sum\limits_{n=0}^{\infty}a_nx^n$ 的收敛半径为 2,则幂级数 $\sum\limits_{n=0}^{\infty}na_n(x+1)^{n+1}$ 的收敛区间为________.

3. 设数列$\{a_n\}$单调减少,$\lim\limits_{n\to\infty}a_n=0$,$S_n=\sum\limits_{i=1}^{n}a_i(n=1,2,\cdots)$无界,则幂级数$\sum\limits_{n=1}^{\infty}a_n(x-1)^n$ 的收敛域为(　　).

A. $(-1,1]$　　B. $[0,2)$　　C. $[-1,1)$　　D. $(0,2]$

4. 幂级数$\sum\limits_{n=1}^{\infty}a_n(x-1)^n$ 在 $x=4$ 处条件收敛,则$\sum\limits_{n=1}^{\infty}(-1)^n(1+2^n)a_n$(　　).

A. 绝对收敛　　B. 发散　　C. 条件收敛　　D. 不确定

5. $\sum\limits_{n=1}^{\infty}a_nx^n$ 在 $x=3$ 处收敛、在 $x=-3$ 处发散,求$\sum\limits_{n=1}^{\infty}a_n(x-1)^n$ 的收敛域.

6. 求$\sum\limits_{n=1}^{\infty}\dfrac{(2n)!}{(n!)^2}x^{2n}$ 的收敛区间.

【解析】

1. 解:

因为$\sum\limits_{n=1}^{\infty}a_n(x-1)^n$ 在 $x=3$ 处收敛,所以$\sum\limits_{n=1}^{\infty}a_n(x-1)^n$ 在 $x=2\in(-1,3)$ 处绝对收敛,也即$\sum\limits_{n=0}^{\infty}a_nx^n$ 在 $x=1$ 处绝对收敛.

因此,应选 A.

2. 解:

由$\sum\limits_{n=0}^{\infty}a_nx^n$ 的收敛半径为 2 得 $\lim\limits_{n\to\infty}\left|\dfrac{a_n}{a_{n+1}}\right|=2$,从而 $\lim\limits_{n\to\infty}\left|\dfrac{na_n}{(n+1)a_{n+1}}\right|=2$,即$\sum\limits_{n=0}^{\infty}na_n(x+1)^{n+1}$ 的收敛半径为 2,也即$|x+1|<2$,故其收敛区间为$(-3,1)$.

因此,应填$(-3,1)$.

3. 解:

因为数列$\{a_n\}$单调减少,$\lim\limits_{n\to\infty}a_n=0$,所以 $a_n>0$.

当 $x=0$ 时,原级数化为 $\sum_{n=1}^{\infty}(-1)^n a_n$,根据交错级数的莱布尼茨判别法可得它收敛;当 $x=2$ 时,原级数化为 $\sum_{n=1}^{\infty}a_n$,无界,也即原级数发散.

故由阿贝尔定理可得原级数的收敛域为$[0,2)$.

因此,应选 B.

4. 解:

令 $t=x-1$,则由题意可得 $\sum_{n=1}^{\infty}a_n t^n$ 在 $t=3$ 处条件收敛,收敛半径

$$R=\lim_{n\to\infty}\left|\frac{a_n}{a_{n+1}}\right|=3.$$

对于 $\sum_{n=1}^{\infty}(-1)^n(1+2^n)a_n$, 由比值判别法得

$$\lim_{n\to\infty}\left|\frac{(-1)^{n+1}(1+2^{n+1})a_{n+1}}{(-1)^n(1+2^n)a_n}\right|=\frac{2}{3}<1,$$

故 $\sum_{n=1}^{\infty}(-1)^n(1+2^n)a_n$ 绝对收敛.

因此,应选 A.

5. 解:

根据阿贝尔定理,当$|x|<3$时,$\sum_{n=1}^{\infty}a_n x^n$ 收敛;当$|x|>3$时,$\sum_{n=1}^{\infty}a_n x^n$ 发散.

从而$\sum_{n=1}^{\infty}a_n x^n$ 的收敛域为$(-3,3]$,$\sum_{n=1}^{\infty}a_n(x-1)^n$ 的收敛域为$(-2,4]$.

6. 解:

$$\text{依题意}\lim_{n\to\infty}\left|\frac{\frac{[2(n+1)]!}{[(n+1)!]^2}x^{2(n+1)}}{\frac{(2n)!}{(n!)^2}x^{2n}}\right|=4x^2.$$

当$|4x^2|<1$,即$|x|<\frac{1}{2}$时,$\sum_{n=1}^{\infty}\frac{(2n)!}{(n!)^2}x^{2n}$ 收敛.

当$|4x^2|>1$,即$|x|>\frac{1}{2}$时,$\sum_{n=1}^{\infty}\frac{(2n)!}{(n!)^2}x^{2n}$ 发散.

从而$\sum_{n=1}^{\infty}\frac{(2n)!}{(n!)^2}x^{2n}$ 的收敛区间为$\left(-\frac{1}{2},\frac{1}{2}\right)$.

要点 2 幂级数的性质

1. 设幂级数$\sum_{n=0}^{\infty}a_n x^n$ 和$\sum_{n=0}^{\infty}b_n x^n$ 的收敛半径分别为 R_1 和 R_2,且 $R_0=\min(R_1,R_2)$,则在$(-R_0,R_0)$内,有

$$\sum_{n=0}^{\infty}a_n x^n\pm\sum_{n=0}^{\infty}b_n x^n=\sum_{n=0}^{\infty}(a_n\pm b_n)x^n.$$

注意：$\sum\limits_{n=0}^{\infty}(a_n \pm b_n)x^n$ 的收敛半径 $R \leqslant R_0$.

2. 幂级数 $\sum\limits_{n=0}^{\infty}a_n(x-x_0)^n$ 的和函数 $S(x)$ 在收敛域上连续，在收敛区间上可微，可逐项积分且收敛区间不变，即

$$S'(x)=\left(\sum_{n=0}^{\infty}a_nx^n\right)'=\sum_{n=0}^{\infty}(a_nx^n)'=\sum_{n=1}^{\infty}na_nx^{n-1},$$

$$\int_0^x S(t)\mathrm{d}t=\int_0^x\left(\sum_{n=0}^{\infty}a_nt^n\right)\mathrm{d}t=\sum_{n=0}^{\infty}\int_0^x a_nt^n\mathrm{d}t=\sum_{n=0}^{\infty}\frac{a_n}{n+1}x^{n+1}.$$

5.4.2　求幂级数的和函数与将函数展开成幂级数

要点1　求幂级数的和函数

1. 可用公式：

$$\begin{cases}\sum\limits_{n=0}^{\infty}x^n=\dfrac{1}{1-x}\\ \sum\limits_{n=0}^{\infty}(-1)^nx^n=\dfrac{1}{1+x}\\ \sum\limits_{n=0}^{\infty}x^{2n}=\dfrac{1}{1-x^2}\\ \sum\limits_{n=0}^{\infty}(-1)^nx^{2n}=\dfrac{1}{1+x^2}\end{cases},x\in(-1,1).$$

2. 基本思路：

(1) 当 $\sum\limits_{n=1}^{\infty}a_nx^n$ 的和函数不易求时，可先求其导数 $\sum\limits_{n=1}^{\infty}na_nx^{n-1}$ 的和函数，然后再积分，即得 $\sum\limits_{n=1}^{\infty}a_nx^n$ 的和函数.

设 $S(x)=\sum\limits_{n=1}^{\infty}a_nx^n$，则 $S'(x)=\sum\limits_{n=1}^{\infty}na_nx^{n-1}$，从而

$$S(x)=\int_0^x S'(t)\mathrm{d}t+S(0).$$

注意：不要漏掉 $S(0)$.

(2) 当 $\sum\limits_{n=1}^{\infty}a_nx^n$ 的和函数不易求时，可先求其原函数(积分) $\sum\limits_{n=1}^{\infty}\dfrac{a_n}{n+1}x^{n+1}$ 的和函数，然后再求导，即得 $\sum\limits_{n=1}^{\infty}a_nx^n$ 的和函数.

设 $T(x)=\sum\limits_{n=1}^{\infty}\int_0^x a_nt^n\mathrm{d}t$，$S(x)=\sum\limits_{n=1}^{\infty}a_nx^n$，则 $S(x)=T'(x)$.

【举例】

1. 求幂级数 $\sum\limits_{n=1}^{\infty}\dfrac{n+1}{n}x^n$ 的和函数.

2. (1) 求幂级数$\sum_{n=1}^{\infty}\frac{x^{2n+1}}{n(2n+1)}$的收敛域、和函数及$\sum_{n=1}^{\infty}\frac{1}{n(2n+1)2^n}$的和.

(2) 求幂级数$\sum_{n=1}^{\infty}\frac{x^{2n+1}}{n(2n-1)}$的收敛域、和函数及$\sum_{n=1}^{\infty}\frac{1}{n(2n-1)2^n}$的和.

3. 求级数$\sum_{n=2}^{\infty}\frac{1}{(n^2-1)2^n}$的和.

4. 求级数$2\sum_{n=1}^{\infty}\frac{(-1)^{n+1}}{4n^2-1}$的和.

5. 求幂级数$\sum_{n=0}^{\infty}(n+1)(n+3)x^n$的收敛域及和函数.

【解析】

1. 解:

因为$\rho=\lim\limits_{n\to\infty}\frac{\frac{(n+1)+1}{n+1}}{\frac{n+1}{n}}=1$,所以该幂级数的收敛半径$R=\frac{1}{\rho}=1$.

当$x=\pm1$时,该幂级数发散,从而该幂级数的收敛域为$(-1,1)$. 设$\sum_{n=1}^{\infty}\frac{n+1}{n}x^n$的和函数为$S(x)$,有$S(x)=\sum_{n=1}^{\infty}x^n+\sum_{n=1}^{\infty}\frac{x^n}{n}$.

显然,$\sum_{n=1}^{\infty}x^n=\sum_{n=0}^{\infty}x^n-1=\frac{1}{1-x}-1=\frac{x}{1-x},-1<x<1$.

再由$\sum_{n=1}^{\infty}(-1)^{n-1}\frac{x^n}{n}=\ln(1+x),-1<x\leqslant1$,得

$$\sum_{n=1}^{\infty}\frac{x^n}{n}=-\ln(1-x),-1\leqslant x<1.$$

故
$$S(x)=\frac{x}{1-x}-\ln(1-x),x\in(-1,1).$$

2. 解:

(1) 依题意$\lim\limits_{n\to\infty}\left|\frac{\frac{x^{2n+3}}{(n+1)(2n+3)}}{\frac{x^{2n+1}}{n(2n+1)}}\right|=|x^2|$,根据比值判别法:

当$|x|>1$时,$\sum_{n=1}^{\infty}\frac{x^{2n+1}}{n(2n+1)}$发散;当$|x|<1$时,$\sum_{n=1}^{\infty}\frac{x^{2n+1}}{n(2n+1)}$收敛. 故$\sum_{n=1}^{\infty}\frac{x^{2n+1}}{n(2n+1)}$的收敛区间为$(-1,1)$.

当$x=\pm1$时,$\sum_{n=1}^{\infty}\frac{x^{2n+1}}{n(2n+1)}$化为$\pm\sum_{n=1}^{\infty}\frac{1}{n(2n+1)}$. 而$\frac{1}{n(2n+1)}\sim\frac{1}{2n^2}(n\to\infty)$,且$\sum_{n=1}^{\infty}\frac{1}{2n^2}$收敛,故$\pm\sum_{n=1}^{\infty}\frac{1}{n(2n+1)}$收敛.

于是，$\sum_{n=1}^{\infty} \frac{x^{2n+1}}{n(2n+1)}$ 的收敛域为$[-1,1]$.

设 $S(x)=\sum_{n=1}^{\infty} \frac{x^{2n+1}}{n(2n+1)}, x \in (-1,1)$，故

$$S'(x)=\sum_{n=1}^{\infty} \frac{x^{2n}}{n},\quad S''(x)=2\sum_{n=1}^{\infty} x^{2n-1}=\frac{2x}{1-x^2}, x \in (-1,1).$$

$$S'(x)=S'(0)+\int_0^x S''(t)\mathrm{d}t$$

$$=0+\int_0^x \frac{t}{1-t^2}\mathrm{d}t=-\ln(1-x^2),$$

$$S(x)=S(0)+\int_0^x S'(t)\mathrm{d}t=0-\int_0^x \ln(1-t^2)\mathrm{d}t$$

$$=-x\ln(1-x^2)+2x-\ln\frac{1+x}{1-x}.$$

$$\sum_{n=1}^{\infty} \frac{1}{n(2n+1)2^n}=\sqrt{2}S\left(\frac{1}{\sqrt{2}}\right)=2+\ln 2-2\sqrt{2}\ln(\sqrt{2}+1).$$

(2) 求收敛域的方法同(1).

设$\begin{cases} T(x)=\sum_{n=1}^{\infty} \frac{x^{2n}}{2n(2n-1)} \\ S(x)=\sum_{n=1}^{\infty} \frac{x^{2n+1}}{n(2n-1)}=2xT(x) \end{cases}, x \in (-1,1)$，则

$$T'(x)=\sum_{n=1}^{\infty} \frac{x^{2n-1}}{2n-1},\quad T''(x)=\sum_{n=1}^{\infty} x^{2n-2}=\frac{1}{1-x^2}, x \in (-1,1).$$

从而　$T'(x)=T'(0)+\int_0^x T''(t)\mathrm{d}t=0+\int_0^x \frac{1}{1-t^2}\mathrm{d}t=\frac{1}{2}\ln\frac{1+x}{1-x}$，

$$T(x)=T(0)+\int_0^x T'(t)\mathrm{d}t=0+\frac{1}{2}\int_0^x \ln\frac{1+t}{1-t}\mathrm{d}t$$

$$=\frac{1}{2}x\ln\frac{1+x}{1-x}+\frac{1}{2}\ln(1-x^2).$$

于是，$S(x)=x^2\ln\frac{1+x}{1-x}+x\ln(1-x^2)$，且

$$\sum_{n=1}^{\infty} \frac{1}{n(2n-1)2^n}=2T\left(\frac{1}{\sqrt{2}}\right)=\sqrt{2}\ln(\sqrt{2}+1)-\ln 2.$$

3. 解：

设 $S(x)=\sum_{n=2}^{\infty} \frac{1}{(n^2-1)}x^n, x \in (-1,1)$，即

$$S(x)=\frac{1}{2}\sum_{n=2}^{\infty}\left(\frac{1}{n-1}-\frac{1}{n+1}\right)x^n, x \in (-1,1).$$

设 $S_1(x)=\frac{1}{2}\sum_{n=2}^{\infty}\frac{x^n}{n-1}(-1<x<1)$，$S_2(x)=\frac{1}{2}\sum_{n=2}^{\infty}\frac{x^n}{n+1}(-1<x<1)$.

利用 $\ln(1+x)=\sum_{n=1}^{\infty}\frac{(-1)^{n-1}x^n}{n},-1<x\leqslant 1$，可得

$$-\ln(1-x)=\sum_{n=1}^{\infty}\frac{x^n}{n},-1\leqslant x<1.$$

从而 $S_1(x)=\frac{x}{2}\sum_{n=2}^{\infty}\frac{x^{n-1}}{(n-1)}=\frac{x}{2}\sum_{n=1}^{\infty}\frac{x^n}{n}=-\frac{x}{2}\ln(1-x),-1<x<1,$

$$S_2(x)=\frac{1}{2x}\sum_{n=2}^{\infty}\frac{x^{n+1}}{(n+1)}=\frac{1}{2x}\sum_{n=3}^{\infty}\frac{x^n}{n}$$

$$=\frac{1}{2x}\left[-\ln(1-x)-x-\frac{x^2}{2}\right],x\in(-1,0)\cup(0,1),$$

$$S(x)=S_1(x)-S_2(x)$$

$$=\left(\frac{1}{2x}-\frac{x}{2}\right)\ln(1-x)+\frac{1}{2}+\frac{x}{4},x\in(-1,0)\cup(0,1).$$

因此 $$\sum_{n=2}^{\infty}\frac{1}{(n^2-1)2^n}=S\left(\frac{1}{2}\right)=\frac{5}{8}-\frac{3}{4}\ln 2.$$

4. 解：

$$2\sum_{n=1}^{\infty}\frac{(-1)^{n+1}}{4n^2-1}=\sum_{n=1}^{\infty}(-1)^{n-1}\left(\frac{1}{2n-1}-\frac{1}{2n+1}\right)$$

$$=\sum_{n=1}^{\infty}\frac{(-1)^{n-1}}{2n-1}+\sum_{n=1}^{\infty}\frac{(-1)^n}{2n+1}.$$

考虑到幂级数 $\sum_{n=1}^{\infty}(-1)^{n-1}\frac{x^{2n-1}}{2n-1},\sum_{n=1}^{\infty}(-1)^n\frac{x^{2n+1}}{2n+1}$.

方法一：利用结论 $\sum_{n=1}^{\infty}(-1)^{n-1}\frac{x^{2n-1}}{2n-1}=\arctan x,|x|\leqslant 1$

因为 $\begin{cases}\sum_{n=1}^{\infty}(-1)^{n-1}\frac{x^{2n-1}}{2n-1}=\arctan x\\ \sum_{n=1}^{\infty}(-1)^n\frac{x^{2n+1}}{2n+1}=\arctan x-x\end{cases}$ $(|x|\leqslant 1)$，故取 $x=1$ 得

$$\sum_{n=1}^{\infty}\frac{(-1)^{n-1}}{2n-1}=\frac{\pi}{4},\sum_{n=1}^{\infty}\frac{(-1)^n}{2n+1}=\frac{\pi}{4}-1.$$

$$2\sum_{n=1}^{\infty}\frac{(-1)^{n+1}}{4n^2-1}=\sum_{n=1}^{\infty}\frac{(-1)^{n-1}}{2n-1}+\sum_{n=1}^{\infty}\frac{(-1)^n}{2n+1}=\frac{\pi}{4}+\frac{\pi}{4}-1=\frac{\pi}{2}-1.$$

方法二：一般方法

由 $\sum_{n=1}^{\infty}\frac{(-1)^{n-1}}{2n-1}$ 是交错级数，符合莱布尼茨判别法的条件，得它收敛.

令 $S(x)=\sum_{n=1}^{\infty}\frac{(-1)^{n-1}}{2n-1}x^{2n-1}$，则

$$S'(x)=\sum_{n=1}^{\infty}(-1)^{n-1}x^{2n-2}=\sum_{n=0}^{\infty}(-1)^n x^{2n}=\frac{1}{1+x^2},x\in(-1,1),$$

从而 $$S(x)=\int_0^x\frac{1}{1+t^2}\mathrm{d}t+S(0)=\arctan x.$$

于是，$S(1)=\lim\limits_{x\to1^-}S(x)=\dfrac{\pi}{4}$，故 $\sum\limits_{n=1}^{\infty}\dfrac{(-1)^{n-1}}{2n-1}=\dfrac{\pi}{4}$，从而

$$\sum_{n=1}^{\infty}\frac{(-1)^{n-1}}{2n+1}=-\sum_{n=1}^{\infty}\frac{(-1)^{n}}{2n+1}=-\left(\frac{\pi}{4}-1\right),$$

故

$$2\sum_{n=1}^{\infty}\frac{(-1)^{n+1}}{4n^2-1}=\frac{\pi}{4}-\left(1-\frac{\pi}{4}\right)=\frac{\pi}{2}-1.$$

5. 解：

依题意 $\lim\limits_{n\to\infty}\left|\dfrac{(n+2)(n+4)x^{n+1}}{(n+1)(n+3)x^n}\right|=|x|$，根据比值判别法：

当 $|x|>1$ 时，级数 $\sum\limits_{n=0}^{\infty}(n+1)(n+3)x^n$ 发散.

当 $|x|<1$ 时，级数 $\sum\limits_{n=0}^{\infty}(n+1)(n+3)x^n$ 收敛.

当 $x=1$ 时，级数 $\sum\limits_{n=0}^{\infty}(n+1)(n+3)$ 发散.

当 $x=-1$ 时，级数 $\sum\limits_{n=0}^{\infty}(-1)^n(n+1)(n+3)$ 发散.

故级数 $\sum\limits_{n=0}^{\infty}(n+1)(n+3)x^n$ 的收敛域为 $(-1,1)$.

设级数 $\sum\limits_{n=0}^{\infty}(n+1)(n+3)x^n$ 的和函数为 $S(x)$，并设

$$S_1(x)=\sum_{n=0}^{\infty}(n+1)(n+2)x^n,\quad S_2(x)=\sum_{n=0}^{\infty}(n+1)x^n,$$

$$T_1(x)=\sum_{n=0}^{\infty}x^{n+2},\quad T_2(x)=\sum_{n=0}^{\infty}x^{n+1},$$

则 $T_1(x)=\sum\limits_{n=0}^{\infty}x^{n+2}=\dfrac{1}{1-x}-(x+1)$，$T_2(x)=\sum\limits_{n=0}^{\infty}x^{n+1}=\dfrac{1}{1-x}-1$，故

$$T_1''(x)=S_1(x)=\frac{2}{(1-x)^3},\quad T_2'(x)=S_2(x)=\frac{1}{(1-x)^2}.$$

因此 $$S(x)=S_1(x)+S_2(x)=\frac{2}{(1-x)^3}+\frac{1}{(1-x)^2}=\frac{3-x}{(1-x)^3}.$$

要点 2　将函数展开成幂级数

1. 函数能展开成幂级数的条件：

(1) 当函数能展开成幂级数时，该幂级数的一般项为该函数泰勒公式的一般项，称函数能展开成的幂级数为泰勒级数.

(2) 根据泰勒公式 $f(x)=\sum\limits_{k=1}^{n}\dfrac{f^{(n)}(x_0)}{k!}(x-x_0)^k+R_n(x)$，设 $f(x)$ 在 $U(x_0,R)$ 内存在任意阶导数，且在该邻域 $\lim\limits_{n\to\infty}R_n(x)=0$，则 $f(x)$ 在 $U(x_0,R)$ 可展开成幂级数.

(3) 称 $\sum\limits_{n=0}^{\infty}\dfrac{f^{(n)}(x_0)}{n!}(x-x_0)^n$ 为 $f(x)$ 在点 $x=x_0$ 处的泰勒级数.

当 $x_0=0$ 时,称 $\sum_{n=0}^{\infty}\frac{f^{(n)}(0)}{n!}(x)^n$ 为 $y=f(x)$ 的麦克劳林级数.

2. 常用的麦克劳林级数如下:

(1) 在 $-\infty<x<+\infty$ 成立的级数:

$$e^x=\sum_{n=0}^{\infty}\frac{x^n}{n!}=1+x+\frac{x^2}{2!}+\cdots+\frac{x^n}{n!}+\cdots.$$

$$\sin x=\sum_{n=0}^{\infty}(-1)^n\frac{x^{2n+1}}{(2n+1)!}$$

$$=x-\frac{x^3}{3!}+\frac{x^5}{5!}-\cdots+(-1)^n\frac{x^{2n+1}}{(2n+1)!}+\cdots.$$

$$\cos x=\sum_{n=0}^{\infty}(-1)^n\frac{x^{2n}}{(2n)!}$$

$$=1-\frac{x^2}{2!}+\frac{x^4}{4!}-\frac{x^6}{6!}+\cdots+(-1)^n\frac{x^{2n}}{(2n)!}+\cdots.$$

(2) 在有限范围内成立的级数:

$$\ln(1+x)=\sum_{n=1}^{\infty}(-1)^{n-1}\frac{x^n}{n}$$

$$=x-\frac{x^2}{2}+\frac{x^3}{3}-\frac{x^4}{4}+\cdots+(-1)^{n-1}\frac{x^n}{n}+\cdots,-1<x\leqslant 1.$$

$$\ln(1-x)=-\sum_{n=1}^{\infty}\frac{x^n}{n}$$

$$=-x-\frac{x^2}{2}-\frac{x^3}{3}-\frac{x^4}{4}-\cdots-\frac{x^n}{n}+\cdots,-1\leqslant x<1.$$

$$(1+x)^\alpha=1+\alpha x+\frac{\alpha(\alpha-1)}{2!}x^2+\cdots+$$

$$\frac{\alpha(\alpha-1)\cdots(\alpha-n+1)}{n!}x^n+\cdots,-1<x<1.$$

$$\arctan x=\sum_{n=0}^{\infty}(-1)^n\frac{x^{2n+1}}{2n+1}x^{2n},-1\leqslant x\leqslant 1.$$

3. 可用公式:

与求幂级数的和函数的可用公式一致,不过是逆向使用.

$$\begin{cases}\frac{1}{1-x}=\sum_{n=0}^{\infty}x^n\\ \frac{1}{1+x}=\sum_{n=0}^{\infty}(-1)^nx^n\\ \frac{1}{1-x^2}=\sum_{n=0}^{\infty}x^{2n}\\ \frac{1}{1+x^2}=\sum_{n=0}^{\infty}(-1)^nx^{2n}\end{cases},x\in(-1,1).$$

4. 基本思路：

(1) 当 $f(x)$不易展开成幂级数时，可先将其导数展开成幂级数，然后再积分，即可将 $f(x)$展开成幂级数.

设 $f'(x)=\sum\limits_{n=1}^{\infty} na_n x^{n-1}$，则 $f(x)=\int_0^x f'(t)\mathrm{d}t+f(0)$.

注意：不要漏掉 $f(0)$.

(2) 当 $f(x)$不易展开成幂级数时，可先将其原函数（积分）展开成幂级数，然后再求导，即可将 $f(x)$展开成幂级数.

设 $F(x)=\sum\limits_{n=1}^{\infty}\dfrac{a_n}{n+1}x^{n+1}$ 为 $f(x)$ 的原函数，则 $F'(x)=f(x)$.

【举例】

1. 将 $\arctan x$ 展开成幂级数.

2. 将$\dfrac{1}{x^2+3x+2}$分别展开成 x 和$(x+4)$的幂级数.

3. 将函数 $f(x)=\ln(1+x+x^2+x^3)$展开成 x 的幂级数.

4. 将函数 $f(x)=\cos^2 x$ 展开成 x 的幂级数，并求 $\sum\limits_{n=0}^{\infty}(-1)^n\dfrac{4^n}{(2n)!}$ 的和.

【解析】

1. 解：

因为 $(\arctan x)'=\dfrac{1}{1+x^2}=\sum\limits_{n=0}^{\infty}(-1)^n x^{2n}, x\in(-1,1)$，所以

$$\arctan x=\int_0^x\frac{1}{1+t^2}\mathrm{d}t+0=\sum_{n=0}^{\infty}\int_0^x(-1)^n t^{2n}\mathrm{d}t$$

$$=\sum_{n=0}^{\infty}(-1)^n\frac{x^{2n+1}}{2n+1}x^{2n}, x\in(-1,1). \tag{5.1}$$

又式(5.1)右端在 $x=\pm1$ 处收敛，故

$$\arctan x=\sum_{n=0}^{\infty}(-1)^n\frac{x^{2n+1}}{2n+1}x^{2n}, x\in[-1,1].$$

2. 解：

先将$\dfrac{1}{x^2+3x+2}$展开成 x 的幂级数：

$$\frac{1}{x^2+3x+2}=\frac{1}{x+1}-\frac{1}{x+2}=\frac{1}{1+x}-\frac{1}{2}\cdot\frac{1}{1+\frac{x}{2}}$$

$$=\sum_{n=0}^{\infty}(-1)^n x^n-\frac{1}{2}\sum_{n=0}^{\infty}(-1)^n\left(\frac{x}{2}\right)^n$$

$$=\sum_{n=0}^{\infty}(-1)^n\left(1-\frac{1}{2^{n+1}}\right)x^n.$$

由$\begin{cases}|x|<1\\ \left|\dfrac{x}{2}\right|<1\end{cases}$，得$|x|<1$，故$\dfrac{1}{x^2+3x+2}=\sum\limits_{n=0}^{\infty}(-1)^n\left(1-\dfrac{1}{2^{n+1}}\right)x^n,|x|<1.$

再将$\dfrac{1}{x^2+3x+2}$展开成$(x+4)$的幂级数：

$$\begin{aligned}\frac{1}{x^2+3x+2}&=\frac{1}{x+1}-\frac{1}{x+2}=\frac{1}{-3+x+4}-\frac{1}{-2+x+4}\\&=\frac{1}{2}\cdot\frac{1}{1-\frac{x+4}{2}}-\frac{1}{3}\cdot\frac{2}{1-\frac{x+4}{3}}\\&=\frac{1}{2}\sum_{n=0}^{\infty}\left(\frac{x+4}{2}\right)^n-\frac{1}{3}\sum_{n=0}^{\infty}\left(\frac{x+4}{3}\right)^n\\&=\sum_{n=0}^{\infty}\left(\frac{1}{2^{n+1}}-\frac{1}{3^{n+1}}\right)(x+4)^n.\end{aligned}$$

由$\begin{cases}\left|\dfrac{x+4}{2}\right|<1\\ \left|\dfrac{x+4}{3}\right|<1\end{cases}$，得$-6<x<-2$，故

$$\frac{1}{x^2+3x+2}=\sum_{n=0}^{\infty}\left(\frac{1}{2^{n+1}}-\frac{1}{3^{n+1}}\right)(x+4)^n,x\in(-6,-2).$$

3. 解：

$$\ln(1+x+x^2+x^3)=\ln[(1+x)(1+x^2)]=\ln(1+x)+\ln(1+x^2).$$

因为$\ln(1+x)=\sum\limits_{n=1}^{\infty}\dfrac{(-1)^{n-1}}{n}x^n,x\in(-1,1]$，所以

$$\begin{aligned}f(x)&=\ln(1+x)+\ln(1+x^2)\\&=\sum_{n=1}^{\infty}\frac{(-1)^{n-1}}{n}x^n+\sum_{n=1}^{\infty}\frac{(-1)^{n-1}}{n}x^{2n}\\&=\sum_{n=1}^{\infty}\frac{(-1)^{n-1}}{n}x^n(1+x^n),x\in(-1,1].\end{aligned}$$

4. 解：

因为$\cos x=\sum\limits_{n=0}^{\infty}(-1)^n\dfrac{x^{2n}}{(2n)!},x\in\mathbf{R}$，所以

$$f(x)=\cos^2x=\frac{1+\cos 2x}{2}=\frac{1}{2}+\frac{1}{2}\sum_{n=0}^{\infty}(-1)^n\frac{(2x)^{2n}}{(2n)!},x\in\mathbf{R},$$

从而$\cos^2 1=\dfrac{1}{2}+\dfrac{1}{2}\sum\limits_{n=0}^{\infty}(-1)^n\dfrac{4^n}{(2n)!}$，故$\sum\limits_{n=0}^{\infty}(-1)^n\dfrac{4^n}{(2n)!}=2\cos^2 1-1.$

5.5　傅里叶级数

要点 1　傅里叶级数的概念

1. 以 $2l$ 为周期的傅里叶级数：

对于 $f(x)$，选取$[-l,l]$$(l>0)$为它的一个周期，非周期函数进行周期延扩. 用

$$\begin{cases} a_n=\dfrac{1}{l}\displaystyle\int_{-l}^{l} f(x)\cos\dfrac{n\pi x}{l}\mathrm{d}x, n=0,1,2,\cdots \\ b_n=\dfrac{1}{l}\displaystyle\int_{-l}^{l} f(x)\sin\dfrac{n\pi x}{l}\mathrm{d}x, n=1,2,\cdots \end{cases} \tag{5.2}$$

求得 a_n,b_n. 式(5.2)称为傅里叶(Fourier)系数公式.

三角函数级数 $\dfrac{a_0}{2}+\sum\limits_{n=1}^{\infty}(a_n\cos nx+b_n\sin nx)$ 称为 $f(x)$ 的傅里叶级数.

记作 $f(x)\sim\dfrac{a_0}{2}+\sum\limits_{n=1}^{\infty}(a_n\cos nx+b_n\sin nx)$.

特别地，当 $l=\pi$ 时，$\begin{cases} a_n=\dfrac{1}{\pi}\displaystyle\int_{-\pi}^{\pi} f(x)\cos nx\,\mathrm{d}x, n=0,1,2,\cdots \\ b_n=\dfrac{1}{\pi}\displaystyle\int_{-\pi}^{\pi} f(x)\sin nx\,\mathrm{d}x, n=1,2,\cdots \end{cases}$.

2. 傅里叶级数的复数形式：

若 $f(x),x\in[-l,l]$$(l>0)$，则

$$f(x)\sim\sum_{-\infty}^{\infty}c_n\mathrm{e}^{in\omega x},\quad c_n=\frac{1}{2l}\int_{-l}^{l}f(x)\mathrm{e}^{in\omega x}\mathrm{d}x, n=0,\pm1,\pm2,\cdots.$$

【举例】

1. $f(x)=\pi x+x^2(-\pi\leqslant x\leqslant\pi)$的傅里叶级数为$\dfrac{a_0}{2}+\sum\limits_{n=1}^{\infty}(a_n\cos nx+b_n\sin nx)$，则其中的系数 $b_3=$________.

2. 设 $f(x)=\begin{cases}-1, & -\pi\leqslant x\leqslant 0\\ 1, & 0<x<\pi\end{cases}$，则它的傅里叶级数展开式中的系数 $a_n=$________.

3. 若 $x^2=\sum\limits_{n=0}^{\infty}a_n\cos nx(-\pi\leqslant x<\pi)$，则 x^2 的傅里叶系数 $a_2=$________.

【解析】

1. 解：

将 $f(x)$拆分为 πx 和 x^2，因为 πx 是奇函数，x^2 是偶函数，所以 $f(x)$进行傅里叶级数展开时，x^2 展开成 $\dfrac{a_0}{2}+\sum\limits_{n=1}^{\infty}a_n\cos nx$，$\pi x$ 展开为 $\sum\limits_{n=1}^{\infty}b_n\sin nx$.

计算得 $b_3=\dfrac{1}{\pi}\displaystyle\int_{-\pi}^{\pi}\pi x\sin 3x\,\mathrm{d}x=2\int_{0}^{\pi}x\sin 3x\,\mathrm{d}x=\dfrac{2}{3}\pi$.

因此,应填$\frac{2}{3}\pi$.

2. 解:

方法一:分段积分法

$$a_n=\int_{-1}^{1}f(x)\cos nx\,dx=\int_{-1}^{0}-\cos nx\,dx+\int_{0}^{1}\cos nx\,dx=0.$$

方法二:奇函数性质法

因为 $f(x)\cos nx$ 为奇函数,所以 $a_n=\int_{-1}^{1}f(x)\cos nx\,dx=0$.

因此,应填 0.

3. 解:

$$\begin{aligned}a_2&=\frac{1}{\pi}\int_{-\pi}^{\pi}x^2\cos 2x\,dx=\frac{2}{\pi}\int_0^{\pi}\cos 2x\cdot x^2\,dx\\&=\frac{1}{\pi}\int_0^{\pi}x^2\,d(\sin 2x)=\frac{1}{\pi}\left[(x^2\cdot\sin 2x)\Big|_0^{\pi}-\int_0^{\pi}\sin 2x\cdot 2x\,dx\right]\\&=\frac{1}{\pi}\left[0+\int_0^{\pi}x\,d(\cos 2x)\right]=\frac{1}{\pi}\left[(x\cos 2x)\Big|_0^{\pi}-\int_0^{\pi}\cos 2x\,dx\right]\\&=\frac{1}{\pi}\left[\pi-\left(\frac{1}{2}\sin 2x\right)\Big|_0^{\pi}\right]=1.\end{aligned}$$

因此,应填 1.

要点 2 狄利克雷收敛定理

对于 $f(x)$,选取$[-l,l]$$(l>0)$为它的一个周期,非周期函数进行周期延扩.

若 $f(x)$在$[-l,l]$满足狄利克雷(Dirichlet)收敛条件:①连续或只有有限个第一类间断点;②至多有有限个极值点,则 $f(x)$的傅里叶级数收敛,且有如下结论:

1. 当 x 是 $f(x)$的连续点时,级数收敛于 $f(x)$.

2. 当 x 是 $f(x)$的间断点时,级数收敛于$\frac{1}{2}[f(x-0)+f(x+0)]$.

3. 当 $x=\pm l$ 时,级数收敛于$\frac{1}{2}[f(-l+0)+f(l-0)]$.

注意:第 3 条结论包含在第 2 条结论中.

【举例】

1. 设 $f(x)$是周期为 2 的函数,在$(-1,1]$的表达式为 $f(x)=\begin{cases}2, & -1<x\leqslant 0\\ x^3, & 0<x\leqslant 1\end{cases}$,则 $f(x)$的傅里叶级数在 $x=1$ 处收敛于________.

2. 设 $f(x)=\begin{cases}\frac{1}{\pi}(x+\pi)^2, & -\pi\leqslant x<0\\ \frac{1}{\pi}x^2, & 0\leqslant x\leqslant\pi\end{cases}$,$f(x)$在$[-\pi,\pi]$以 2π 为周期的傅里叶级数的和函数为 $S(x)$,则下列结论中错误的是( ).

A. 当$-\pi<x<0$时，$S(x)=\frac{1}{\pi}(x+\pi)^2$ B. 当$x=0$时，$S(x)=0$

C. 当$x=\pi$时，$S(x)=\frac{\pi}{2}$ D. 当$x=-\pi$时，$S(x)=\frac{\pi}{2}$

【解析】

1. 解：

因为$x=1$是$f(x)$的周期端点，且为间断点，所以$f(x)$的傅里叶级数在$x=1$处收敛于$\frac{f(-1^+)+f(1^-)}{2}=\frac{2+1}{2}=\frac{3}{2}$.

因此，应填$\frac{3}{2}$.

2. 解：

因为$(-\pi,0)$是$f(x)$的连续区间，所以

$$S(x)=f(x)=\frac{1}{\pi}(x+\pi)^2,\ -\pi<x<0,$$

故A选项正确.

因为$f(x)$在$x=0$处不连续，故

$$S(x)=\frac{f(0^-)+f(0^+)}{2}=\frac{\frac{1}{\pi}(0+\pi)^2+\frac{1}{\pi}\cdot 0^2}{2}=\frac{\pi}{2},$$

故B选项错误.

因为$x=\pm\pi$为周期端点，故

$$S(x)=\frac{f(-\pi^+)+f(\pi^-)}{2}=\frac{\frac{1}{\pi}(-\pi+\pi)^2+\frac{1}{\pi}\cdot\pi^2}{2}=\frac{\pi}{2},$$

故C、D选项正确.

因此，应选B.

要点3 将函数展开成正弦级数或余弦级数

对于$f(x)$，选取$[-l,l](l>0)$为它的一个周期，非周期函数进行周期延扩.

1. 若$f(x)$是奇函数(当$f(x)$不是奇函数时，将它扩展为奇函数)，则其傅里叶系数中$a_n=0,b_n=\frac{2}{l}\int_0^l f(x)\sin\frac{n\pi x}{l}dx,n=1,2,\cdots$，此时傅里叶级数为$\sum_{n=1}^{\infty}b_n\sin nx$，称为正弦级数.

2. 若$f(x)$是偶函数(当$f(x)$不是偶函数时，将其扩展为偶函数)，则其傅里叶系数中$b_n=0,a_n=\frac{2}{l}\int_0^l f(x)\cos\frac{n\pi x}{l}dx,n=0,1,2,\cdots$，此时傅里叶级数为$\frac{a_0}{2}+\sum_{n=1}^{\infty}a_n\cos nx$，称为余弦级数.

【举例】

1. 将函数$f(x)=\pi-x(0\leqslant x\leqslant\pi)$展开成余弦级数.

2. 利用函数$y=x(0\leqslant x<\pi)$与$y=x^2$的傅里叶展开式，求级数

$$\sum_{n=1}^{\infty}\frac{\cos nx}{n^2}(0<x<\pi)$$

的和函数 $S(x)$.

【解析】

1. 解:

对 $f(x)=\pi-x(0\leqslant x\leqslant\pi)$进行偶延拓.计算得

$$a_0=\frac{2}{\pi}\int_0^{\pi}(\pi-x)\mathrm{d}x=\pi,$$

$$a_n=\frac{2}{\pi}\int_0^{\pi}(\pi-x)\cos nx\mathrm{d}x=-\frac{2}{\pi}\int_0^{\pi}x\cos nx\mathrm{d}x=\frac{2}{n^2\pi}[1-(-1)^n].$$

当 $x=\pi$ 时,$f(x)$的傅里叶级数收敛于$\dfrac{f(-\pi^+)+f(\pi^-)}{2}=0=f(\pi)$.

因此,$f(x)$的余弦级数为

$$f(x)=\frac{\pi}{2}+\sum_{n=1}^{\infty}\frac{2}{n^2\pi}[1-(-1)^n]\cos nx,0\leqslant x\leqslant\pi.$$

2. 解:

对 $y=x(0\leqslant x<\pi)$进行偶延拓,则有

$$a_0=\frac{2}{\pi}\int_0^{\pi}x\mathrm{d}x=\pi,$$

$$a_n=\frac{2}{\pi}\int_0^{\pi}x\cos nx\mathrm{d}x=\frac{2[(-1)^n-1]}{\pi n^2}.$$

从而 $$x=\frac{a_0}{2}+\sum_{n=1}^{\infty}a_n\cos nx=\frac{\pi}{2}+\sum_{n=1}^{\infty}\frac{2[(-1)^n-1]}{\pi n^2}\cos nx$$

$$=\frac{\pi}{2}-\frac{4}{\pi}\sum_{n=1}^{\infty}\frac{\cos(2n-1)x}{(2n-1)^2}(0<x<\pi),$$

即 $$\sum_{n=1}^{\infty}\frac{\cos(2n-1)x}{(2n-1)^2}=\frac{\pi}{4}\left(\frac{\pi}{2}-x\right).$$

对 $y=x^2(0<x<\pi)$进行偶延拓,则有

$$a_0=\frac{2}{\pi}\int_0^{\pi}x^2\mathrm{d}x=\frac{2}{3}\pi^2,$$

$$a_n=\frac{2}{\pi}\int_0^{\pi}x^2\cos nx\mathrm{d}x=(-1)^n\frac{4}{n^2}.$$

从而 $$x^2=\frac{a_0}{2}+\sum_{n=1}^{\infty}a_n\cos nx=\frac{\pi^2}{3}+4\sum_{n=1}^{\infty}(-1)^n\frac{\cos nx}{n^2}(0<x<\pi),$$

即 $$\sum_{n=1}^{\infty}(-1)^n\frac{\cos nx}{n^2}=\frac{3x^2-\pi^2}{12}.$$

于是 $$S(x)=\sum_{n=1}^{\infty}\frac{\cos nx}{n^2}=2\sum_{n=1}^{\infty}\frac{\cos(2n-1)x}{(2n-1)^2}+\sum_{n=1}^{\infty}(-1)^n\frac{\cos nx}{n^2}$$

$$=2\cdot\frac{\pi}{4}\left(\frac{\pi}{2}-x\right)+\frac{1}{4}x^2-\frac{1}{12}\pi^2$$

$$=\frac{1}{4}x^2-\frac{\pi}{2}x+\frac{1}{6}\pi^2(0<x<\pi).$$

第6章　常微分方程

知识扫描

常微分方程是全书的重点，考点众多、难度较大，与微分学和定积分关联较大. 读者在复习时，可借助思维导图和列举的要点着重掌握.

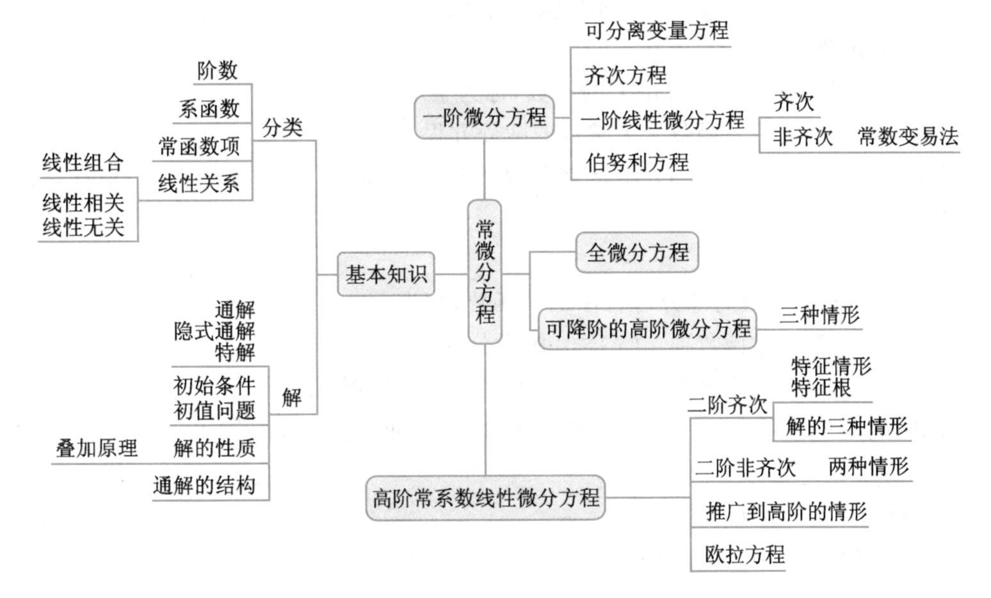

1. 了解微分方程及其阶、解、通解、初始条件和特解等概念.

2. 掌握变量可分离的微分方程及一阶线性微分方程的解法.

3. 会解齐次线性微分方程、伯努利方程和全微分方程，会用简单的变量代换解某些微分方程.

4. 会用降阶法解下列形式的微分方程：$y''=f(x)$、$y''=f(x,y')$和$y''=f(y,y')$.

5. 理解线性微分方程解的性质及解的结构.

6. 掌握二阶常系数齐次线性微分方程的解法，并会解某些高于二阶的常系数齐次线性微分方程.

7. 会解自由项为多项式、指数函数、正弦函数、余弦函数以及它们的和与积的二阶常系数非齐次线性微分方程.

8. 会解欧拉方程.

9. 会用微分方程解决一些简单的应用问题.

6.1 基本知识

要点 1 微分方程的基本概念

含有 y 的导数或微分的一元方程称为常微分方程,简称微分方程.

1. 按阶数来分:

微分方程中 y 的导数的最高阶数,即该方程的阶数.

y 的最高阶导数为 n 阶的微分方程称为 n 阶微分方程.

比如,$e^x y''' + x^2 y'' + 9y = x$ 是 3 阶微分方程.

2. 按系函数来分:

y 和 y 的导数的系数可看作 x 的函数,称为系函数.

常系数微分方程:系函数全为常数的微分方程.

比如,$e^x y''' + x^2 y'' + 9y = x$ 不是常系数微分方程,而 $y''' + 6y'' + 9y = x$ 是常系数微分方程.

3. 按常函数项来分:

不含 y 和 y 的导数的部分可看作 x 的函数,称为常函数项,记作 $f(x)$.

齐次微分方程:常函数项 $f(x) \equiv 0$ 的微分方程.

非齐次微分方程:常函数项 $f(x)$ 不恒为零的微分方程.

比如,$e^x y''' + x^2 y'' + 9y = x$ 不是齐次微分方程,而 $e^x y''' + x^2 y'' + 9y = 0$ 是齐次微分方程.

4. 按线性关系来分:

对于函数 $y_1, y_2, \cdots, y_n$ 和常数 $k_1, k_2, \cdots, k_n$,称 $k_1 y_1 + k_2 y_2 + \cdots + k_n y_n$ 是 $y_1, y_2, \cdots, y_n$ 的一个线性组合.

若存在不全为零的常数 $k_1, k_2, \cdots, k_n$,使得 $k_1 y_1 + k_2 y_2 + \cdots + k_n y_n \equiv 0$,则称这 n 个函数 $y_1, y_2, \cdots, y_n$ 线性相关,否则称它们线性无关.

把 y 和 y 的导数线性组合起来的微分方程称为线性微分方程. 系数可以是函数,但不可与 y 或 y 的导数有关.

比如,$e^x y''' + x^2 y'' + 9y = x$ 是线性微分方程,$e^x y''' + x^2 y'' + 9y' y = x$ 和 $e^x y''' + x^2 (y'')^2 + 9y' = x$ 不是线性微分方程.

【举例】

1. 给方程 $y'' + 6y' + 9y = 0$ 按以上分类方法命名.

2. 下列方程是线性微分方程的是(　　).

A. $\cos y - xy'' = 0$　　B. $(y')^2 + y = 0$

C. $xy'' + y' + y = e^x$　　D. $y'' = e^{x+y}$

【解析】

1. 解:二阶常系数齐次线性微分方程.

2. 解:线性微分方程要求 y 和 y 的导数是线性组合起来的,故选 C.

要点2 解的概念

1. 满足微分方程的 y(有时也可以是 x)称为该微分方程的解.

解的一般形式即通解,往往含有独立的任意常数.它几乎能表示所有解,特殊情况下的一些解不能被通解包含.不能直接写出 y 的表达式的通解,即由一个关于 x,y 和任意常数的隐方程确定的通解,称为隐式通解.

n 阶微分方程的通解含有 n 个独立的任意常数.

通解中的任意常数全部确定后的解即特解.

2. 积分曲线:

微分方程解的图形称为积分曲线.一个微分方程通解的图形是一族积分曲线,而特解的图形是由初始条件确定的积分曲线族中的某一条特定曲线.

3. 初值问题(柯西问题):

为了确定通解中的任意常数,需要给出微分方程所满足的定解条件,常见的定解条件是初始条件.n 阶微分方程的初始条件是 $y(x_0)=y_0,y'(x_0)=y_1,\cdots,y^{(n-1)}(x_0)=y_{n-1}$ $(y_0,y_1,\cdots,y_{n-1}$ 是给定的值).

要点3 解的性质与结构

1. 解的性质:

设 k_1,k_2 为常数,y_1,y_2 为 $y''+py'+qy=0$ 的解,y_3,y_4 为 $y''+py'+qy=f(x)$的解,y_5 为 $y''+py'+qy=f_1(x)$的解,y_6 为 $y''+py'+qy=f_2(x)$的解,且 $f(x)=f_1(x)+f_2(x)$,则有:

(1) y_1+y_2 是 $y''+py'+qy=0$ 的解.

(2) k_1y_1 为 $y''+py'+qy=0$ 的解.

(3) y_3-y_4 为 $y''+py'+qy=0$ 的解.

(4) y_1+y_3 为 $y''+py'+qy=f(x)$的解.

(5) 若 $k_1+k_2=1$,则 $k_1y_3+k_2y_4$ 为 $y''+py'+qy=f(x)$的解.

(6) y_5+y_6 为 $y''+py'+qy=f(x)$的解(叠加原理).

注意:以上性质可以推广到一般线性微分方程.

2. 通解的结构:

(1) 设 $y^{(n)}+p_{n-1}(x)y^{(n-1)}+\cdots+p_1(x)y'+p_0(x)y=0$ 有 n 个线性无关的解 $y_1,y_2,\cdots,y_n$,则 $Y=C_1y_1+C_2y_2+\cdots+C_ny_n(C_1,C_2,\cdots,C_n$ 为任意常数)是通解.称 $y_i(i=1,2,\cdots,n)$为原方程的一个基本解,称 $y_1,y_2,\cdots,y_n$ 为原方程的一个基本解组.

(2) 若 $y^{(n)}+p_{n-1}(x)y^{(n-1)}+\cdots+p_1(x)y'+p_0(x)y=q(x)$有特解 y^*,则其通解为 $y=Y+y^*$(非齐次线性方程的通解=齐次线性方程的通解+非齐次线性方程的特解).

【举例】

1. 求解微分方程 $y''+y'^2=1,y\Big|_{x=0}=0,y'\Big|_{x=0}=1$.

2. 下列各组函数可以构成微分方程 $y''+2y'+y=0$ 的基本解组的是( ).

A. $\sin x, x\sin x$　　B. e^x, xe^x　　C. e^{-x}, xe^{-x}　　D. e^x, e^{-x}

3. 若 y_1, y_2 是方程 $y'+p(x)y=q(x)(q(x)\neq 0)$ 的两个解,要使 $\alpha y_1+\beta y_2$ 也是该方程的解,则 α,β 应满足关系式(　).

A. $\alpha+\beta=1$　　B. $\alpha+\beta=0$　　C. $\alpha\beta=1$　　D. $\alpha\beta=0$

4. 设 $y''+py'+qy=f(x)$ 有线性无关的特解 y_1, y_2, y_3,求其通解.

【解析】

1. 解:

因为题设给出的初始条件含有两个条件 $\begin{cases} y'(0)=1 \\ y(0)=0 \end{cases}$,且题设方程 $y''+y'^2=1$ 是一个二阶方程,故所求特解是唯一的.

显然,$y'=1$ 满足题设方程,若再满足初始条件,则有 $y=x$.

于是原方程的特解为 $y=x$.

2. 解:

因为 e^{-x}, xe^{-x} 是二阶方程 $y''+2y'+y=0$ 的解,且二者线性无关,所以是一个基本解组.又因为 $\sin x, e^x$ 不是原方程的解,所以排除 A、B、D 选项.

因此,应选 C.

3. 解:

若 $\alpha y_1+\beta y_2$ 也是 $y'+p(x)y=q(x)$ 的解,则

$$(\alpha y_1+\beta y_2)'+p(x)(\alpha y_1+\beta y_2)=q(x),$$

即

$$\alpha(y'_1+p(x)y_1)+\beta(y'_2+p(x)y_2)=q(x).$$

又因为 y_1, y_2 是 $y'+p(x)y=q(x)$ 的解,故

$$\begin{cases} y'_1+p(x)y_1=q(x) \\ y'_2+p(x)y_2=q(x) \end{cases},$$

从而 $\alpha q(x)+\beta q(x)=q(x)$.又因为 $q(x)\neq 0$,故 $\alpha+\beta=1$.

因此,应选 A.

4. 解:

因为 $y''+py'+qy=f(x)$ 有线性无关的特解 y_1, y_2, y_3,所以 y_1-y_2, y_1-y_3 是 $y''+py'+qy=0$ 的两个线性无关的解,从而其通解为

$$Y=C_1(y_1-y_2)+C_2(y_1-y_3)\ (C_1, C_2\text{ 为任意常数}).$$

因此,题设所求通解

$$y=C_1(y_1-y_2)+C_2(y_1-y_3)+y_i\ (i=1,2,3)\ (C_1, C_2\text{ 为任意常数}).$$

6.2　一阶微分方程

6.2.1　可分离变量方程与齐次方程

要点 1　可分离变量方程

1. 形式:$\dfrac{dy}{dx}=f(x)g(y)$ 或 $f(x)dx=g(y)dy$.

2. 求解方法：

当 $g(y)\neq 0$ 时，$\frac{dy}{dx}=f(x)g(y)$可写成$\frac{dy}{g(y)}=f(x)dx$. 两端积分，即可得通解为

$$\int\frac{dy}{g(y)}=\int f(x)dx+C(C\text{ 为任意常数}).$$

当 $g(y_0)=0$ 时，$y=y_0$ 是方程$\frac{dy}{dx}=f(x)g(y)$的奇解.

要点 2　齐次方程

1. 形式：$\frac{dy}{dx}=f\left(\frac{y}{x}\right)$.

2. 求解方法：

若令 $u=\frac{y}{x}$，即 $y=ux$，则$\frac{dy}{dx}=u+x\frac{du}{dx}$. 原方程可变为

$$u+x\frac{du}{dx}=f(u),\tag{6.1}$$

这是一个可分离变量方程.

当 $f(u)-u\neq 0$ 时，分离变量得$\frac{du}{f(u)-u}=\frac{dx}{x}$，两端积分得

$$\int\frac{du}{f(u)-u}=\ln|x|+C(C\text{ 为任意常数}).$$

当 $f(u_0)-u_0=0$ 时，$u=u_0$ 是方程(6.1)的解，故 $y=u_0x$ 为齐次方程的解.

【举例】

1. 下列方程中是齐次方程的是(　　).

A. $y'=\frac{x^2}{x+y}$　　B. $y'=\frac{x^3}{x^2+y}$　　C. $y'=\frac{e^{x+y}}{x}$　　D. $y'=\frac{x+y}{x}$

2. 下列方程中可分离变量的是(　　).

A. $\sin(xy)dx=e^y dy$　　B. $x\sin y dx+y^2dy=0$

C. $(1+xy)dx+y^2dy=0$　　D. $\sin(x+y)dx+e^{xy}dy=0$

3. 设 $f(x)$连续可微，且满足方程 $f(x)=\int_0^x e^{-f(t)}dt$，则 $f(x)=$________.

4. 求解微分方程 $y'+\sin\frac{x+y}{2}=\sin\frac{x-y}{2}$.

5. 求微分方程 $x^2y'+xy=y^2$ 满足初始条件 $y(1)=1$ 的特解.

6. 方程 $xy'=\sqrt{x^2-y^2}+y$ 的通解为________.

7. 微分方程$(x+2y)dx-xdy=0$ 满足条件 $y(1)=0$ 的特解为(　　).

A. $x+y=x^2$　　B. $x-y=x^2$　　C. $x+2y=x^2$　　D. $x-2y=x^2$

8. 过点$(1,e^2)$，且满足 $xy'=y\ln\frac{y}{x}$的曲线方程是________.

9. 设一曲线经过点 $M(4,3)$，且该曲线上任一点 N 处的切线在 y 轴上的截距等于原

点到点 N 的距离，则此曲线方程是(　　).

A. $x^2+y^2=25$　　　　　　B. $y=2+\dfrac{x^2}{16}$

C. $(x+9)^2-(y-9)^2=25$　　　　D. $y=4-\dfrac{x^2}{16}$

【解析】

1. 解：

选项 A 中 $y'=\dfrac{1}{\dfrac{1}{x}+\dfrac{y}{x^2}}$，选项 B 中 $y'=\dfrac{1}{\dfrac{1}{x}+\dfrac{y}{x^3}}$，选项 C 中 $y'=\dfrac{e^{x+y}}{x}$，选项 D 中 $y'=1+\dfrac{y}{x}$，只有 D 选项符合齐次方程的定义 $y'=\varphi\left(\dfrac{y}{x}\right)$.

因此，应选 D.

2. 解：

选项 A 中 $\dfrac{dy}{dx}=\dfrac{\sin(xy)}{e^y}$，选项 B 中 $\dfrac{dy}{dx}=-\dfrac{\sin y}{xy^2}$，选项 C 中 $\dfrac{dy}{dx}=-\dfrac{1+xy}{y^2}$，选项 D 中 $\dfrac{dy}{dx}=-\dfrac{\sin(x+y)}{e^{xy}}$，只有 B 选项符合可分离变量方程的定义 $\dfrac{dy}{dx}=f(x)g(y)$.

因此，应选 B.

3. 解：

因为 $f(x)=\int_0^x e^{-f(t)}dt$，所以 $f'(x)=e^{-f(x)}$.

设 $y=f(x)$，则 $\dfrac{dy}{dx}=e^{-y}$，也即 $e^y dy=dx$，两边同时积分得 $\int e^y dy=\int dx$，从而 $e^y=x+C$，即 $y=\ln(x+C)$.

又 $f(0)=0$，故 $C=1$.

于是，$y=f(x)=\ln(x+1)$.

综上，应填 $\ln(x+1)$.

4. 解：

由和差化积公式，得 $\sin\dfrac{x-y}{2}-\sin\dfrac{x+y}{2}=-2\sin\dfrac{y}{2}\cos\dfrac{x}{2}$.

从而由 $y'+\sin\dfrac{x+y}{2}=\sin\dfrac{x-y}{2}$ 得 $y'=\dfrac{dy}{dx}=-2\sin\dfrac{y}{2}\cos\dfrac{x}{2}$，即

$$\csc\frac{y}{2}dy=-2\cos\frac{x}{2}dx,$$

两边同时积分得 $\int\csc\dfrac{y}{2}dy=\int-2\cos\dfrac{x}{2}dx$，从而

$$2\ln\left|\csc\frac{y}{2}-\cot\frac{y}{2}\right|=-4\sin\frac{x}{2}+C_1\ (C_1\text{ 为任意常数}).$$

于是，所求微分方程的通解为 $\csc\dfrac{y}{2}-\cot\dfrac{y}{2}=Ce^{-2\sin\frac{x}{2}}\ (C\neq 0)$.

5. 解：

将 $x^2y'+xy=y^2$ 整理得 $y'=\left(\frac{y}{x}\right)^2-\frac{y}{x}$，这是齐次方程.

令 $u=\frac{y}{x}$，则 $y=ux$，从而 $\frac{dy}{dx}=x\frac{du}{dx}+u=u^2-u$，也即 $\frac{du}{u^2-2u}=\frac{dx}{x}$，两边积分得 $\ln\left|\frac{u-2}{u}\right|=2\ln|x|+C_0$，即

$$1-\frac{2x}{y}=Cx^2\,(C=\pm e^{C_0}\text{，为任意常数}).$$

因为 $y(1)=1$，所以 $C=-1$，从而所求特解为 $y=\frac{2x}{x^2+1}$.

6. 解：

将 $xy'=\sqrt{x^2-y^2}+y$ 整理得 $y'=\sqrt{1-\left(\frac{y}{x}\right)^2}+\frac{y}{x}$，这是齐次方程.

令 $u=\frac{y}{x}$，则 $y=ux$，从而 $\frac{dy}{dx}=x\frac{du}{dx}+u=\sqrt{1-u^2}+u$，也即

$$\frac{du}{\sqrt{1-u^2}}=\frac{dx}{x},$$

两边积分得 $\arcsin u=\ln|x|+C_0$，即

$$\arcsin\frac{y}{x}=\ln(Cx)\,(C=\pm e^{C_0}\text{，为任意常数}).$$

因此，应填 $\arcsin\frac{y}{x}=\ln(Cx)$（$C$ 为任意常数）.

7. 解：

将 $(x+2y)dx-xdy=0$ 整理得 $\frac{dy}{dx}=1+2\frac{y}{x}$，这是齐次方程.

令 $u=\frac{y}{x}$，则 $y=ux$，从而 $\frac{dy}{dx}=x\frac{du}{dx}+u=1+2u$，也即 $\frac{du}{1+u}=\frac{dx}{x}$，两边积分得 $\ln|u+1|=\ln|x|+C_0$，也即 $u+1=Cx\,(C=\pm e^{C_0})$，从而

$$\frac{y}{x}+1=Cx\,(C\text{ 为任意常数}).$$

因为 $y(1)=0$，所以 $C=1$，从而 $x+y=x^2$.

因此，应选 A.

8. 解：

由 $xy'=y\ln\frac{y}{x}$ 得 $y'=\frac{y}{x}\ln\frac{y}{x}$，这是齐次方程.

设 $u=\frac{y}{x}$，则 $y=ux$，从而 $y'=x\frac{du}{dx}+u=u\ln u$，分离变量得 $\frac{du}{u(\ln u-1)}=\frac{dx}{x}$，两边同时积分得 $\int\frac{du}{u(\ln u-1)}=\int\frac{dx}{x}$，即 $\ln|\ln u-1|=\ln|Cx|$，也即 $\ln u-1=Cx$，从而 $u=e^{Cx+1}$，也即 $y=xe^{Cx+1}$.

又 $y(1)=e^{C+1}=e^2$,故 $C=1$.

于是,所求曲线方程为 $y=xe^{x+1}$.

因此,应填 $y=xe^{x+1}$.

9. 解:

首先,检验曲线是否过点 $M(4,3)$,发现只有选项 C 不符合,故可排除选项 C.

其次,检验曲线在点 $M(4,3)$的切线在 y 轴上的截距 b 是否等于 $\overline{OM}=5$.

选项 A:根据相似三角形,有 $\frac{b}{5}=\frac{5}{3}$,即 $b=\frac{25}{3}\neq 5$,从而排除选项 A.

选项 B:依题意 $y'=\frac{x}{8}$,$y'(4)=\frac{1}{2}$,故曲线在点 $M(4,3)$的切线为

$$y-3=\frac{1}{2}(x-4),$$

它在 y 轴上的截距为 $1\neq 5$,从而排除选项 B.

选项 D:依题意 $y'=-\frac{x}{8}$,故曲线在点 $N\left(t,4-\frac{t^2}{16}\right)$的切线为

$$y-\left(4-\frac{t^2}{16}\right)=-\frac{t}{8}(x-t),$$

它在 y 轴上的截距为 $4+\frac{t^2}{16}=\overline{ON}$,故该选项正确.

因此,应选 D.

6.2.2 一阶线性微分方程

形式:$\frac{dy}{dx}=p(x)y+q(x)$或$\frac{dy}{dx}+p(x)y=q(x)$.

要点 1 一阶齐次线性微分方程

1. 当 $q(x)\equiv 0$ 时,$\frac{dy}{dx}+p(x)y=0$ 为一阶齐次线性微分方程. 通解为

$$y=Ce^{\int -p(x)dx}\quad (C \text{ 为任意常数}).$$

2. 求解方法:

$\frac{dy}{dx}+p(x)y=0$ 是一个可分离变量方程.

显然,$y=0$ 是$\frac{dy}{dx}+p(x)y=0$ 的解.

当 $y\neq 0$ 时,分离变量得$\frac{dy}{y}=-p(x)dx$. 若 $p(x)$连续,两端积分得

$$\ln|y|=\int -p(x)dx+C_0,$$

从而

$$y=Ce^{\int -p(x)dx}\quad (C=\pm e^{C_0}).\tag{6.2}$$

又 $y=0$ 符合式(6.2),故通解为 $y=Ce^{\int -p(x)dx}$ (C 为任意常数).

要点2　一阶非齐次线性微分方程

1. 当 $q(x)$ 不恒为零时，$\frac{\mathrm{d}y}{\mathrm{d}x}+p(x)y=q(x)$ 为一阶非齐次线性微分方程. 通解为

$$y(x)=\mathrm{e}^{\int -p(x)\mathrm{d}x}\left(C+\int q(x)\mathrm{e}^{\int p(x)\mathrm{d}x}\mathrm{d}x\right)(C\text{ 为任意常数}).$$

2. 求解方法：设 $p(x),q(x)$ 连续.

由常数变易法，将 $y=C(x)\mathrm{e}^{\int -p(x)\mathrm{d}x}$ 代入 $\frac{\mathrm{d}y}{\mathrm{d}x}+p(x)y=q(x)$ 得

$$C'(x)\mathrm{e}^{\int -p(x)\mathrm{d}x}-p(x)\mathrm{e}^{\int -p(x)\mathrm{d}x}C(x)+p(x)C(x)\mathrm{e}^{\int -p(x)\mathrm{d}x}=q(x),$$

从而 $C'(x)=q(x)\mathrm{e}^{\int p(x)\mathrm{d}x}$，两端积分得

$$C(x)=\int q(x)\mathrm{e}^{\int p(x)\mathrm{d}x}\mathrm{d}x+C(C\text{ 为任意常数}).$$

于是，通解为 $y(x)=\mathrm{e}^{\int -p(x)\mathrm{d}x}\left(C+\int q(x)\mathrm{e}^{\int p(x)\mathrm{d}x}\mathrm{d}x\right)(C$ 为任意常数$)$.

3. 巧记与巧算：

记 $A=\mathrm{e}^{\int p(x)\mathrm{d}x}$，$B=\int q(x)A\mathrm{d}x$，则 $\frac{\mathrm{d}y}{\mathrm{d}x}+p(x)y=0$ 的通解为

$$y=CA^{-1}(C\text{ 为任意常数}),$$

$\frac{\mathrm{d}y}{\mathrm{d}x}+p(x)y=q(x)$ 的通解为

$$y=(C+B)A^{-1}(C\text{ 为任意常数}).$$

注意：计算 A 时，积分结果无须加常数，若积分结果有绝对值，则绝对值可以不带；计算 B 时，积分结果无须加常数，若积分结果有绝对值，则绝对值必须带.

【举例】

1. 微分方程 $y'=\frac{y}{x+y^3}$ 的通解为________.

2. 求微分方程 $y'+y=\mathrm{e}^{-x}\cos x$ 的通解.

3. 已知 $f(x)$ 连续，且满足关系式 $\int_0^1 f(ux)\mathrm{d}u=\frac{1}{2}f(x)+1$，求 $f(x)$.

4. 设函数 $y(x)$ 满足微分方程 $\cos^2 xy'+y=\tan x$，且当 $x=\frac{\pi}{4}$ 时 $y=0$，则当 $x=0$ 时 $y=$(　　).

A. $\frac{\pi}{4}$　　B. $-\frac{\pi}{4}$　　C. -1　　D. 1

5. 微分方程 $x\mathrm{d}y-y\mathrm{d}x=y^2\mathrm{e}^y\mathrm{d}y$ 的通解为(　　).

A. $y=x(\mathrm{e}^x+C)$　　B. $y=y(\mathrm{e}^x+C)$

C. $y=x(C-\mathrm{e}^x)$　　D. $x=y(C-\mathrm{e}^y)$

6. 求解微分方程 $(y^2-6x)y'+2y=0$.

7. 求解微分方程 $y'+x\sin 2y=x\mathrm{e}^{-x^2}\cos^2 y$，$y(0)=\frac{\pi}{4}$.

【解析】

1. 解：

将 $y'=\dfrac{y}{x+y^3}$ 整理得 $\dfrac{dx}{dy}-\dfrac{1}{y}x=y^2$.

方法一：公式法

这是一阶非齐次线性微分方程，通解为

$$x=e^{-\int -\frac{1}{y}dy}\left(\int y^2 e^{\int -\frac{1}{y}dy}dy+C\right)=y\left(\frac{1}{2}y^2+C\right)(C\text{ 为任意常数}).$$

方法二：常数变易法

$\dfrac{dx}{dy}-\dfrac{1}{y}x=0$ 是一个可分离变量的微分方程，利用分离变量法可得它的通解为 $x=C_0y$（C_0 为任意常数）. 根据常数变易法，令原方程的解为 $x=C_0(y)y$，则

$$\frac{dx}{dy}=C_0'(y)y+C_0(y),$$

代入 $\dfrac{dx}{dy}-\dfrac{1}{y}x=y^2$ 得 $C_0'(y)y+C_0(y)-C_0(y)y=y^2$，即 $C_0'(y)=y$，积分得

$$C_0(y)=\frac{1}{2}y^2+C(C\text{ 为任意常数}),$$

从而所求通解为 $x=y\left(\dfrac{1}{2}y^2+C\right)$（$C$ 为任意常数）.

因此，应填 $x=\dfrac{1}{2}y^3+Cy$（C 为任意常数）.

2. 解：

方法一：常数变易法

$y'+y=0$ 是一个可分离变量的微分方程，分离变量得其通解为 $y=C_0e^{-x}$. 根据常数变易法，令原方程的解为 $y=C_0(x)e^{-x}$，则有

$$y'=C_0'(x)e^{-x}-C_0(x)e^{-x},$$

代入 $y'+y=e^{-x}\cos x$ 得 $C_0'(x)=\cos x$，积分得 $C_0(x)=\cos x+C$，从而

$$y=e^{-x}(\sin x+C)(C\text{ 为任意常数}).$$

方法二：公式法

$y'+y=e^{-x}\cos x$ 是一个一阶非齐次线性微分方程，其通解为

$$y=e^{-\int dx}\left(\int e^{-x}\cos x e^{\int dx}dx+C\right)=e^{-x}(\sin x+C)(C\text{ 为任意常数}).$$

3. 解：

$$x\int_0^1 f(ux)du=\int_0^1 f(ux)d(ux)\xlongequal{t=ux}\int_0^x f(t)dt=\frac{1}{2}xf(x)+x. \tag{6.3}$$

因为 $f(x)$ 连续，所以等式(6.3)对 x 求导得 $f(x)=\dfrac{1}{2}f(x)+\dfrac{1}{2}xf'(x)+1$. 整理得 $f'(x)-\dfrac{1}{x}f(x)=-\dfrac{2}{x}$，这是一阶非齐次线性微分方程，故

$$f(x)=\left[C+\int -\frac{2}{x}e^{\int -\frac{1}{x}dx}dx\right]e^{\int \frac{1}{x}dx}=\left[C+\frac{2}{x}\right]x=Cx+2(C\text{ 为任意常数}).\tag{6.4}$$

又当 $x=0$ 时，有 $f(0)=\frac{1}{2}f(0)+1$，即 $f(0)=2$，符合式(6.4).

于是，$f(x)=Cx+2$，其中，C 为任意常数.

4. 解：

由题设微分方程整理得 $y'+y\sec^2x=\tan x\sec^2x$. 这是一阶非齐次线性微分方程，故通解为

$$\begin{aligned}y&=\left[C+\int(\tan x\sec^2x)e^{\int\sec^2x dx}dx\right]e^{-\int\sec^2x dx}\\&=[C+(\tan x-1)e^{\tan x}]e^{-\tan x}=Ce^{-\tan x}+\tan x-1(C\text{ 为任意常数}).\end{aligned}$$

又 $y\left(\frac{\pi}{4}\right)=0$，故 $Ce^{-1}+1-1=0$，即 $C=0$，从而 $y=\tan x-1$.

于是，$y(0)=-1$.

因此，应选 C.

5. 解：

把 x 看作 y 的函数，由 $x dy-y dx=y^2e^y dy$ 得 $\frac{dx}{dy}-\frac{x}{y}=-ye^y$. 这是一阶非齐次线性微分方程，故通解为

$$x=\left[C+\int(-ye^y)e^{\int -\frac{1}{y}dy}dy\right]e^{\int\frac{1}{y}dy}=(C-e^y)y(C\text{ 为任意常数}).$$

因此，应选 D.

6. 解：

$(y^2-6x)y'+2y=0$ 两边同除 $2yy'$，得 $\frac{y}{2}-\frac{3}{y}x+\frac{1}{y'}=0$，即

$$\frac{dx}{dy}-\frac{3}{y}x=-\frac{y}{2}.$$

把 x 看成 y 的函数，则该方程为一阶非齐次线性微分方程. 通解为

$$x=e^{\int\frac{3}{y}dy}\left(C+\int -\frac{y}{2}e^{\int -\frac{3}{y}dy}dy\right)=y^3\left(C+\frac{1}{2y}\right)=Cy^3+\frac{y^2}{2}(C\text{ 为任意常数}).$$

7. 解：

$y'+x\sin 2y=xe^{-x^2}\cos^2y$，即 $\frac{1}{\cos^2y}y'+2x\tan y=xe^{-x^2}$，令 $u=\tan y$，从而 $u'+2xu=xe^{-x^2}$. 于是

$$u=e^{\int -2x dx}\left(C+\int xe^{-x^2}e^{\int 2x dx}dx\right)=e^{-x^2}\left(C+\frac{x^2}{2}\right),$$

即 $\tan y=e^{-x^2}\left(C+\frac{x^2}{2}\right)$，又 $y(0)=\frac{\pi}{4}$，从而 $C=1$，故 $\tan y=e^{-x^2}\left(1+\frac{x^2}{2}\right)$.

要点3 伯努利(Bernoulli)方程

1. 形式：

$$\frac{\mathrm{d}y}{\mathrm{d}x}=p(x)y+q(x)y^{n}(n\neq 0,1) \text{ 或 } \frac{\mathrm{d}y}{\mathrm{d}x}+p(x)y=q(x)y^{n}(n\neq 0,1).$$

2. 求解方法：

针对$\frac{\mathrm{d}y}{\mathrm{d}x}=p(x)y+q(x)y^{n}(n\neq 0,1)$，令 $z=y^{1-n}$，则方程化为

$$\frac{\mathrm{d}z}{\mathrm{d}x}=(1-n)p(x)z+(1-n)q(x),$$

这是一阶线性微分方程.求出 z 之后，即可解得通解 y.

注意：当 $n>0$ 时，$y=0$ 是$\frac{\mathrm{d}y}{\mathrm{d}x}=p(x)y+q(x)y^{n}(n\neq 0,1)$的解.

【举例】

1. 当 $n=$________时，方程 $y'+p(x)y=q(x)y^{n}$ 为一阶线性微分方程.

2. 求解微分方程 $xy'\ln x\sin y+\cos y(1-x\cos y)=0$.

【解析】

1. 解：

当 $n\neq 0,1$ 时，$y'+p(x)y=q(x)y^{n}$ 是伯努利方程.

当 $n=0$ 时，原式化为 $y'+p(x)y=q(x)$，这是一阶线性微分方程.

当 $n=1$ 时，原式化为 $y'+[p(x)+q(x)]y=0$，这是一阶齐次线性微分方程.于是，当 $n=0,1$ 时，$y'+p(x)y=q(x)y^{n}$ 是一阶线性微分方程.

因此，应填 0,1.

2. 解：

由 $xy'\ln x\sin y+\cos y(1-x\cos y)=0$ 得

$$-x\ln x(\cos y)'+\cos y=x\cos^{2}y.$$

令 $u=\cos y$，则$\frac{\mathrm{d}u}{\mathrm{d}x}-\frac{1}{x\ln x}u=-\frac{1}{\ln x}u^{2}$，也即

$$-u^{-2}\frac{\mathrm{d}u}{\mathrm{d}x}+\frac{1}{x\ln x}u^{-1}=\frac{1}{\ln x}.$$

令 $z=u^{1-2}=u^{-1}$，则$\frac{\mathrm{d}z}{\mathrm{d}x}=-u^{-2}\frac{\mathrm{d}u}{\mathrm{d}x}$，从而$\frac{\mathrm{d}z}{\mathrm{d}x}+\frac{1}{x\ln x}z=\frac{1}{\ln x}$.这是一阶非齐次线性微分方程，故

$$z=\left(C+\int\frac{1}{\ln x}\mathrm{e}^{\int\frac{1}{x\ln x}\mathrm{d}x}\mathrm{d}x\right)\mathrm{e}^{-\int\frac{1}{x\ln x}\mathrm{d}x}=\frac{C+x}{\ln x}.$$

从而 $\sec y=\frac{C+x}{\ln x}$，也即$(C+x)\cos y=\ln x$.

于是，所求微分方程的通解为$\frac{\ln x}{\cos y}-x=C$，其中 C 为任意常数.

6.3　全微分方程

要点 1　全微分方程的概念

1. 称 $P(x,y)\mathrm{d}x+Q(x,y)\mathrm{d}y=0$ 为对称式微分方程. 若其左端是某一二元函数 $u(x,y)$ 的全微分,即

$$\mathrm{d}u(x,y)=P(x,y)\mathrm{d}x+Q(x,y)\mathrm{d}y,$$

则称 $P(x,y)\mathrm{d}x+Q(x,y)\mathrm{d}y=0$ 是全微分方程或恰当方程.

2. 解全微分方程 $P(x,y)\mathrm{d}x+Q(x,y)\mathrm{d}y=0$,得 $u(x,y)=C$(C 为任意常数),此即为 $P(x,y)\mathrm{d}x+Q(x,y)\mathrm{d}y=0$ 的隐式通解.

要点 2　成为全微分方程的充要条件与积分因子

1. 若 $P(x,y),Q(x,y)\in C^{(1)}(D)$,其中 D 是单连通区域,则方程

$$P(x,y)\mathrm{d}x+Q(x,y)\mathrm{d}y=0$$

是全微分方程的充要条件是 $\dfrac{\partial P}{\partial y}\equiv\dfrac{\partial Q}{\partial x}$ 在 D 内处处成立.

2. 如果存在连续可微函数 $\mu(x,y)\neq 0$,使方程

$$\mu(x,y)P(x,y)\mathrm{d}x+\mu(x,y)Q(x,y)\mathrm{d}y=0$$

成为全微分方程,则称 $\mu(x,y)$ 为方程 $P(x,y)\mathrm{d}x+Q(x,y)\mathrm{d}y=0$ 的积分因子.

显然,积分因子满足 $\dfrac{\partial(\mu P)}{\partial y}=\dfrac{\partial(\mu Q)}{\partial x}$.

要点 3　求解全微分方程的方法

1. 基本思路:

D 上的全微分方程 $P(x,y)\mathrm{d}x+Q(x,y)\mathrm{d}y=0$ 的通解为

$$u(x,y)=\int_{(x_0,y_0)}^{(x,y)}P(x,y)\mathrm{d}x+Q(x,y)\mathrm{d}y=C(C\text{ 为任意常数}),$$

其中,(x_0,y_0) 可取 D 内任意一点.

2. 特殊路径法:

若取折线 $(x_0,y_0)\xrightarrow{\text{直线}}(x,y_0)\xrightarrow{\text{直线}}(x,y)$,则

$$u(x,y)=\int_{x_0}^{x}P(x,y_0)\mathrm{d}x+\int_{y_0}^{y}Q(x,y)\mathrm{d}y=C(C\text{ 为任意常数}).$$

若取折线 $(x_0,y_0)\to(x_0,y)\to(x,y)$,则

$$u(x,y)=\int_{x_0}^{x}P(x,y)\mathrm{d}x+\int_{y_0}^{y}Q(x_0,y)\mathrm{d}y=C(C\text{ 为任意常数}).$$

【举例】

1. 求微分方程 $\dfrac{y}{x}\mathrm{d}x+(y^3+\ln x)\mathrm{d}y=0$ 的通解.

2. 微分方程 $(x^2+y^2)\mathrm{d}x+(y^3+2xy)\mathrm{d}y=0$ 是(　　).

A. 可分离变量的微分方程　　　　B. 齐次方程

C. 一阶线性微分方程　　　　D. 全微分方程

3. 若曲线积分 $\int_C yf(x)\mathrm{d}x+[f(x)+x^2]\mathrm{d}y$ 与路径无关,其中 $f(x)$ 可导,则 $f(x)$ $=$________.

4. 常微分方程 $(3x^2+6xy^2)\mathrm{d}x+(6x^2y+4y^2)\mathrm{d}y=0$ 的通解是________.

【解析】

1. 解:

令 $P=\dfrac{y}{x}$,$Q=y^3+\ln x$,则 $\dfrac{\partial P}{\partial y}=\dfrac{1}{x}=\dfrac{\partial Q}{\partial x}$,故存在函数 $u(x,y)$ 使得

$$\mathrm{d}u(x,y)=\frac{y}{x}\mathrm{d}x+(y^3+\ln x)\mathrm{d}y.$$

任取一条折线路径 $O(1,0)\to A(x,0)\to B(x,y)$ 积分得

$$\int_{OAB}=\int_{OA}+\int_{AB}=C,$$

也即
$$u(x,y)=\int_1^x 0\mathrm{d}x+\int_0^y(y^3+\ln x)\mathrm{d}y=\frac{y^4}{4}+y\ln x=C.$$

于是,所求微分方程的通解为 $\dfrac{y^4}{4}+y\ln x=C$,其中,C 为任意常数.

2. 解:

A 选项:可化为 $q(y)\mathrm{d}y=p(x)\mathrm{d}x$ 形式的微分方程称为可分离变量的微分方程,而 $(x^2+y^2)\mathrm{d}x+(y^3+2xy)\mathrm{d}y=0$ 不能化为 $q(y)\mathrm{d}y=p(x)\mathrm{d}x$ 形式,故该微分方程不是可分离变量的微分方程.

B 选项:可化为 $\dfrac{\mathrm{d}y}{\mathrm{d}x}=p\left(\dfrac{y}{x}\right)$ 形式的微分方程称为齐次方程,而将

$$(x^2+y^2)\mathrm{d}x+(y^3+2xy)\mathrm{d}y=0$$

整理得 $\dfrac{\mathrm{d}y}{\mathrm{d}x}=-\dfrac{y\left(\dfrac{y}{x}\right)^2+2\left(\dfrac{y}{x}\right)}{1+\left(\dfrac{y}{x}\right)^2}$,故该微分方程不是齐次方程.

C 选项:可化为 $\dfrac{\mathrm{d}y}{\mathrm{d}x}+p(x)y=q(x)$ 形式的微分方程称为一阶线性微分方程,而将 $(x^2+y^2)\mathrm{d}x+(y^3+2xy)\mathrm{d}y=0$ 整理得 $\dfrac{\mathrm{d}y}{\mathrm{d}x}+\dfrac{x^2+y^2}{y^3+2xy}=0$,故该微分方程不是一阶线性微分方程.

D 选项:形如 $p(x,y)\mathrm{d}x+q(x,y)\mathrm{d}y=0$ 的微分方程($p(x,y)$,$q(x,y)$ 存在连续的一阶偏导数)是全微分方程的充要条件是 $\dfrac{\partial}{\partial y}p(x,y)=\dfrac{\partial}{\partial x}q(x,y)$,而对于 $(x^2+y^2)\mathrm{d}x+(y^3+2xy)\mathrm{d}y=0$,有

$$\frac{\partial}{\partial y}(x^2+y^2)=2y=\frac{\partial}{\partial x}(y^3+2xy),$$

故该微分方程为全微分方程.

因此，应选 D.

3. 解：

因为题设曲线积分与路径无关，所以$\frac{\partial}{\partial y}[yf(x)]=\frac{\partial}{\partial x}[f(x)+x^2]$，即

$$f(x)=f'(x)+2x,$$

也即 $f'(x)-f(x)=-2x$. 这是一阶非齐次线性微分方程，故

$$\begin{aligned}f(x)&=\left[C+\int-2x\mathrm{e}^{\int-\mathrm{d}x}\mathrm{d}x\right]\mathrm{e}^{\int\mathrm{d}x}\\&=[C+2(x+1)\mathrm{e}^{-x}]\mathrm{e}^{x}=C\mathrm{e}^{x}+2(x+1),\end{aligned}$$

其中，C 为任意常数.

因此，应填 $C\mathrm{e}^x+2(x+1)$（C 为任意常数）.

4. 解：

$\frac{\partial}{\partial y}(3x^2+6xy^2)=12xy$，$\frac{\partial}{\partial x}(6x^2y+4y^2)=12xy$，即二者相等，且都连续，故 $(3x^2+6xy^2)\mathrm{d}x+(6x^2y+4y^2)\mathrm{d}y$ 是一个函数的全微分，设它为 u.

对 $3x^2+6xy^2$ 关于 x 积分得 $u=x^3+3x^2y^2+\varphi_1(y)$.

对 $6x^2y+4y^2$ 关于 y 积分得 $u=3x^2y^2+\frac{4}{3}y^3+\varphi_2(x)$.

比较得 $u=x^3+3x^2y^2+\frac{4}{3}y^3$.

从而所有通解为 $x^3+3x^2y^2+\frac{4}{3}y^3=C$，其中，$C$ 为任意常数.

因此，应填 $x^3+3x^2y^2+\frac{4}{3}y^3=C$（$C$ 为任意常数）.

6.4　可降阶的高阶微分方程

1. 方程 $y^{(n)}=f(x)$的求解方法：

逐次积分（若每次积分均可进行）即可求得通解.

2. 方程 $y''=f(x,y')$的求解方法：

令 $y'=p$，则方程化为 $p'=f(x,p)$，故 p 是 x 的函数的一阶微分方程.

按一阶微分方程的解法，得 $p=\varphi(x,C_1)$，即 $y'=\varphi(x,C_1)$，积分得通解 y.

3. 方程 $y''=f(y,y')$的求解方法：

令 $y'=p$，则 $y''=\frac{\mathrm{d}p}{\mathrm{d}x}=\frac{\mathrm{d}p}{\mathrm{d}y}\cdot\frac{\mathrm{d}y}{\mathrm{d}x}=p\frac{\mathrm{d}p}{\mathrm{d}y}$.

原方程降阶为 $p\frac{\mathrm{d}p}{\mathrm{d}y}=f(y,p)$，此方程为一阶微分方程.

按一阶微分方程的求解方法得 $p=\varphi(y,C_1)$，即$\frac{\mathrm{d}y}{\mathrm{d}x}=\varphi(y,C_1)$. 此方程为可分离变量方程，分离变量积分可得通解 y.

【举例】

1. 求解微分方程 $y''+y'^2=1, y|_{x=0}=0, y'|_{x=0}=1$.

2. 已知曲线 $y=y(x)$ 上点 $M(0,1)$ 处切线的斜率为 $\frac{1}{2}$，且 $y(x)$ 满足方程 $yy''+(y')^2=0$，则此曲线方程是________.

3. 求微分方程 $x^2y''=(y'')^2+2xy'$ 的通解.

4. 微分方程 $x^2y''=2x^2-1$ 的通解为________.

【解析】

1. 解：

方法一：把 y' 看作 x 的函数

令 $y'=p$，则 $y''=\frac{\mathrm{d}p}{\mathrm{d}x}$，代入 $y''+y'^2=1$，得 $\frac{\mathrm{d}p}{\mathrm{d}x}+p^2=1$.

依题意，$y'(0)=p(0)=1$，而所要求的是方程的特解，故不考虑 $p\neq 1$ 的情况.

当 $p=1$ 时，$\frac{\mathrm{d}p}{\mathrm{d}x}=0$，故 $p=1$（即 $y'=1$）也是解，从而 $y=x+C$，其中 C 为任意常数.

又因为 $y(0)=0$，故 $C=0$. 于是原方程的特解为 $y=x$.

方法二：把 $y=y'$ 看作 y 的函数

令 $p=y'$，则 $y''=\frac{\mathrm{d}p}{\mathrm{d}x}=\frac{\mathrm{d}p}{\mathrm{d}y}\frac{\mathrm{d}y}{\mathrm{d}x}=p\frac{\mathrm{d}p}{\mathrm{d}y}$，代入 $y''+y'^2=1$，得

$$p\frac{\mathrm{d}p}{\mathrm{d}y}+p^2=1.$$

已知 $y'(0)=p(0)=1$，而所要求的是方程的特解，故不考虑 $p\neq 1$ 的情况.

当 $p=1$ 时，$\frac{\mathrm{d}p}{\mathrm{d}y}=0$，故 $p=1$（即 $y'=1$）也是解，从而 $y=x+C$，C 为任意常数.

又因为 $y(0)=0$，所以 $C=0$. 于是原方程的特解为 $y=x$.

2. 解：

令 $y'=p$，则 $y''=\frac{\mathrm{d}p}{\mathrm{d}y}\frac{\mathrm{d}y}{\mathrm{d}x}=p\frac{\mathrm{d}p}{\mathrm{d}y}$.

将二者代入 $yy''+(y')^2=0$ 可得 $yp\frac{\mathrm{d}p}{\mathrm{d}y}+p^2=0$.

当 $y\neq 0, p\neq 0$ 时，分离变量得 $\frac{\mathrm{d}p}{p}=-\frac{\mathrm{d}y}{y}$，两边同时积分得

$$\int\frac{\mathrm{d}p}{p}=\int-\frac{\mathrm{d}y}{y},$$

故 $\ln|p|=-\ln|y|+C_1$，即 $py=C_2(C_2=\pm \mathrm{e}^{C_1})$，也即 $yy'=C_2$，从而 $y\frac{\mathrm{d}y}{\mathrm{d}x}=C_2$，即 $2y\mathrm{d}y=C_3\mathrm{d}x(C_3=2C_2)$. 两边同时积分可得 $\int 2y\mathrm{d}y=\int C_3\mathrm{d}x$，故

$$y^2=C_3x+C_4(C_3\neq 0, C_4 \text{ 为任意常数}).$$

依题意，$\begin{cases} y(0)=1 \\ y'(0)=\frac{1}{2} \end{cases}$，从而 $\begin{cases} 1^2=C_4 \\ 2\times 1\times\frac{1}{2}=C_3 \end{cases}$，即 $C_3=C_4=1$.

于是，曲线方程为 $y^2=x+1$.

因此，应填 $y^2=x+1$.

3. 解：

该微分方程属于 $y''=f(x,y')$ 类型的可降阶的二阶微分方程.

令 $y'=p$，则原方程化为 $x^2\frac{dp}{dx}=2xp+p^2$，即

$$\frac{dp}{dx}-\frac{2}{x}p=\frac{1}{x^2}p^2,$$

这是伯努利方程.

再令 $z=p^{-1}$，则有 $\frac{dz}{dx}+\frac{2}{x}z=-\frac{1}{x^2}$，这是一阶非齐次线性微分方程. 解得

$$z=\left[C_1+\int\left(-\frac{1}{x^2}\right)e^{\int\frac{2}{x}dx}dx\right]e^{-\int\frac{2}{x}dx}=\frac{C_1}{x^2}-\frac{1}{x}(C_1\text{ 为任意常数}).$$

于是，$y'=\frac{x^2}{C_1-x}=-(C_1+x)-\frac{C_1^2}{x-C_1}$，两边同时积分得

$$y=-\frac{1}{2}(x+C_1)^2-C_1^2\ln|x-C_1|+C_2(C_1,C_2\text{ 为任意常数}).$$

4. 解：

$x^2y''=2x^2-1$，即 $y''=2-\frac{1}{x^2}$，积分得 $y'=2x+\frac{1}{x}+C_1$，继续积分得

$$y=x^2+\ln|x|+C_1x+C_2(C_1,C_2\text{ 为任意常数}).$$

因此，应填 $y=x^2+\ln|x|+C_1x+C_2(C_1,C_2$ 为任意常数).

6.5　高阶常系数线性微分方程

要点1　二阶常系数线性微分方程

形式：$y''+py'+qy=f(x)$，其中 p,q 是常数. 该方程记为Ⅰ.

1. 若 $f(x)\equiv 0$，则方程Ⅰ化为二阶常系数齐次线性微分方程，记为 $Ⅰ_0$.

处理方法：

猜想 $y=e^{rx}$ 是方程 $Ⅰ_0$ 的一个解，将它代入齐次线性微分方程 $Ⅰ_0$ 可得

$$r^2e^{rx}+pre^{rx}+qe^{rx}=0,\text{即 } r^2+pr+q=0,$$

此方程称为方程 $Ⅰ_0$ 的特征方程，记为 $H_Ⅰ$.

(1) 若 $H_Ⅰ$ 有互异实根 r_1,r_2，则方程 $Ⅰ_0$ 的通解为

$$y=C_1e^{r_1x}+C_2e^{r_2x}(C_1,C_2\text{ 为任意常数}).$$

(2) 若 $H_Ⅰ$ 有二重实根 $r=r_1=r_2$，则方程 $Ⅰ_0$ 的通解为

$$y=(C_1+C_2x)e^{rx}(C_1,C_2\text{ 为任意常数}).$$

(3) 若 $H_Ⅰ$ 有一对共轭复根 $\alpha\pm i\beta$，则方程 $Ⅰ_0$ 的通解为

$$y=e^{\alpha x}(C_1\cos\beta x+C_2\sin\beta x)(C_1,C_2\text{ 为任意常数}).$$

2. 若 $f(x)$ 不恒为零，则方程Ⅰ化为二阶常系数非齐次线性微分方程，记为 I_1.

$f(x)$ 有两种情形较为重要，讨论如下：

(1) $f(x)=e^{\lambda x}P_m(x)$，其中 $P_m(x)$ 为已知的 m 次多项式.

处理方法：

设方程 I_1 的特解形式为 $y^*=x^kQ_m(x)e^{\lambda x}$，其中 $Q_m(x)$ 为待定的 m 次多项式，

$$k=\begin{cases}0,\lambda \text{ 不是 } H_\text{I} \text{ 的实根}\\ 1,\lambda \text{ 是 } H_\text{I} \text{ 的实根}\\ 2,\lambda \text{ 是 } H_\text{I} \text{ 的二重实根}\end{cases}.$$

将特解 y^* 代入方程 I_1，利用待定系数法解出 $Q_m(x)$，从而求得特解 y^* 的具体形式.

(2) $f(x)=e^{\lambda x}[P_m(x)\cos\omega x+Q_l(x)\sin\omega x]$，其中 $P_m(x)$，$Q_l(x)$ 分别为已知的 m 次与 l 次多项式.

处理方法：

设方程 I_1 的特解形式为 $y^*=x^ke^{\lambda x}[R_s^{(1)}(x)\cos\omega x+R_s^{(2)}(x)\sin\omega x]$，其中 $R_s^{(1)}(x)$，$R_s^{(2)}(x)$ 为 s 次多项式，$s=\max\{m,l\}$，$k=\begin{cases}0,\lambda\pm i\omega \text{ 不是 } H_\text{I} \text{ 的根}\\ 1,\lambda\pm i\omega \text{ 是 } H_\text{I} \text{ 的根}\end{cases}$.

将特解 y^* 代入方程 I_1，利用待定系数法解出 $R_s^{(1)}(x)$，$R_s^{(2)}(x)$，从而求得特解 y^* 的具体形式.

【举例】

1. 求微分方程 $y''-ay=0$ 的通解，其中 a 为常数.

2. 设 $y=y(x)$ 是微分方程 $y''-3y'+2y=2e^x$ 的解，曲线 $y=y(x)$ 在点(0,1)处的切线与曲线 $y=x^2-x+1$ 在该点的切线重合，求 $y(x)$.

3. 求微分方程 $y''-y=\sin^2 x$ 的通解.

4. 若 2 是微分方程 $y''+py'+qy=e^{2x}$ 的特征方程的一个单根，则该微分方程必有一个特解 $y^*=($ $)$.

A. Ae^{2x}　　B. Axe^{2x}　　C. Ae^{2x}　　D. xe^{2x}

5. 方程 $y''-3y'+2y=e^x\cos 2x$ 的特解形式为(　　).

A. $e^x(C_1\cos 2x+C_2\sin 2x)$　　B. $C_1e^x\cos 2x$

C. $xe^x(C_1\cos 2x+C_2\sin 2x)$　　D. $C_2e^x\sin 2x$

6. 以 $y_1=2\cos x$，$y_2=\sin x$ 为特解的二阶常系数齐次线性微分方程是(　　).

A. $y''-y=0$　　B. $y''+y=0$　　C. $y''-y'=0$　　D. $y''+y'=0$

7. 求以 $y=e^x(C_1\cos x+C_2\sin x+1)$ 为通解的一个二阶线性微分方程是(　　).

A. $y''-2y'+2y=e^x$　　B. $y''+2y'+2y=e^x$

C. $y''-2y'-2y=e^x$　　D. $y''+2y'-2y=e^x$

8. 常微分方程 $y''+y=3x^2+2\sin x$ 的特解形式可设为(　　).

A. $y^*=x(ax^2+bx+c)+(Ax+B)\sin x+(Cx+D)\cos x$

B. $y^*=x(ax^2+bx+c)+A\sin x+B\cos x$

C. $y^*=ax^3+bx^2+cx+d+(Ax+B)\sin x+(Cx+D)\cos x$

D. $y^*=ax^2+bx+c+Ax\sin x$

9. 已知 $y_1=\cos 2x-\frac{1}{4}x\cos 2x, y_2=\sin 2x-\frac{1}{4}x\cos 2x$ 是某二阶常系数非齐次线性微分方程的两个解，$y_3=\cos 2x$ 是它所对应的齐次方程的一个解，则该微分方程是（　　）.

A. $y''+4y=\sin 2x$　　B. $y''+4y=\cos 2x$

C. $y''+y=\sin 2x$　　D. $y''+y=\cos 2x$

【解析】

1. 解：

依题意，原方程的特征方程为 $r^2-a=0$.

当 $a>0$ 时，解得 $r=\pm\sqrt{a}$. 从而所求通解为

$$y=C_1e^{\sqrt{a}x}+C_2e^{-\sqrt{a}x}(C_1, C_2\text{ 为任意常数}).$$

当 $a=0$ 时，解得二重根 $r=0$. 从而所求通解为

$$y=C_1+C_2x(C_1, C_2\text{ 为任意常数}).$$

当 $a<0$ 时，解得 $r=\pm\sqrt{-a}\,\mathrm{i}$. 从而所求通解为

$$y=C_1\cos\sqrt{-a}\,x+C_2\sin\sqrt{-a}\,x(C_1, C_2\text{ 为任意常数}).$$

2. 解：

对应齐次方程的特征方程为 $\alpha^2-3\alpha+2=0$，特征根为 $\alpha_1=1, \alpha_2=2$.

对应齐次方程的通解为 $Y=C_1e^x+C_2e^{2x}(C_1, C_2$ 为任意常数).

因为 1 是单特征根，故可设非齐次方程的特解为 $y^*=axe^x$，代入原方程解得 $a=-2$，从而特解 $y^*=-2xe^x$.

因此，非齐次方程的通解为

$$y=Y+y^*=C_1e^x+C_2e^{2x}-2xe^x(C_1, C_2\text{ 为任意常数}),$$

从而 $y'=(C_1-2-2x)e^x+2C_2e^{2x}$.

又因为所求曲线与曲线 $y=x^2-x+1$ 在(0,1)具有相同切线，所以

$$y(0)=1,\quad y'(0)=-1,$$

代入通解得 $\begin{cases}y(0)=C_1+C_2=1\\y'(0)=C_1-2+2C_2=-1\end{cases}$，解得 $\begin{cases}C_1=1\\C_2=0\end{cases}$.

因此，所求曲线为 $y=(1-2x)e^x$.

3. 解：

依题意，$y''-y=\sin^2 x=\frac{1}{2}-\frac{1}{2}\cos 2x$.

从而 $y''-y=0$ 的特征方程为 $\alpha^2-1=0$，解得其根为 $\alpha=\pm 1$，故 $y''-y=0$ 的通解为 $Y=C_1e^x+C_2e^{-x}$.

对于 $y''-y=\frac{1}{2}$，显然 $y_1^*=-\frac{1}{2}$ 是其一个特解.

对于 $y''-y=-\frac{1}{2}\cos 2x$，有 $\lambda=0, \omega=2, l=n=0$，而 $\pm 2\mathrm{i}$ 不是特征根，故 $y''-y=-\frac{1}{2}\cos 2x$ 的特解为 $y_2^*=a\cos 2x+b\sin 2x$，代入得

$$(-4a\cos 2x-4b\sin 2x)-(a\cos 2x+b\sin 2x)=-\frac{1}{2}\cos 2x,$$

由待定系数法得$\begin{cases}-5a=-\dfrac{1}{2}\\ -5b=0\end{cases}$,即$\begin{cases}a=\dfrac{1}{10}\\ b=0\end{cases}$,从而 $y_2^*=\dfrac{1}{10}\cos 2x$,故方程的特解

$$y^*=y_1^*+y_2^*=-\frac{1}{2}+\frac{1}{10}\cos 2x,$$

因此,所求方程的通解为

$$y=Y+y^*=C_1\mathrm{e}^x+C_2\mathrm{e}^{-x}-\frac{1}{2}+\frac{1}{10}\cos 2x(C_1,C_2\text{ 为任意常数}).$$

4. 解:

依题意,$\lambda=2$ 是 $y''+py'+qy=\mathrm{e}^{2x}$ 的特征方程的一个单根,且 $m=0$,故该微分方程有特解 $y^*=Ax\mathrm{e}^{2x}$.

因此,应选 B.

5. 解:

$\lambda=1,\omega=2,l=n=0$,对应齐次方程为 $\alpha^2-3\alpha+2=0$,解得其根 $\alpha_1=1,\alpha_2=2$.

由于 $1\pm 2\mathrm{i}$ 不是特征根,故所给方程的特解为 $y^*=\mathrm{e}^x(C_1\cos 2x+C_2\sin 2x)$,其中 C_1,C_2 为任意常数.

因此,应选 A.

6. 解:

若 $y_1=2\cos x,y_2=\sin x$ 是特解,则对应的共轭复根为 $\pm\mathrm{i}$. 从而齐次方程的特征方程为 $\alpha^2+1=0$,于是所求方程为 $y''+y=0$.

因此,应选 B.

7. 解:

由通解形式可知所求微分方程且对应的齐次线性微分方程的通解为

$$Y=\mathrm{e}^x(C_1\cos x+C_2\sin x)(C_1,C_2\text{ 为任意常数}),$$

也即对应的特征方程有一对共轭复根 $1\pm\mathrm{i}$,从而特征方程为

$$\alpha^2-2\alpha+2=0,$$

故对应的齐次线性微分方程为 $y''-2y'+2y=0$.

再由通解形式可知所求微分方程有一特解为 $y^*=\mathrm{e}^x$,代入 $y''-2y'+2y$ 得

$$y''-2y'+2y=\mathrm{e}^x.$$

因此,应选 A.

8. 解:

对于 $y''+y=3x^2$,其特征方程为 $r^2+1=0$.

因为 0 不是特征方程的根,且 $m=2$,所以其特解可设为 $y_1^*=bx^2+cx+\mathrm{d}$.

对于 $y''+y=2\sin x$,其特征方程为 $r^2+1=0$,即 $r=\pm\mathrm{i}$.

又因为 $\lambda+\omega\mathrm{i}=\pm\mathrm{i}$ 是特征方程的根,且 $m,l=0$,故其特解可设为

$$y_2^*=Ax\sin x+Cx\cos x.$$

从而原方程的特解为 $y=y_1^*+y_2^*=Ax\sin x+Cx\cos x+bx^2+cx+d$.

显然,A、B、D 三个选项与该形式不符,而 C 选项可以包含该形式.

因此,应选 C.

9. 解:

方法一:检验法

对 $y_3=\cos 2x$ 依次求一、二阶导数得 $y_3'=-2\sin 2x$,$y_3''=-4\cos 2x$,分别代入 $y''+4y=0$,$y''+y=0$ 得 $y_3=\cos 2x$ 仅满足 $y''+4y=0$,从而排除 C、D 选项.

对 $y_1=\cos 2x-\frac{1}{4}x\cos 2x$ 依次求一、二阶导数得

$$y_3'=-\frac{1}{4}\cos 2x+\left(\frac{1}{2}x-2\right)\sin 2x,\quad y_3''=\sin 2x+(x-4)\cos 2x,$$

分别代入 $y''+4y=\sin 2x$,$y''+4y=\cos 2x$ 得 $y_1=\cos 2x-\frac{1}{4}x\cos 2x$ 仅满足 $y''+4y=\sin 2x$,从而排除 B 选项.

方法二:逆推法

因为 $y_3=\cos 2x$ 是所求微分方程对应齐次方程的一个解,所以 $\pm 2\mathrm{i}$ 是特征方程的根,从而特征方程为 $\alpha^2+4=0$,也即对应齐次方程为

$$y''+4y=0.$$

对 $y_1=\cos 2x-\frac{1}{4}x\cos 2x$ 依次求一、二阶导数得

$$y_1'=-\frac{1}{4}\cos 2x+\left(\frac{1}{2}x-2\right)\sin 2x,\quad y_1''=\sin 2x+(x-4)\cos 2x,$$

代入 $y''+4y$ 得

$$\sin 2x+(x-4)\cos 2x+4\left(\cos 2x-\frac{1}{4}x\cos 2x\right)=\sin 2x,$$

从而 $y''+4y=\sin 2x$.

因此,应选 A.

要点 2 n 阶常系数线性微分方程

形式:$y^{(n)}+p_{n-1}y^{(n-1)}+p_{n-2}y^{(n-2)}+\cdots+p_1y'+p_0y=f(x)$,其中 $p_0,p_1,\cdots,p_{n-1}$ 是常数.该方程记为Ⅱ.

1. 若 $f(x)\equiv 0$,则方程Ⅱ化为 n 阶常系数齐次线性微分方程,记为Ⅱ_0.

处理方法:

记特征方程 $r^n+p_{n-1}r^{n-1}+p_{n-2}r^{n-2}+\cdots+p_1r+p_0=0$ 为 $\mathrm{H}_{\text{Ⅱ}}$.

(1) 若 $\mathrm{H}_{\text{Ⅱ}}$ 有单实根 α,则方程Ⅱ_0 的通解中含有 $C\mathrm{e}^{\alpha x}$(C 为任意常数).

(2) 若 $\mathrm{H}_{\text{Ⅱ}}$ 有 t 重实根 α,则方程Ⅱ_0 的通解中含有

$$(C_1+C_2x+\cdots C_tx^{t-1})\mathrm{e}^{\alpha x}\ (C_1,C_2,\cdots,C_t \text{ 为任意常数}).$$

(3) 若 $\mathrm{H}_{\text{Ⅱ}}$ 有一对单共轭复根 $\alpha\pm\mathrm{i}\beta$,则方程Ⅱ_0 的通解中含有

$$\mathrm{e}^{\alpha x}(C_1\cos\beta x+C_2\sin\beta x)\ (C_1,C_2 \text{ 为任意常数}).$$

(4) 若 $\mathrm{H}_{\text{Ⅱ}}$ 有 t 重共轭复根 $\alpha\pm\mathrm{i}\beta$,则方程Ⅱ_0 的通解中含有

$$e^{\alpha x}[(A_1+A_2x+\cdots+A_tx^{t-1})\cos\beta x+(B_1+B_2x+\cdots+B_tx^{t-1})\sin\beta x]$$

其中,$A_1,A_2,\cdots,A_t,B_1,B_2,\cdots,B_t$ 为任意常数.

2. 若 $f(x)$ 不恒为零,则方程Ⅱ化为 n 阶常系数非齐次线性微分方程,记为 Ⅱ_1.

$f(x)$ 有两种情形较为重要,讨论如下:

(1) $f(x)=e^{\lambda x}P_m(x)$,其中 $P_m(x)$ 为已知的 m 次多项式.

处理方法:

设方程 Ⅱ_1 的特解形式为 $y^*=x^kQ_m(x)e^{\lambda x}$,其中 $Q_m(x)$ 为待定的 m 次多项式,

$$k=\begin{cases}0,\lambda\text{ 不是 }H_{\text{Ⅱ}}\text{ 的实根}\\1,\lambda\text{ 是 }H_{\text{Ⅱ}}\text{ 的实根}\\t,\lambda\text{ 是 }H_{\text{Ⅱ}}\text{ 的 }t\text{ 重实根}\end{cases}.$$

将特解 y^* 代入方程 Ⅱ_1,利用待定系数法解出 $Q_m(x)$,从而求得特解 y^* 的具体形式.

(2) $f(x)=e^{\lambda x}[P_m(x)\cos\omega x+Q_l(x)\sin\omega x]$,其中 $P_m(x),Q_l(x)$ 分别为已知的 m 次与 l 次多项式.

处理方法:

设方程 Ⅱ_1 的特解形式为 $y^*=x^ke^{\lambda x}(R_s^{(1)}(x)\cos\omega x+R_s^{(2)}\sin\omega x)$,其中 $R_s^{(1)}(x)$, $R_s^{(2)}$ 为 s 次多项式,$s=\max\{m,l\}$,$k=\begin{cases}0,\lambda\pm i\omega\text{ 不是 }H_{\text{Ⅱ}}\text{ 的根}\\1,\lambda\pm i\omega\text{ 是 }H_{\text{Ⅱ}}\text{ 的一对单共轭复根}\\t,\lambda\pm i\omega\text{ 是 }H_{\text{Ⅱ}}\text{ 的一对 }t\text{ 重共轭复根}\end{cases}$.

将特解 y^* 代入方程 Ⅱ_1,利用待定系数法解出 $Q_m(x)$,从而求得特解 y^* 的具体形式.

【举例】

1. 求微分方程 $y'''-8y=24xe^{2x}$ 的通解.

2. 微分方程 $2y^{(4)}-2y^{(3)}+5y''=0$ 的通解为________.

【解析】

1. 解:

对应齐次方程的特征方程为 $\alpha^3-8=0$,特征根为 $\alpha_1=2,\alpha_{2,3}=-1\pm\sqrt{3}i$,故对应齐次方程的通解为

$$Y=C_1e^{2x}+e^{-x}(C_2\cos\sqrt{3}x+C_3\sin\sqrt{3}x)(C_1,C_2,C_3\text{ 为任意常数}).$$

因为 2 是单特征根,故可设特解为 $y^*(x)=x(ax+b)e^{2x}$,代入原方程解得 $a=1$, $b=-1$,从而特解 $y^*(x)=x(x-1)e^{2x}$.

因此,原方程的通解为

$$y=Y+y^*=C_1e^{2x}+e^{-x}(C_2\cos\sqrt{3}x+C_3\sin\sqrt{3}x)+x(x-1)e^{2x}$$

其中,C_1,C_2,C_3 为任意常数.

2. 解:

所给方程的特征方程为 $2\alpha^4-2\alpha^3+5\alpha^2=0$,解得其根

$$\alpha_1=\alpha_2=0,\quad \alpha_{3,4}=\frac{1}{2}\pm\frac{3}{2}i.$$

从而所求通解为

$$y=C_1+C_2+\left(C_3\cos\frac{3}{2}x+C_4\sin\frac{3}{2}x\right)e^{\frac{1}{2}x}, (C_1,C_2,C_3,C_4 \text{ 为任意常数}).$$

因此,应填 $y=C_1+C_2+(C_3\cos\frac{3}{2}x+C_4\sin\frac{3}{2}x)e^{\frac{1}{2}x}$($C_1,C_2,C_3,C_4$ 为任意常数).

要点 3　欧拉(Euler)方程

形式:$x^n y^{(n)}+p_{n-1}x^{n-1}y^{(n-1)}+\cdots+p_1xy'+p_0y=f(x)$,$p_0,p_1,\cdots,p_{n-1}$ 为常数.

处理方法:

令 $x=e^t$,即 $t=\ln x$,把 y 看作 t 的函数,记 $D=\frac{d}{dt}$,则

$$\begin{cases} xy'=\frac{dy}{dt}=Dy, \\ x^2y''=\frac{d^2y}{dt^2}-\frac{dy}{dt}=D(D-1)y \\ \vdots \\ x^ny^{(n)}=D(D-1)\cdots(D-n+1)y \end{cases}.$$

代入欧拉方程,得

$$D(D-1)\cdots(D-n+1)y+\cdots+p_2D(D-1)y+p_1Dy+p_0y=f(e^t),$$

这是一个 y 关于 t 的 n 阶常系数线性微分方程.

在求出这个方程的解后,把 t 换成 $\ln x$,即得原方程的通解.

【举例】

1. 方程 $x^2y''-xy'+2y=x\ln x$ 的通解为(　　)(C_1,C_2 为任意常数).

A. $y=C_1e^x+C_2e^{2x}$　　B. $y=(C_1+C_2x)e^x$

C. $y=x[C_1\cos(\ln x)+C_2\sin(\ln x)]+x\ln x$　　D. $y=\frac{C_1}{x^2}+C_2x$

2. 微分方程 $xy''+y'=4x$ 的通解为________.

【解析】

1. 解:

求解欧拉方程 $x^2y''-xy'+2y=x\ln x$.

令 $x=e^t$,即 $t=\ln x$,则 $xy'=Dy$,$x^2y''=D(D-1)y$.

从而原方程化为 $D(D-1)y-Dy+2y=te^t$,即 $D^2y-2Dy+2y=te^t$,即

$$\frac{d^2y}{dt^2}-2\frac{dy}{dt}+2y=te^t,$$

其中 $\lambda=1$,$m=1$.其特征方程 $\alpha^2-2\alpha+2=0$,解得其根 $\alpha_{1,2}=1\pm i$.

故对应齐次方程的通解为 $Y=e^t(C_1\cos t+C_2\sin t)$,$C_1,C_2$ 为任意常数.

因为 $\lambda=1$ 不是特征方程的根,故可设特解为 $y^*=(At+B)e^t$,代入得

$$(At+2A+B)e^t-2(At+A+B)e^t+2(At+B)e^t=te^t,$$

即 $At+B=t$.

由待定系数法得$\begin{cases}A=1\\B=0\end{cases}$,故特解 $y^*=te^t$,从而原方程的通解为

$$\begin{aligned}y&=Y+y^*=e^t(C_1\cos t+C_2\sin t)+te^t\\&=x[C_1\cos(\ln x)+C_2\sin(\ln x)]+x\ln x\text{（}C_1,C_2\text{ 为任意常数）}.\end{aligned}$$

因此,应选 C.

2. 解:

方法一:凑函数积导数

$xy''+y'=4x$,即$(xy')'=4x$,积分得 $xy'=2x^2+C_1$,也即 $y'=2x+\dfrac{C_1}{x}$,积分得

$$y=x^2+C_1\ln|x|+C_2\text{（}C_1,C_2\text{ 为任意常数）}.$$

方法二:整体法

$xy''+y'=4x$,即$(y')'+\dfrac{1}{x}y'=4$,这是一阶非齐次线性微分方程,故

$$y'=e^{-\int\frac{1}{x}dx}\left(\int 4e^{\int\frac{1}{x}dx}dx+C_1\right)=\frac{1}{x}(2x^2+C_1)=2x+\frac{C_1}{x},$$

积分得 $y=x^2+C_1\ln|x|+C_2$(C_1,C_2 为任意常数).

因此,应填 $y=x^2+C_1\ln|x|+C_2$(C_1,C_2 为任意常数).